FLOUR WATER SALT YEAST

밀가루 물 소금 이스트

FLOUR
WATER
SALT

밀가루 물 소금 이스트

기본에 충실한 아티장 브레드와 피자의 새로운 표준

KEN FORKISH

YEAST

GREENCOOK

CONTENTS

INTRODUCTION

오리건 주의 포틀랜드에 내가 켄즈 아티장 베이커리(Ken's Artisan Bakery)를 시작한 지 오백 년이 되었다. 물론 여기서 말한 '오백 년'이란 베이커리의 역사이다. 실제로 나는 2001년에 베이커리를 오픈하였다. 당시 진정으로 내가 좋아하는 새로운 일에 도전하기 위해 거의 20년간 쌓아온 직장 경력을 포기하였다. 다분히 위험할 수 있는 이 변화를 실천하려고 고민하는 동안에도, 그 일이 어떤 것인지 알기 전부터 나만의 기술로 내 삶을 능동적으로 꾸려가기를 꿈꿔왔었다. 그러나 그것이 '무엇'인지 구체적으로 알 수 없어 오랜 세월 동안 언젠가 내가 원하는 그 '무엇'이 마치 섬광처럼 눈앞에 펼쳐지기를 기대하면서 살았다. 그러다 1990년대 중반 즈음에 친한 친구가 건네준 잡지에서 리오넬 푸알란(Lionel Poilâne)이라는 프랑스 파리의 유명한 베이킹 셰프에 대한 특집기사를 읽었다. 그 기사는 그동안 내가 찾고 있었던 그 '무엇'이 바로 이것일지도 모른다는 희망을 갖게 하였고, 곧바로 파리로 건너가 오랜 전통과 명성을 지닌 베이커리들을 방문하면서 깊은 인상과 감명을 받게 되었다. 그 후 몇 년간 고심한 끝에, 프랑스 전역의 베이커리와 케이크 가게에서 보았던 최고의 빵들 즉 브리오슈, 크루아상, 카늘레 등과 같은 여러 독특한 메뉴들의 퀄리티와 스타일을 새롭게 재구성하여 미국 어딘가에서 프렌치 베이커리를 열겠다는 제법 순진한 결심을 하게 된다.

　　그 후에 펼쳐진 과정은 그저 단순히 직업을 바꾸는 수준을 넘어, 마치 미스터 토드의 와일드 라이드(Mr. Toad's Wild Ride, 영국 동화 속 주인공 미스터 토드를 모티프로 만든 디즈니랜드의 놀이기구)를 타는 것처럼 변화무쌍하였다. 그 시간은 "앞으로 너는 매우 흥미진진한 삶을 살게 될 것이다(May you live in interesting times.)"라는 고대 중국의 저주와 같은 시간을 보냈다고 보면 된다. 그러나 베이킹 기술이 생각보다 쉽지 않다는 것을 깨달으면서 오히려 베이킹 기술에 대한 자부심과 애정은 더욱 단단해졌다. 매일 똑같은 일상이 반복되는 베이커의 삶이 한때는 매우 힘들고 부담스러웠지만, 지금은 만족스럽고 편안하다. 빵을 만들면서 느끼는 냄새와 촉감, 그리고 완성된 빵을 바라보는 일련의 과정들은 여전히 어딘가에 있을 머나먼 미지의 세계로 나를 이끌며, 사는 동안 나를 계속 흥분시킨다.

이 책을 쓴 목적

포틀랜드에 베이커리를 열기 전 2년간의 준비기간 동안, 미국의 유명한 여러 베이킹 셰프들과 두 명의 프랑스 셰프에게 베이킹 기술을 배울 수 있었던 것은 매우 행운이다. 베이킹 전문가과정을 배우면서 가장 인상 깊었던 내용 중에 장기 발효는 어떤 방식으로 하는지, 오토리즈와 온도 조절은 어떻게 하는지 등의 정보는 빵을 만들 때 가장 중요하게 배워야 할 내용인데도 지금껏 내가 읽었던 빵 관련 서적에서는 찾아보기 힘든 내용이었다. 나중에 이런 내용을 자세히 설명한 레이몽 칼벨(Raymond Calvel)과 미셸 수아스(Michel Suas)의 책을 알게 되었지만, 이것은 전문 베이커를 대상으로 한 책들이다. 하지만 내가 배운 제빵 기술들은 홈베이커들도 얼마든지 활용할 수 있다고 확신한다.

켄즈 아티장 베이커리 초기에 주목할만한 제빵 관련 책이 몇 권 나왔지만 나는 훌륭한 아티장 베이커리의 기술을 널리 알려 일반 가정집에서도 활용할 수 있는 방법을 꾸준히 고민하였다. 또한, 제빵 이론은 비전문가인 일반인도 이해하기 어렵지 않기 때문에 제빵 기술을 너무 단순화시킨 책은 쓰고 싶지 않았다. 그때까지도 모든 빵들의 발효시간이 1~2시간이라고 설명한 틀에 박힌 내용의 책들 때문에 책을 쓰고 싶었고, 더 나아가 단지 4가지 기본 재료인 밀가루, 물, 소금, 이스트만으로 얼마나 훌륭한 빵을 만들 수 있는지를 보여주고 싶었다.

또한, 가정에서 성공적으로 빵을 만들기 위한 발효반죽의 3가지 기본 기술인 스트레이트 반죽(직접 반죽), 사전발효반죽, 르뱅반죽과 함께 왠지 어려울 것 같지만 의외로 만들기 쉬운 르뱅(천연 발효종)을 통밀가루와 물을 사용하여 5일 만에 만들 수 있는 방법까지 알려주고 싶었다.

이 책의 레시피를 정확하게 순서대로 따라 하기 위해서는 부담 없는 가격의 주방용 전자저울을 사용한다. 이 저울을 사용하면 레시피를 따라하면서 베이킹을 이해하는 데 많은 도움을 준다. 아티장 베이킹의 기본 원칙 중 하나가 계량컵이나 계량스푼 대신에 무게로 계량하고, 각 재료들의 비율에 따르는 것이다(이 책에서는 간단한 계산법을 사용하므로 걱정하지 않아도 된다). 그럼에도 불구하고 각 레시피의 재료 배합표에 부피용량을 함께 표시하였지만 그 수치들이 부정확할 수밖에 없다(그 이유는 chap.2에 설명되어 있다). 레시피에 있는 부피용량은 아직 저울 구매를 고민하고 있을 때에도 빵을 만들 수 있게 참고삼아 적어놓았을 뿐이다.

이 책을 쓰는 목적은 2가지다. 첫째, 제빵 초보자들도 이 책을 보고 빵을 잘 만들었으면 좋겠다는 생각으로 좀 더 다양한 독자층을 고려하여 책을 썼다. 빵을 처음 만드는 초보자는 곧바로 초급 레시피를 활용하면 된다. 예를 들어, 새터데이 브레드(p.87, 91)는 chap.4 〈기본빵 만들기〉를 읽은 후에 쉽게 만들 수 있다. 이 빵들을 만들면서 시간관리나 기술이 익숙해지면 좀 더 발전된 단계의 빵을 만들 수 있다. 가능하다면 하루 전날 풀리시를 만들어 반죽에 사용하는 방법을 시도해볼 수도 있다. 풀리시나 비가를 사용하는 빵을 만드는 데 성공하면 르뱅을 한 번 만들어보고, 이 르뱅을 사용하여 빵이나 피자도우를 만들어보는 특별한 경험도 할 수 있다. 이 책을 마스터하고 나면 누구나 유명 베이커리와 맞먹는 수준의 빵과 이탈리아의 오리지널 나폴리피자도 만들 수 있을 것이다.

둘째, 제빵에서 '시간'과 '온도'도 반죽의 재료로 생각하고 새롭게 접근해보려는 전문 베이킹 셰프에게도 도움이 되도록 썼다. 아마도 그들은 맛있는 르뱅 브레드를 만드는 방법과 좀 더 새로운 기술을 찾고 있을 것이다. 그리고 이 책에 있는 레시피의 전 과정이 모두 손으로 작업한다는 것도 새로운 특징이다. 내가 빵을 만들 때 가장 특별하고 중요하게 생각하는 것이 촉감이기 때문에 되도록 손반죽을 권하는데, 손을 도구라고 생각했으면 좋겠다. 손반죽은 기계반죽보다 훨씬 간편하고 효과적이며, 반죽의 감촉을 느낄 수 있다는 장점이 있다. 인류는 수천 년 동안 손으로 반죽을 해왔고, 우리 조상들이 그렇게 했다면 우리도 할 수 있다. 만약 지금까지 이 방법을 사용하지 않았다면 이 과정을 통해 매우 만족할 수 있게 되기를 바라며, 나처럼 베이킹의 역사 속에서 과거와 소통하는 느낌을 경험하기 바란다.

이 책의 기본 원리와 만드는 방법

이 책의 레시피를 보면 꽤 비슷해 보이는 내용이 많다. 빵과 피자도우는 모두 기본적으로 곡물가루 1,000g을 기준으로 하고, 물과 소금의 양만 조금 다를 뿐이다. 레시피에서 사용하는 곡물가루들이 각기 다르지만, 때로는 주요 차이점이 르뱅 타입과 반죽의 발효시간뿐인 경우도 있다. 배합 비율이 매우 비슷한 경우에도 이런 변수들 때문에 다양한 스타일의 빵이 만들어진다. 재료 목록의 구성은 재료들 간의 연관성을 알 수 있게 만들어지며, 이것을 베이커스 퍼센티지(Baker's percentage)라고 한다. 재료들은 항상 사용하는 순서대로 나열하지는 않았다. 대체로 곡물가루, 물, 소금, 이스트의 순서이고 다음은 무게 순서로 나열하여 한눈에 레시피와 대조하여 살펴볼 수 있다.

이 책의 각 레시피에서는 믹싱, 폴딩, 성형, 굽기 등에 같은 기술을 사용하기 때문에 이 책에 있는 어떤 빵의 발효방법을 다른 빵에 활용하기도 아주 쉽다. 그리고 이 책의 모든 빵 레시피가 더치오븐에 구울 수 있게 둥근 모양으로 만드는데, 일단 이 책의 기본 원리와 만드는 방법을 익히면 각 레시피마다 새로운 기술을 추가로 배울 필요가 없어 쉽게 접근할 수 있을 것이다.

제빵을 처음 해보는 초보자이든 이미 제빵 관련 책을 여러 권 갖고 있는 사람이든 상관없이 이 책에서는, 켄즈 아티장 베이커리와 같은 방법으로 집에서도 훌륭하게 빵을 만들 수 있는 방법을 설명한다. 만일 초보자이고 이 책의 레시피에서 사용하는 기술이나 빵들을 만들기 위해 필요한 도구들을 준비하는 것이 망설여진다면 전혀 걱정하지 않아도 된다. 아마도 꾸준히 사용하게 될 몇 개의 간단한 도구만으로도 분명 전문가 못지않은 훌륭한 빵을 만들 수 있을 것이다.

베 이 킹 스 케 줄 선 택

최고의 빵은 풍미가 최대한 살아날 수 있도록 오랜 시간을 들여 만든 빵이다. 시간은 빵을 만드는 작업에서 매우 중요하며, 빵의 풍미는 당신이 잠든 사이에도 계속 변한다. 그러므로 스케줄 관리는 전문 베이커의 삶에서 매우 중요하며, 이것은 가정에서도 마찬가지다. 만약 이 책에서 반죽을 만드는 방법을 한 가지만 제시한다면, 예를 들어 저녁에 본반죽을 하고 밤새 1차발효를 한 후 아침에 성형을 해서 2시간 후에 빵을 굽는다고 가정할 때, 이 방법은 어쩌면 누군가에게는 무리한 스케줄이 될 수도 있다. 그래서 이 책에서는 각자의 스케줄에 방해가 되지 않으면서 장시간 발효하여 빵을 만들 수 있도록 다양한 스케줄의 레시피를 제공한다. 아침에 반죽해서 저녁 식사시간에 맞춰 빵을 구울 수도 있고, 저녁에 반죽해서 다음 날 점심식사에 맞춰 빵을 구울 수도 있으며, 오후에 반죽해서 다음 날 아침에 일어나자마자 빵을 구울 수도 있다. 이런 레시피를 만들기 위해서는 어느 정도 계획이 필요하지만, 어느 레시피를 사용하든 각각의 단계에서 알맞게 시간을 조금만 조정하면 된다. 대부분의 빵 레시피가 만드는 데 시간이 오래 걸려서 시간적으로 여유 있는 주말에만 가능하다고 생각할 수도 있지만, 24시간이 걸리는 빵 레시피라도 그 시간 내내 옆에서 지켜볼 필요는 없다.

더치오븐을 이용한 베이킹

과거에 나는 가정용 오븐으로 빵을 만들면서 빵의 텍스처, 표면의 색깔, 그리고 오븐 스프링(반죽이 오븐 안에 들어가 처음 10분 동안 이스트의 왕성한 활동으로 부풀어 오르는 상태)을 만들어내기가 힘들어 늘 스트레스를 받았다. 내 가게에서는 6,800kg(15,000파운드)의 이탈리아 버튼식 스팀 데크오븐을 사용하고 있다. 최근에 나온 두 권의 책인 짐 레이(Jim Lahey)의 『마이 브레드(My Bread)』와 채드 로버트슨(Chad Robertson)의 『타르틴 브레드(Tartine Bread)』에서는 가정용 오븐에 더치오븐(Dutch oven, 주로 철을 이용하여 뚜껑과 냄비 사이에 틈이 거의 없이 두껍게 만드는 냄비 종류)을 이용해 겉이 바삭하고 멋진 색이 나오게 빵을 굽는 방법을 소개하고 있어, 개인적으로 이 두 권의 책에 특별한 감사의 마음을 갖고 있다. 대부분의 홈베이커는 빵을 성공적으로 굽기 위해 가정용 오븐 안에 다양한 방법으로 스팀효과를 내고 피자스톤 위에 빵을 굽는다. 이 두 권의 책은 이런 예전 기술들이 전문 베이커가 사용하는 오븐에서 얻는 스팀효과를 재현하는 데 충분하지 않다는 걸 인정하고 있다.

처음으로 에밀 앙리(Emile Henry)사의 법랑냄비와 롯지(Lodge)사의 주철(무쇠)냄비 2가지를 더치오븐으로 사용하여 빵을 구워본 후에 곧바로 나는 이 책의 모든 빵을 더치오븐에 굽기로 마음먹었다. 단, 무쇠팬이나 베이킹팬에 구워도 되지만 피자스톤(베이킹스톤)에 구웠을 때 가장 잘 나오는 피자나 포카치아는 예외로 한다. 빵 반죽을 예열한 더치오븐에 그냥 넣고 뚜껑을 덮어 구우면, 굽는 동안 빵 반죽에서 수분이 나온다. 결과적으로 베이킹스톤에 구운 빵보다 오븐 스프링이 훨씬 더 잘 나오고, 알맞게 구워져서 크러스트가 얇고 바삭한 갈색 빵이 된다. 나는 빵 표면의 색깔이 짙은 진홍색이나 진한 갈색이 나올 때까지 굽기를 강력히 권장하는데, 그 이유는 빵을 오븐에서 너무 빨리 꺼내면 빵의 크러스트가 갖고 있어야 할 최상의 풍미를 잃기 때문이다.

레시피 분량

이 책에 나온 각각의 레시피는 빵 2개의 분량이다. 집에서 레시피를 시험할 때, 흔히 나는 빵을 1개만 굽고 나머지 1개 분량의 반죽으로는 포카치아나 피자를 만들곤 하였다. 어떤 사람은 포카치아가 한때 이탈리아의 리구리아(Liguria) 지역에 있는 베이커리에서 남은 반죽을 납작하게 만들어 올리브오일이나 소금 같은 양념을 위에 뿌리거나 아무것도 양념하지 않고 그냥 구웠던 것에서 유래되었다고 믿는다. 어떤 반죽은 다른 무엇보다도 피자나 포카치아에 잘 어울리므로 남은 반죽으로 피자나 포카치아 중 무엇을 만들어도 충분히 만족스러운 결과를 얻을 수 있을 것이다.

피자와 포카치아 레시피

피자 역시 빵의 한 종류이고, 베이커가 만드는 여러 종류의 빵 중 하나이다. 예를 들어, 이탈리아의 베이커리에서는 일반 빵들과 함께 진열하는데, 종종 카운터에 놓고 손님이 주문할 때마다 조각으로 잘라서 판매하기도 한다. 아티장 브레드 베이킹이라 말할 수 있는 반죽의 기본 원리는 빵의 풍미와 색, 텍스처를 최대한 살리기 위해 오랫동안 천천히 발효시키는 것인데, 피자반죽도 마찬가지다.

　　나는 피자가 좋다. 내 레스토랑에서는 피자도우를 빵 반죽과 같은 방법으로 만드는 '켄즈 아티장 피자(Ken's Artisan Pizza)'를 판매하며, 이 책에도 상업용 이스트와 르뱅을 사용해 만드는 각기 다른 스케줄의 4가지 피자반죽 레시피가 있다. 내가 피자도우를 만드는 기술은 빵 반죽의 기술과 같다. 이 책의 빵이나 피자 둘 중에 무엇부터 시작하든 일단 하나를 익히고 나면 다른 한 가지도 쉽게 배울 수 있다.

이 책을 활용하는 방법

이 책의 모든 레시피는 기본적으로 같은 기술을 사용하며, 그 기술에 대해서는 chap.4〈기본빵 만들기〉에 자세히 설명하였다. 여기에서는 재료를 계량하는 방법, 오토리즈 전에 밀가루와 물을 섞는 방법, 믹싱법, 폴딩, 성형, 2차발효, 굽기에 대해 설명한다. chap.8의〈르뱅 만들기〉에는 처음 발효종을 만드는 방법, 먹이 주는 방법, 냉장고에 보관하는 방법, 그리고 다음에 사용하기 위해 다시 보관하는 방법 등을 설명한다. chap.12〈피자와 포카치아 만들기〉에서는 이 책의 레시피로 피자를 만드는 방법을 설명한다.

기본적으로 방법과 관련 있는 chap.4, 8, 12에는 이 책의 레시피를 '어떻게' 하라는 내용이 있다. chap.2에서는 '무엇을', '왜'를 설명하는데, 이를 통해 아티장 베이킹의 세부적인 특징과 이론적인 제빵원리를 알 수 있다. 만약 바로 본론으로 들어가서 빵을 만드는 방법만 알고 싶다면, chap.4〈기본빵 만들기〉의「새터데이 화이트 브레드」(p.87) 레시피부터 시작한다. 그 다음에 좀 더 자세한 내용을 알고 싶다면 chap.2를 본다.

레 시 피

이 책의 레시피는 크게 3개로 나뉘어 있다. 먼저 PART2《기본빵 레시피》는 인스턴트 이스트로 만드는 기본적인 빵 레시피이다. chap.5에는 장시간 발효시키는 기본 반죽('스트레이트 반죽'이라고 한다)에 몇 종류의 곡물가루를 적당한 비율로 섞거나 스케줄을 달리한 변형 레시피들이 있다. chap.6에는 비가나 풀리시 같은 사전발효반죽을 사용하여 만드는 레시피가 있다. 이것은 스트레이트 반죽과 달리 전날 저녁에 5~10분 정도 시간을 내서 작업해야 하지만 빵의 풍미는 더 진해진다.

PART3《르뱅 브레드 레시피》에서는 통밀가루와 물을 사용하여 5일 만에 적은 노력으로 보글보글 기포가 올라오고 톡 쏘는 향을 지닌 충분히 발효된 르뱅 발효종을 어떻게 만드는지를 알려준다. 이것은 르뱅 발효종을 직접 키워서 잊을 수 없을 정도로 바삭하고 멋진 빵을 만드는 즐거운 과학 프로젝트이다. chap.9에는 하이브리드 르뱅 반죽으로 만드는 빵 레시피들이 있는데, 이것은 천연발효빵(르뱅 브레드) 고유의 특성뿐만 아니라 상업용 이스트 발효빵이 주는 부드러운 빵 속과 좀 더 푹신한 볼륨이 함께 나타난다. chap.10에서는 상업용 이스트를 전혀 사용하지 않는 순수한 천연발효빵을 소개하고, chap.11에서는 좀 더 업그레이드된 2개의 천연발효빵을 소개한다. PART3의 설명대로 빵을 만들어보면, 빵의 특별한 퀄리티를 위해 르뱅을 어떻게 사용해야 하는지 그 방법을 배우게 될 것이다. 그리고 이런 정보를 활용하여 마침내〈자신만의 브랜드라고 할 수 있는 빵 또는 피자를 만든다〉(p.196)에서 말하듯이 자신의 취향에 맞는 나만의 빵을 만든다.

PART4《피자 레시피》에는 집에서 피자스톤이나 프라이팬 또는 베이킹팬을 이용하여 맛있는 피자나 포카치아를 만드는 데 필요한 정보가 모두 들어 있다. 앞에서 말했듯이 chap.12에는 피자와 포카치아를 만드는 기본적인 정보가 있고, chap.13에는 4개의 피자도우 레시피가 있으며, chap.14에는 소스 및 피자와 포카치아의 토핑을 위한 레시피들이 소개되어 있다. 좋은 품질의 밀가루와 맛있는 치즈, 산 마르자노 토마토(San Marzano tomatoes, 이탈리아 나폴리 인근에서 생산되는 플럼 토마토 종류) 같은 최상의 재료를 사용하여 레시피대로 만든다면 집에서도 멋진 피자를 만들 수 있다. (평소에 레스토랑의 장작오븐에 익숙해져 있었기 때문에 주방의 가정용 오븐으로 구운 피자가 아주 훌륭하게 나왔을 때 나는 반려견 고메즈와 하이파이브를 하기도 하였다.) 피자를 만드는 일은 재미있고 정말로 어렵지 않다. 빵과 마찬가지로 피자도 반복해서 만들다보면 점점 실력이 늘고 마치 좋은 습관처럼 자리 잡게 된다. 익숙해질 때까지 반복해서 계속 피자를 만들어보자.

그 밖의 소소한 이야기들

이 책을 집필하면서 몇 가지 지난 일들이 떠올랐다. 처음 베이커리를 시작했다가 실패한 일, 또는 장시간 발효시킨 2,722g(6파운드)가 넘는 대형빵이 같은 반죽으로 만든 소형빵보다 더 맛이 좋았던 놀라운 경험 같은 것들 말이다.

chap.1에는 내가 실리콘밸리에서의 직장생활을 그만두고, 손기술을 사용하여 하드 계열의 프랑스빵을 만드는 전문 베이커로 직업을 바꾸기까지의 여정을 담고 있다. PART1의 〈우리가 사용하는 밀가루는 어디서 왔을까〉라는 에세이에서는 내 베이커리와 피자가게에서 사용하는 밀가루를 만들 밀 재배농가 두 곳을 소개하였다. 목가적인 풍경 속에서 생활하는 농부들을 소개하면서 셰퍼즈 그레인(Shepherd's Grain)의 설립자 칼 쿠퍼스(Karl Kupers)와 프레드 플레밍(Fred Fleming) 같은 농부들이 그들의 땅에 어떻게 밀을 재배하여 우리 가정에서 사용할 수 있도록 하는지 알아보며, 밀을 재배하는 땅, 농가, 그리고 베이커 모두가 바라는 밀농사 방식에 대해 다시 한 번 생각해보았다.

사람들은 먼동이 트기도 전인 이른 새벽 빵집에서 어떤 일이 벌어지는지 궁금해 한다. 그래서 PART2 〈새벽부터 빵을 만드는 베이커의 하루〉란 에세이에서 자세하게 설명하였다. 이 글에서는 내 베이커리에서 일어나는 일을 있는 그대로 보여주기 때문에 그 궁금증을 풀 수 있을 것이다.

PART3 〈3kg의 불(Boule)〉이라는 에세이에서는 내가 왜 커다란 빵을 좋아하고, 그 빵 이야기를 하고 싶어하는지 설명하였다. 이 책은 실질적으로 도움을 주는 빵 레시피뿐만 아니라 켄즈 아티장 베이커리에서 만드는 빵 공정을 충분히 이해한 후에 가정용 오븐에 어떻게 적용할 수 있는지를 설명한다. 이 원리를 이해하게 되면 〈자신만의 브랜드라고 할 수 있는 빵 또는 피자를 만든다〉를 통해 자신만의 독특하고 개성 있는 빵을 만들 수 있을 것이다.

베이킹은 빵의 풍미, 볼륨, 크러스트 색깔 등을 더 좋게 만들기 위해 곡물가루를 다양하게 배합해보고, 성형기술을 시도해보거나 같은 과정을 반복해서 만들게 하는 매력이 있다. 반복은 일종의 즐거움이다. 일단 제빵 원리를 알고 기술을 익힌 후 반복해서 만들면 어떤 일을 잘 할 때 느끼는 편안하고 뿌듯한 안정감을 얻을 것이다. 보나페티(Bon appétit, '맛있게 드세요'란 프랑스어)!

PART 1
THE PRINCIPLES OF ARTISAN BREAD

아티장 브레드의 원리

CHAPTER 01
나의 이야기
THE BACKSTORY

좋아하지 않던 마지막 일을 그만두었을 때 나는 너무 신이 났다. 그리고 미래에 베이커로 살아갈 준비도 충분히 되어 있었지만 기대와는 달리 꿈을 실현하기까지 생각보다 오랜 시간이 걸렸다.

베이커 세계의 입문 계기

1995년을 돌이켜보면, 나는 항상 양복을 입고 쿨에이드를 마시며 매년 내게 주어진 영업 할당량을 채우기 위해 동분서주했다. 어느 날, 친구인 팀 홀트(Tim Holt)가 건네준 잡지 《스미스소니언(Smithsonian)》 1월 호에 실린 유명한 리오넬 푸알란(Lionel Poilâne)에 관한 특집기사를 읽었을 때, 나의 뮤즈를 찾은 느낌이었다. 리오넬은 파리 레프트 뱅크(Left Bank)의 세르슈 미디(Cherche midi) 8구에서 아버지 소유의 베이커리 〈푸알란〉을 운영하는 프랑스 베이커로, 진보적 개념의 '복고 혁명(retro-innovation 또는 레트로 혁명)'이란 용어를 만들었다. 그는 사람의 손, 시간, 화력을 아티장의 도구로 삼는 옛날 방식으로 빵을 만들었다. 이것은 많은 시간과 노동을 필요로 하는 기술로 2차세계대전 이후 프랑스에 산업화된 대량생산의 베이킹 기술이 주류를 이루면서 옛날 방식이라고 소외되었으며 프랑스빵의 퀄리티도 떨어졌다.

그런데 리오넬의 열정과 탁월한 홍보 덕분에 사람들이 다시 옛날 방식(pain d'autrefois, 옛날빵)으로 빵을 만드는 데 관심을 갖게 되었다. 뜨겁고 습한 환경에서 육체 노동을 감내하며(이렇게 고된 작업을 하는 사람들에게 그들의 베이킹에 대한 열정과 애정에 대해 물으면 과연 뭐라고 말할까?), 천연발효반죽을 사람의 손으로 직접 만들어서 장작오븐에 구운 거친 시골빵이 사람들에게 다시 인기를 얻은 것도 푸알란의 공이 크다. 그의 기술은 아티장(장인)의 기술이다. 〈푸알란〉에서 사용하는 재료는 스톤 그라운드(stone-milled) 밀가루, 물,

소금뿐이며, 그들이 만든 1.9㎏의 미슈(miche)는 일주일이 지나도 상하지 않는다.

흙냄새가 풍기는 듯한 토속적인 그의 빵은 마치 와인처럼 깊은 맛이 나는 빵으로 묘사되며, 사람들이 그 빵을 사기 위해 가게 앞에 줄을 선 모습은 그 블랑제리의 상징이 되었다. 야심차고 똑똑한 리오넬은 사업수완도 좋아서 1980년대에 파리 근교 가족이 운영하는 대규모 블랑제리에 장작오븐을 여러 개 설치하고, 그의 둥근 대형빵을 전 세계에 판매하였다. 무려 24개의 장작오븐으로 하루에 15,000개의 빵을 구울 정도였다. 이어서 리오넬의 형제인 맥스 푸알란(Max Poilâne)이 파리 15구에 아주 멋진 블랑제리를 열었고, 두 형제가 아버지가 가르쳐준 방법과 유사한 스타일로 1개 2㎏(4.4파운드)의 둥근 빵을 만들었다. (불행히도 리오넬과 그의 아내 이레나, 그리고 그들의 반려견은 2002년 리오넬이 조종하던 헬리콥터가 브르타뉴 해변에서 심한 폭풍우로 불시착하다 사고로 사망하였다.) 두 형제는 파리의 다른 베이커들과 마찬가지로 옛날 방식으로 빵을 만드는 전통주의자들의 신념에 영향을 받았음을 나중에 알게 되었고, 나 역시 이들의 전통 방식에 깊은 감명을 받았다. 비록 내가 그동안 제빵기술자나 요리와 관련된 일을 하지 않았음에도 불구하고 그 잡지를 보자마자 이런 스타일의 빵을 만드는 베이커가 나와 아주 잘 맞겠다는 생각을 진지하게 고민하게 되었고, 그 생각은 그때까지 전혀 가져보지 못했던 느낌이었다.

《스미스소니언》에 실린 푸알란의 기사를 읽기 전까지 내가 빵을 만들어본 경험은 고작 딜, 아니스씨, 파슬리 등과 다량의 설탕을 넣고 만든 허브빵이 전부였다. 그런 빵을 만들 때는 거품기를 써야 했고, 한때 나는 그 빵을 아주 좋아해서 자주 만들어 먹었다. 그러나 그 빵을 최고로 잘 만들 수 있는 방법을 알 수 없었고, 미국 내 어디에서도 찾을 수 없을 것 같았다. 1989년 런던에 살던 나는 IBM에 근무하며 유럽 출장을 자주 다녔다. 출장을 다니면서 페이스트리 가게, 정육점, 치즈 전문점 같은 곳들을 윈도 쇼핑하는 것이 즐거웠고, 그 지역의 대표 음식을 먹어보는 것도 좋아하였다. 이들은 여러 세대에 걸쳐 같은 방식으로 음식을 만들어 팔면서 최고의 음식을 만들어낸다는 것을 알고 깊은 감명을 받았다. 그때 나는 왜 우리나라에는 이런 가게들이 없는지 스스로 반문하면서 건강에도 좋고 품질도 좋은 유행과 상관없이 꾸준히 팔리는 이런 아이템들을 고향에 가지고 가서 언젠가 나만의 벤처사업으로 시작해보는 건 어떨까 생각해보았다. 그러나 단지 막연한 생각일 뿐 구체적인 계획은 없었다.

체리꽃이 만발한 어느 따뜻한 봄날 오후, 버지니아의 집 뒤뜰에 앉아 미국 브레드베이커협회(Bread Bakers Guild of America)의 계간지를 처음 읽었을 때 마치 내 귀에 파랑새의 지저귐이 들렸던 것 같은 기억이 난다. 《스미스소니언》 잡지의 푸알란 기사는 내가 협회에 회원가입을 하게 된 계기가 되었고, 협회지는 베이커의 세계에 발을 내딛게 된 시발점이 되었다. 잡지에서 좋은 빵을 만드는 전문 베이커들의 기사를 읽으면 내 영혼에 말을 걸어오는 것 같았고, 새벽 3시에 일어나 빵을 만드는 환상을 불러일으킬 정도였다(정말 내가 제정신이 아니었나?). 협회지에 특집으로 실린 기사들은 리오넬 푸알란이 협회에서 1년에 한 번씩 열리는 정기 저녁식사에 방문한다는 내용, 블랑제리월드컵대회(Coupe du Monde de la Boulangerie)의 제빵분야에서 처음으로 상을 탄 미국의 제빵팀에 대한 기사, 그리고 협회의 창단멤버인 톰 맥머혼(Tom McMahon)이 밀 농가와 베이커의 연대 중요성에 대해(내게 있어 이 연대는 결국 10년 후에 그동안 사용하던 밀가루를 셰퍼즈 그레인(Shepherd's Grain) 밀가루로 바꾸면서 이루어졌다.) 기고한 내용들이었다. 톰은 매우 똑똑하고 높은 비전을 가지고 있어 고품질의 빵과 환경에 대한 책임감을 갖고 그의 진보적인 생각들을 발전시켜나갔다. 협

회의 소식지를 통해서 나는 베이커와 좋은 아티장 베이커리의 오너로서 가져야 할 기본적인 생각들을 잠깐이나마 볼 수 있었고, 베이커의 임무와 열정도 알 수 있었다. 또한 협회의 소식지는 《스미스소니언》에 실린 푸알란의 기사로 싹튼 내 열정의 씨앗에 물을 주는 계기가 되었다. 이젠 소식지의 구독을 끊었으나, 그때 내가 그들의 일원이 된 것은 정말 잘한 일이었다고 생각한다.

안정적인 직장생활에서 벗어나 본격적으로 베이커가 될 때까지, 나는 밖에서 아티장 베이킹 세계를 보았다. 1년에 두세 번씩 파리의 베이커리를 방문하였고(당시 파리에 여자친구가 있었으니 얼마나 편했겠는가!), 베이킹 책도 구입하였다. 동경하는 프랑스빵 베이커로는 무아장(Moisan), 푸조랑(Poujauran), 카미르(Kamir), 가나쇼(Ganachaud), 케제르(Kayser), 고슬랭(Gosselin), 사브롱(Saibron) 등이 있었다.

1990년 후반에는 책을 통해서 캘리포니아 북부에 있는 2개의 빵집인 델라 파토리아(Della Fattoria)와 베이 빌리지 베이커리(Bay Village Bakery, 채드가 타르틴 베이커리를 시작하기 전에 운영하던 베이커리)를 알게 되었다. 그들은 내가 원하던 대로 장작오븐에 빵을 구웠고 (기필코 나는 푸알란처럼 장작오븐으로 빵을 굽는 베이커가 되고 싶었으나, 나중에 현실에 부딪쳐 이 계획을 바꿔야만 했다.) 빵을 굽는 곳은 뒷마당이었다. 이렇게 뒷마당에서 빵을 굽는다는 것을 지난 20년간 복잡한 고속도로를 통근하면서 도시에서 살아온 나에게는 내집 뒷마당으로 일하러 간다는 생각만으로도 무척 매력 있게 느껴졌다. 이 두 군데 베이커리는 내가 앞으로 차리고 싶은 빵집의 스타일대로 유기농 밀가루를 사용하여 그들이 알고 있는 최고의 방법으로 최상의 빵을 만드는 이상적인 빵집이었으며, 매우 성공적으로 운영하고 있었다. 델라 파토리아는 나파(Napa, 이 지역은 전에 토머스 켈러가 부숑 베이커리를 열었던 곳이다)에 있는 프렌치 론드리(French Laundry)에 빵을 납품하고 있었고, 베이 빌리지는 미국 최고의 러스틱 브레드를 개발한 베이커리로 유명하다. 그리고 채드 로버트슨(Chad Robertson, 샌프란시스코에 있는 타르틴 베이커리 운영)은 버클리에 있는 파머스 마켓에 가서 빵을 팔 때마다 그의 빵을 사려는 사람들로 북적였다.

나도 그 정도 수준의 빵을 배워야겠다고 생각하였고, 브레드베이커협회의 소식지를 보면서 샌프란시스코 베이킹 인스티튜트와 최근에 문을 연 미니애폴리스(Minneapolis)의 내셔널 베이킹 센터(최근에 문을 닫았다)가 최선의 선택이라는 것을 확실히 알게 되었다. 나는 여러 사람에게 베이킹 기술을 배우고 그것을 나만의 방식으로 만들어보고 싶었다.

1999년 8월 곧바로 다니던 회사를 정리하고 샌프란시스코 베이킹 인스티튜트(SFBI)에서 2주일의 실습과정인 아티장 브레드 클래스 I · II를 시작하였다. 마침내 나는 직장인의 삶을 버리고 새로운 사업을 위해 배움의 길을 떠나는 자유인이 되었다. 자유인! 어쩌면 미친 짓일지도 모르지만.

베이킹 수업

샌프란시스코 베이킹 인스티튜트 연구소에서의 첫날을 나는 절대 잊을 수가 없다. 강사 이안 더피(Ian Duffy)는 수강생들에게 축축하고 끈적끈적한 반죽을 조금씩 나눠주고 손으로 반죽해보라 하였다. 그가 손으로 반죽을 늘리고 뒤집고 접다 보니 얼마 안 있어 표면이 마치 아기엉덩이처럼 부드럽고 매끈한 반죽이 되어 있었다. 나도 같은 방법으로 반죽을 했지만 반죽이 여기저기 들러붙어버렸다. 아기엉덩이 같은 느낌은 커녕 부드러워지지도 않았고, 얼굴만 벌겋게 달아올라 머릿속으로 '세상에 내가 지금 뭐 하고 있는 거지?'라고 외치고 있었다. 그날 밤 숙소에 돌아와서는 어쩌면 이 일이 나에게 어울리지 않을지도 모른다는 두려움에 휩싸였다. 그러나 2주일의 베이킹 수업이 끝날 즈음에는 그동안 배운 방법대로 반죽을 쉽게 다룰 수 있게 되었고, 집에 돌아가서 빵 만드는 연습을 많이 하면 이 반죽 방법을 익힐 수 있을 거라는 자신감이 생겼다.

내가 북부 캘리포니아에 있을 때, 지금은 샌프란시스코의 타르틴이라는 베이커리로 꽤 유명해진 채드 로버트슨과 엘리자베스 프루이트(Elisabeth Prueitt)를 포인트 레예스(Point Reyes)에 있는 베이 빌리지 베이커리에서 만났다. 그 후로 여러 해 동안 르뱅과 제분, 프랑스밀과 미국밀의 비교, 그리고 내가 추구하던 프랑스의 옛날 전통방식으로 굽기 위한 발효에 대해 이야기들을 나눴다. 채드의 빵은 내가 미국에서 먹어본 빵 중에 최고였다. 잘 구워져서 짙은 밤색을 띠고, 부드러운 밀의 향과 발효의 풍미 그리고 시간이 지날수록 부드러워지는 크러스트와 가벼운 크럼(crumb, 빵 속 또는 내상) 등이 특징이다. 맛도 환상적이어서 나는 그의 빵이 내가 방문했던 파리의 최고 블랑제리와 충분히 견줄 만하다고 생각한다.

채드는 빵을 모두 혼자 만들었다. 불과 10초 거리의 마당을 오가며 르뱅과 반죽을 믹싱하고, 나무를 쪼개 오븐에 넣고 불을 붙인 후 여러 시간이 지나면 빵을 굽기 위해 오븐을 청소한다. 마린 카운티(Marin County)에 오후 햇살이 비칠 즈음이면 채드는 손으로 반죽을 분할하고 성형한다. 다음 날 아침, 그는 성형한 반죽을 빵삽에 올려서 오븐에 넣고 고온의 복사열로 구운 멋진 빵을 꺼내는 과정을 반복한다. 채드의 베이커리를 처음 방문하고 돌아오는 길에 나는 깨달았다. "그래, 내가 원하던 것이 바로 이거야!"

다음에 나는 캘리포니아 페탈루마(Petaluma)에 있는 델라 파토리아(Della Fattoria)를 방문하였다. 이곳은 원형빵에 포도잎 모양을 장식해서 만든 빵을 매년 소노마 밸리 하비스트 와인 경매(Sonoma Valley Harvest Wine Auction)에 내놓는 곳이다. 나는 뒤쪽에 서서 앨런 스캇(Alan Scott)이 만들고 디자인한, 나란히 줄지어 있는 장작오븐에 빵을 굽는 모습을 견학하였다. 그 오븐은 베이 빌리지에 있는 채드의 오븐과 같은 종류였다. 나는 사진도 찍고, 그들을 도울 일이 있으면 도와주기도 하였다. 에드(Ed)와 캐슬린 웨버(Kathleen Weber), 그들의 아들 애런(Aaron)이 운영하는 베이커리 델라 파토리아는 약 18,000평(15에이커) 규모의 페탈루마 농장에 위치한 그들의 집과 가까우며 가장 목가적인 환경에 자리 잡고 있다. 아름답게 잘

꾸며진 정원과 구석구석의 멋진 인테리어를 보면 그들이 현재 얼마나 멋있는 삶을 살고 있는지 알 수 있는데, 이런 삶이 좋은 빵을 만드는 원동력이 된다. 나는 다시 한 번 "그래! 내가 원하던 것이 바로 이거야."라고 생각하였다. 에드와 함께 경매장에 빵을 갖다 주고 돌아왔을 때, 애런은 내게 1~2주 더 머물며 함께 빵을 굽고 싶은지 물었다. "얼마나 좋은 기회인가!" 이것은 내가 아티장 베이커리를 경험할 수 있는 첫 번째 기회였고, 웨버는 매우 친절해서 현장 기술에 관한 정보를 알려주는 데 인색하지 않았다. 그때를 돌이켜보면 재미있는 추억들이 많다. 새벽 5시에 일어나 반짝이는 별들로 가득한 하늘을 바라보며 빵 굽는 곳으로 향해 있는 웨버의 잔디밭 길을 걸어갈 때는 점점 빵을 알면 알수록 겸손해지는 내 미래를 향해 걸어가는 것만 같았다.

페이스트리 기술을 더 배우기 위해 미니애폴리스의 내셔널 베이킹 센터에 등록하였다. 그곳에는 두 분의 훌륭한 지도강사가 있었는데, 필립 르 코레(Philippe Le Corre)는 페이스트리를, 디디에 로사다(Didier Rosada)는 고급 베이킹 클래스를 가르치고 있었다. 그곳에서 2주 동안 수업을 받고, 나파에 있는 CIA에서 로버트 조린(Robert Jorin)의 페이스트리 수업을 1주일 듣는 것을 끝으로 공식적인 교육을 끝냈다.

채드와 리즈(Liz)는 그들의 베이커리를 베이 빌리지에서 밀 밸리(Mill Valley)로 옮긴 후에도 꾸준히 정보를 나와 공유하였고, 내가 여러 번 그들의 베이커리를 방문하여 운영 전반을 견학할 수 있도록 해주었다. 그들의 도움이 없었다면 내가 베이커리를 시작하고 처음 1년 동안 매우 힘들었을 것이며, 그들이 만들어내는 빵은 내가 추구하는 최고의 품질이었다. 음식업계에서는 이렇게 서로 돕고 나누지만, 내가 전에 일했던 분야에서는 전혀 그렇지 않았다. 소규모 영세사업 분야에서는 대기업에 비해 훨씬 더 많은 온정이 흐른다.

이제 내 베이커리의 뒷마당에 장작오븐을 설치할 때가 되었다. 오래지 않아 나는 이미 오리건(Oregon)주의 유진(Eugene)에 모두 이사와 있던 가족들 가까이로 완전히 이사를 마쳤다. 그곳은 대지가 약 6,121평(5에이커)이고, 베이커리로 꾸밀 수 있는 111㎡(약 34평)의 별채와 멋진 집이 있었다. 도시계획상 자영업을 할 수 있는 지역이고, 건물은 입주자협회에 속해 있지 않아 규제를 받지 않는 곳이었다. 이것은 베이킹 기술을 배우고 별채를 개조하여 베이커의 삶을 시작하려는 나의 계획에 맞는 완벽한 조건이라고 생각하였다.

그러나 빵 굽는 냄새 때문에

처음 유진으로 이사했을 때, 우선 해야 할 일이 베이커리를 창업하기 위해 사업자등록증을 만드는 것이고, 그 다음에 베이커리 시설을 꾸미고 빵을 굽기 시작하면 될 것이라고 생각하였다. 그러나 놀랍게도 그 지역 공동체에서 나의 작은 벤처사업을 님비(NIMBY, Not In My Back Yard)라는 이름 아래 강력하게 반대하여 신문의 첫 페이지를 장식하고 지역 텔레비전에도 방송이 될 정도였다. 2시간씩 2번에 걸쳐 공청회가 열렸고, 집집마다 매일 빵 굽는 냄새를 맡아야 한다는 것에 강력하게 반대 입장을 밝혔다. 그들의 법무대리인조차 마치 시지프스의 돌처럼 매일 돌을 산 위로 올리는 행위를 끝없이 반복하는 것 같다고 할 정도의 상황이었다. 그들의 주장은 '베이커리 굴뚝에서 나오는 연기가 수백 야드 떨어진 곳에 사는 어느 가족의 호흡기조차 악화시킬 수 있다.', '굴뚝에서 나오는 불꽃이 온 동네를 불타게 할지도 모른다.', '베이커리를 찾아오는 사람들이 늘기 시작하면 동네가 복잡해질 것이다.', '내 집앞 도로는 너무 경사져서 불이 났을 경우에 소방차가 들어오기 어렵다.', '내 오븐에서 나오는 재들이 토양의 산성도의 균형을 깨트릴 것이다.', '베이커리에서 나오는 쓰레기들은 각종 해충과 설치동물의 온상이 될 것이다.' 등으로 마치 『이상한 나라의 앨리스』에 나오는 내용처럼 터무니없이 과장되었다. 나는 단지 법을 통해 합리적으로 호소하고 해결하길 바라는 수밖에 없었다.

주변의 18가구 중에 11가구가 베이커리를 반대하는 편지를 썼는데, 그 중에 내 관심을 끌었던 황당한 내용을 하나 발췌해본다.

밀가루는 매우 폭발하기 쉬운 물질입니다. 밀가루 포대가 땅에 떨어지면서 터지면 다른 휘발성 유동체와 마찬가지로 불이 붙기 쉽습니다. 이것은 빵을 구울 때 발생할 위험 요소 중 하나일 수 있지만, 사람이 사는 거주 지역에 일어나서도 안 되는 일입니다.

법적 소송 과정에서 내가 느끼는 스트레스는 밀가루 포대가 폭발할 수 있다는 그들의 터무니없는 주장에 반박할 근거를 찾는 것이 모두 나의 몫이라는 점이다. 나는 매달 풍향을 측정하는 오리건 주의 기후학자로부터 내용증명을 받았다. (전체 바람의 44%는 그 지역으로 가지도 않으며, 또한 공기의 정체가 얼마동안 지속되는지 측정할 수가 없다. 누가 알겠는가?) 또한, 환경공학기관으로부터 '오븐에서 나오는 배출가스는 일반 장작난로에서 나오는 배출가스보다 더 많지 않다'는 내용증명도 받았다. 법정에서 밀가루 포대를 던져 정말로 그것이 폭발하는지를 보여줘야 했을지도 모른다. 2번의 지루한 공청회와 4개월의 불안하고 초조한 시간들, 그리고 약 46㎝ 두께의 소송서류 끝에 최종판결이 나왔다. 결국, 그 지역에서 작은 베이커리를 운영하고자 했던 나의 사업자등록 신청은 기각되고 말았다. 정신력을 재무장해야 할 시간이었다.

"너 자신을 믿어라. 그러면 너는 무슨 일이든 할 수 있다(Every heart vivrates to that iron string)."
— 랠프 월도 에머슨(Ralph Waldo Emerson)

내가 매우 좋아했던 그 집을 생각하면 너무 안타깝지만 유진에서의 계획을 포기할 수밖에 없었다. 그러나 어디로 갈 것인가? 난 새로운 계획을 세우기로 마음먹었으나, 뒷마당이 있는 목가적인 공간에서 안전하게 저비용 창업을 하는 것은 포기하였다. 단지 내가 생각하는 콘셉트에 맞는 소규모 베이커리를 할만한 새 도시를 찾기로 하였다. 그리고 새로운 계획에 필요한 추가 비용을 마련하기 위해 내 소유의 집을 팔고 내가 가진 대부분의 저금까지 보태야만 했다. 이제는 크루아상을 한 입 베어 물었을 때 느껴지는 진한 버터향, 바닐라와 벌꿀의 밀랍향이 배어나오는 카늘레의 바삭함, 거친 시골빵에 감사하는 사람들이 있는, 정말 환영받을 수 있는 곳으로 이사하고 싶었다. 아무도 빵 굽는 냄새에 대해 불평하지 않는 곳, 그곳이 어디일까?

포틀랜드를 찾아서

먼저 내가 찾는 적당한 도시의 이름을 적어보았다. 좋은 기후, 따분해 보이지 않으면서 에너지가 넘치는 레스토랑, 그리고 농장에서 테이블까지 식재료의 유통이 원활한 것에 중점을 두고 알아보았다. 6개월간의 탐색 끝에 샌 루이스 오비스포(San Luis Obispo), 욘트빌(Yountville), 보울더(Boulder), 덴버(Denver), 메릴랜드(Maryland)의 이스턴 쇼어(Eastern Shore), 몬터레이(Monterey) 지역으로 좁혀졌다. 그 사이에 프랑스의 폴 보퀴즈 연구소(l'Institut Paul Bocuse)에서 2주일 연수도 받았다. (그때 난 폴 보퀴즈의 레스토랑에서 그를 만났고, 비록 사진을 받지는 못했지만 그의 우람한 손을 내 어깨에 얹은 포즈로 사진도 찍었다. 생각하면 있을 수 없는 이야기 같지만, 정말 그랬다.) 그리고 마침내 포틀랜드에 정착하기로 결정하였다.

그 당시 나는 이 지역에 대해 많이 알지 못했지만, 어렴풋이 언젠가 나의 미래와 이 도시와의 이해관계가 훨씬 더 밀접해질 것 같아서였다. 지금 생각하면, 포틀랜드에는 품질에 중점을 두고 소규모의 가내수공업으로 물건을 만드는 장인들이 모여 살고 있기 때문에(지금도 마찬가지다) 이 도시로 오게 된 것이 아닌가 싶다. 우리의 손은 가장 중요한 도구이다. 손님들은 그들이 먹는 음식과 마시는 음료를 통해서 만든 사람의 이름과 얼굴을 떠올릴 수 있다. 이것이 '아티장(artisan)'이란 단어와 동시에 내가 왜 베이커리 이름을 '켄즈 아티장 베이커리(Ken's Artisan Bakery)'라고 지었는지를 설명하는 주요 이유이기도 하다. 포틀랜드에서는 우리가 마시는 와인이나 맥주를 누가 만들었는지, 우리가 먹는 치즈나 피자토핑으로 올라간 살라미를 누가 만들었는지 아는 것이 흔한 일이다. 그래서 이 도시가 나와 어울리는 곳이라고 생각하였다

도시에서 베이커리나 레스토랑을 열고 유지하는 일은 쉽지 않다. 특히 그 분야에 경력이 없다면 더욱 더 그렇고, 나를 아는 사람이 전혀 없는 도시에서 창업을 한다는 건 미친 짓처럼 보일 수도 있다. 그러나 나의 좁은 시야 때문에 실패한 경험이 있어, 마침내 내 베이커리에 아주 잘 맞는 장소를 찾아낼 수 있었던 것 같다. 포틀랜드에 베이커리를 열기로 결정하고 3개월 이상 TMB 베이킹(SFBI의 자매회사)의 미셸 수아스(Michel Suas)로부터 디자인과 설비 분야에 도움을 받아, 레스토랑과 바가 밀집되어 있는 포틀랜드의 오래된 동네에 베이커리의 모양새를 갖춘 공간을 마련하였다. 주문한 오븐과 대형 믹서, 주요 제빵기구들이 버지니아의 뉴포트 뉴스(Newport News)까지 컨테이너에 실려서 도착하였고, 내 가게까지는 대형트럭에 실려 왔다. 트럭은 춥고 비가 오는 11월 초 어느 주말 밤 8시경에 도착하였다. 새로 채용한 직원들과 새 장비를 설치할 우리의 영웅 카를로스(Carlos)는 베이커리 앞에서 트럭을 맞아 지게차로 제빵기계들을 내려놓았다. 트럭 운전기사는 아이다호(Idaho)의 보이시(Boise)에서 내게 전화를 걸어 치통이 심해 치과에 가야 할 것 같으나 밤늦게까지는 도착하겠다고 말하였고, 기계는 예정보다 하루 늦게 도착하였다. 몇 달 동안 기다려서 받게 된 이탈리아제 오븐과 프랑스제 믹서를 생각하면, 유럽에서부터 배를 타고 미국까지 와서 다시 산과 치통의 어려움을 뚫고 여기까지 오는 모습이 떠오른다.

모든 제빵기계들이 2001년 11월 중반쯤 완벽하게 설치되었고, 베이커리는 11월 21일에 문을 열었다. 그렇게 나는 신규 채용된 직원들과 함께 첫 음식사업을 시작하였다. 베이커리를 시작하기까지 2년 동안 여

러 가지 시행착오와 우여곡절이 있었다. 베이커리 오픈이 불발에 그쳤던 유진에서의 일들, 베이커리 장소를 찾아다니던 일, 유진의 집을 팔던 일, 포틀랜드에 적당한 장소를 찾고 시설을 갖추기까지, 그리고 갑자기 베이커리를 오픈하고 빵과 페이스트리를 팔기까지 정말 엄청난 일을 겪었다고 생각하였다. 그러나 지난 일들은 한순간처럼 지나가버리고, 이제 가장 중요한 문제는 손님을 불러들이는 것이다. 드디어 켄즈 아티장 베이커리의 시작이다.

베이커리를 시작하고

켄즈 아티장 베이커리가 있는 곳은 시애틀이나 샌프란시스코의 어느 지역보다 인구밀도가 높은 곳이었다. 그러나 나는 빵의 가격보다 품질에 승부를 걸 생각이었기 때문에, 그 동네가 서민층 임대아파트가 밀집되어 있고 주민들의 1인당 소득수준이 그다지 높은 편이 아니라는 점이 걱정스러웠다. 또한 9·11사태가 일어나고 2개월 후에 베이커리를 시작하였기 때문에 불경기가 여전히 지속되고 있었고, 그 즈음 저탄수화물 다이어트에 속하는 애킨스(Atkins, 황제 다이어트)와 사우스비치 다이어트(South Beach diets, 혈당지수가 낮은 음식을 먹는 저인슐린 다이어트)의 인기가 절정에 달했다. 또한 포틀랜드는 비가 연속해서 오는 날이 가장 많은 곳으로 기록되었고, 그때 당시 도시의 실업률이 12%나 되었다. 그리고 요즘은 의욕적으로 베이커리를 오픈하면 곧바로 언론매체가 주목하지만, 그 시기에는 거의 그렇지 않았다. 그래서 우리의 고객이라고 해봤자 고작 약간의 단골손님, 친구와 가족, 그리고 지나가다 호기심에 들어오는 손님과 몇몇 취객들뿐이었다.

일부 손님은 우리의 노력을 고맙게 생각하고 우리의 비전을 이해하였으며, 좋은 재료를 사용하여 빵과 페이스트리를 만들려는 우리의 의지에 응원을 아끼지 않았다. 지금 나는 과거에 잘 됐던 일보다 잘 안 됐던 일들이 더 많이 생각나곤 한다. 우선, 크루아상과 페이스트리용 파이지를 만드는 데 사용하던 파이 롤러(pie roller, 파이 반죽을 접거나 밀어 펴는 기계)가 너무 작아서 롤러 옆에 쓰레기통을 뒤집어놓고 판자를 얹어서 파이지가 지날 수 있도록 공간을 연장시켜 사용하였다. 카늘레는 모양이 늘 일정하게 나오지 않았는데, 어쩌다 잘 나오는 날은 매우 환상적이었다. 우리는 모든 페이스트리를 데크오븐에 구웠고, 계속해서 손을 올려 오븐의 맨 위칸에 베이킹팬을 넣고 꺼내면서 크고 작은 사고들이 연이어 일어나 팔뚝에 화상을 입곤 하였다.

나는 매일 새벽 4시에 베이커리에 도착하여 바게트 반죽을 하고, 직원들과 아침에 구울 페이스트리 작업을 한 다음, 밤새 저온발효한 르뱅 브레드를 굽는다. 그리고 바게트 반죽을 분할하고 성형해서 구우면 첫 번째 바게트가 아침 8시 30분쯤 오븐에서 나온다. 8시~8시 15분경에 미리 온 손님들은 바게트를 바로 살 수 없다는 사실에 크게 실망하거나 화를 내기도 하였다. 때로는 "너는 여기가 정말 프렌치 베이커리라고 자부하니?"라며 빈정대기도 하였다. 그러나 나는 절대 새벽 4시 이전에는 가게에 도착할 수 없었고, 이론상 8시 이전에는 바게트를 오븐에 넣어 구워야 하는데 그럼 제대로 된 바게트가 나올 수 없기 때문에 그들의 원망스러운 힐난의 눈빛을 계속해서 견뎌내야만 했다. 특히 프랑스계 손님들의 불평이 가장 심했다. 우리가 파는 빵에 대한 손님들의 반응이 궁금하긴 했지만 이런 불평들은 스트레스가 되었다. 문을 연 지 얼마 안 된 베이커리라 손님들의 모든 반응에 민감할 수밖에 없었다.

저온숙성발효기(retarder)는 그 안에 사람이 들어갈 수도 있을 정도의 대형기계인데, 성형한 르뱅반죽을 밤새 오랫동안 저온에서 발효시킬 수 있는 기능을 포함해 몇 가지 기능이 있다. 이 기계는 매주 월요일마다 자동으로 작동이 멈춘다. 그리고 2001년 크리스마스 시즌 이전부터 매주 월요일이 휴무였기 때문에 내가 그 사실을 미리 알아차릴 수도 없었다. 더구나 그 해의 크리스마스이브와 새해 첫날의 이브가 연달아 월요일이었음에도 말이다. 크리스마스이브 아침, 평소보다 조금 일찍 새벽 4시 전에 출근하여 그날 구워서 판매할 빵들을 찾아보았다. 그 다음에 저온숙성발효기의 문을 여는 순간, 습하고 훈훈한 온기와 함께 조금 시큼한 향이 느껴지며 이미 과발효되어 넘치고 있는 반죽을 볼 수 있었다. 그것은 완전히 과발효되어 도저히 제대로 된 빵을 구울 수 없는 상태였다. 그럼에도 불구하고 살릴 수 있는 건 살려보려고 12개 남짓 구워보니 모양도 형편없고 시큼한 향이 너무 강했으며, 각각의 모양과 크기가 마치 대형 농구화의 2배에 가까울 정도였다. 아뿔싸! 오전 10시까지 내가 할 수 있었던 일은 판매할 바게트를 굽고, 형편없이 시큼한 빵을 다 파는 것밖에 없었다. 근처의 와일드우드(Wildwood) 레스토랑의 셰프인 코리 슈라이버(Cory Schreiber)가 가게로 들어와서 친절하게도 처참하게 주저앉아버린 르뱅 브레드를 하나 사주며 나를 위로하였다. 정말 고맙네, 친구. 그럼에도 불구하고 나는 여전히 무엇이 문제인지 몰랐고, 작동을 멈춘 것은 내가 실수했기 때문이라고 생각하였다. 6주 동안 새벽 4시부터 오후 6시까지, 때로는 늦게까지 매일 쉬지 않고 정신없이 일만 하며 지냈기 때문에 깊이 생각할 수 없을 정도로 분별력이 흐려져 있었다. 크리스마스가 지나고 다음 주 월요일인 새해의 이브 날, 또 똑같은 상황이 벌어졌다. 이럴 수가~! 1월 2일에 나는 여기저기 전화를 걸어 결국 무엇이 문제인지 알아냈다. 우리 가게의 저온숙성발효기는 7일 주기의 프로그램을 사용하고 있어서 매주마다 새롭게 세팅하지 않으면 다시 상온의 일반발효 기능으로 돌아간다는 것이었다. 어떤 일들은 이렇게 힘든 시행착오를 거쳐서 알게 되곤 하였다.

베이커리가 어느 정도 자리잡아가고 있다고 느낄 즈음이면 언제나 어김없이 새로운 문젯거리가 불쑥 튀어나왔다. 예를 들어, 빵을 굽는 중간에 오븐이 멈출 때마다 퓨즈를 갈아 끼우기 위해 260℃(500℉)로 작동되고 있는 오븐 위를 수시로 기어 올라가야 했다(휴~). 몇 달 후 오븐 콘센트 용량에 맞지 않는 퓨즈를 사용하였기 때문이란 것을 알게 되었고, 곧바로 그에 맞는 퓨즈로 갈아 끼워 문제를 해결하였다. 한번은 이런 일도 있었다. 새벽 5시에 오븐에 스팀을 넣기 위해 버튼을 눌렀는데, 스팀 대신 갑자기 오븐 바닥에 강물처

럼 물이 넘쳐나기 시작하였다. 깜짝 놀라서 빨리 오븐 아래쪽 차단기를 모두 내리고 고무호스의 상태를 지켜보았지만 물은 멈추지 않았다. 재빨리 달려가 밸브부터 잠그고 부엌칼을 가져와서 찢어진 호스 부분까지 잘라내고, 파이프에 다시 끼워서 고정 장치에 연결한 다음에 또다시 서둘러 걸레통과 타월 뭉치를 가져와 바닥에 넘친 물들을 청소해야 했다. 이런 일이 몇 달 동안 반복해서 일어났는데, 이유는 불량 호스 때문이었다. 도대체 누가 이런 불량 호스를 만든 거야?

나는 르뱅 브레드를 겉면에 짙은 캐러멜색이 날 때까지 구우며 매우 자긍심을 갖고 있었지만 포틀랜드 사람들의 관심을 끌지는 못한 것 같았다. 그래서 나는 "왜 우리는 빵을 진하게 굽는가?"라는 제목의 인쇄물을 만들었다. 이 방법이 얼마나 효과적일지 알 수 없지만, 당시에는 사람들에게 내 생각과 의지를 알려야 한다고 생각하였다. 그리고 초콜릿 크루아상을 만들 때는 발로나 초콜릿을 사용하였고(지금도 마찬가지다), 오리지널 진짜 팽 오 쇼콜라를 만들었다. 두툼하게 자른 르뱅 브레드 안에 버터와 초콜릿 조각들이 들어 있고, 플뢰르 드 셀을 살짝 뿌려 갓 구운 팽 오 쇼콜라를 하루에 적어도 2~3번씩 구워서 판매하였다.

가끔은 몇 개의 빵 반죽을 굽지 않고 그대로 과발효 상태까지 두었다가 가스를 빼고 분할해서 푸가스를 구웠다. 우리는 여기에 아무것도 올리지 않고 플레인으로 굽거나, 붓으로 올리브오일을 바르고 소금을 뿌려서 구워 큰 프레첼처럼 만들어 팔기도 하였다. 우리 가게의 페이스트리 셰프 앤지(Angie)는 멋진 애플 타르트, 초콜릿 커피 에클레어, 배를 넣어 만든 퍼프 페이스트리, 초콜릿 타르트, 브리오슈, 피낭시에, 마카롱, 브라우니, 색다른 재료를 넣은 프로피테롤(profiteroles, 슈크림), 구제르(gougères, 치즈맛 슈), 가토 드 리즈(gâteaux de riz), 갈레트 데 페르주(galettes des pérouges) 등을 만들었다. 사람들은 우리 가게에 들어와서 스콘이 있냐고 물어보거나, 다른 곳에서 우리가 카늘레를 만들어 판매한다는 것을 듣고 와서 "카놀리스 어디 있어요?"라고 물었다. 아티장을 "아르티즌"이라고 발음하기도 하였다.

나는 파리의 유명한 블랑제리에서 판매하는 빵과 페이스트리를 본떠서 만들었기 때문에 우리가 만드는 모든 것들을 손님이 구별하고 이해하지 못해도 놀랍지 않았다. 그러나 이제 대부분 구별할 수 있게 되었고, 포틀랜드에 사는 사람들의 음식문화도 지난 10년 전과 많이 달라졌다.

우리 베이커리에서는 유기농 밀가루, 타히티 바닐라빈, 니만랜치(Niman Ranch) 햄, 브르타뉴(Bretagne) 천일염, 숙성된 그뤼에르 치즈, 내가 살 수 있는 가장 최상급의 버터, 그리고 앞에서 말했던 발로나 초콜릿 등 좋은 재료들만 엄선해서 사용하였다. 홍차도 파리의 마리아주 프레르(Mariage Frères)에서 수입하였다. 우리는 처음부터 끝까지 모두 우리 손으로 직접 만들었고, 항상 손님 수보다 직원이 더 많을 정도였다. 우리가 초콜릿 크루아상을 $2.50에 판매할 때 나를 바라보는 손님들의 눈빛이 그다지 좋아 보이지 않았다. 어느 날 '고객의 소리함'에 들어 있던 메모를 보니 "$2.50이면 초콜릿 크루아상에 허브티와 따뜻한 물 한잔도 함께 주면 좋겠어요. 그렇지 않으면 당신은 나를 손님으로 영원히 잃게 될 것입니다."라고 쓰여 있었고, 어떤 손님은 커피 리필이 안 되는 것이 불만이었다. 대부분의 손님이 우리 페이스트리가 너무 작고, 너무 오래 구운 것 같으며, 너무 비싸다고 하였다(지름 10㎝의 원형 과일타르트 $3.50, 애플 턴오버 $2.50, 핸드메이드 버터 크루아상 $1.75). 그러나 적어도 빵 굽는 냄새에 대해 불평하는 사람은 없었다.

이렇게 살아온 날들을 털어놓고 이야기하는 이유를 나도 잘 모르겠다. 어쨌든 이 시절이 내 인생에서 가장 치열하고 열정적인 날들이었다. 아마도 사무직에서 늘 수면부족과 육체노동에 시달려야 하는 직종으로 전환하는 데는 일종의 충격요법 같은 것이 필요하지 않았을까 생각된다.

베이커리에서 14시간의 근무가 끝나면 그제야 나는 큰 믹서를 닦아야 하는 일이 생각나서 커다란 믹싱볼 안에 머리를 넣고 청소하며 나의 히어로들을 떠올렸다. 내가 책에서 읽었던 훌륭한 셰프들의 근면함을 생각하며 그들이 할 수 있다면 나도 역시 할 수 있다고 믿고 싶었다. 어느 날 문득, 바닥을 끌며 걷고 있는 내 슬리퍼 소리를 듣는 순간 내가 많이 피곤하다는 걸 깨달았다. 그러나 그냥 지나쳐버렸고 내가 피곤하다는 것 자체를 생각하지 못했다. 베이커리를 시작하고 3개월 후 처음으로 휴가를 내서 12시간을 내리 자고 깼을 때는 심각하게 시차에 적응하지 못해 좀비가 된 느낌이었다.

베이커리 콘셉트를 지켜가는 과정

베이커리 초기에 겪은 시련에도 불구하고 나는 여전히 미래에 대해 낙관적이었다. 왜냐하면 그 길이 나에게 유일한 선택이었고, 그동안의 걱정을 상쇄시켜줄만한 긍정적인 반응들이 곳곳에서 나타나고 있었다. 우리는 커피 코너에 초록색 작은 '고객의 소리함'을 만들어 종이와 펜을 함께 비치해 놓았고(여기서에서 펜을 훔쳐가는 사람도 있다니!), 그 안에 손님들이 써놓은 글들 덕분에 많은 격려와 자신감을 얻을 수 있었다.

"이 집은 내가 미국에서 가본 베이커리 중에 가장 특별한 곳입니다."

"파리에서 돌아온 지 열흘밖에 안 됩니다. 그곳에서 유명하다는 베이커리들을 가보았는데, 그곳에서 먹은 크루아상 중에 이곳만큼 맛있게 만드는 곳은 없었습니다."

"오늘 아들과 함께 간식을 먹기 위해 왔다가 팽 오 쇼콜라, 프로피테롤, 브리오슈가 정말 좋았다고 알려드리고 싶어서 글을 씁니다. 마치 고향에 온 기분이었습니다. 맛있게 먹고 갑니다."

"아무것도 바꾸지 마세요. 지금 현재로도 최고입니다."

게다가 몇몇 유명 레스토랑에서 우리 빵을 주문하려는 문의가 들어왔다. 나 역시 베이커리의 수익성을 위해서는 대량 주문판매가 필요하다는 것을 알고 있었다. 배달 차량을 구입하고 새로운 국면을 맞이할 준비가 되었을 때, 포틀랜드에서 최고로 꼽히는 페일리스 플레이스(Paley's Place), 히긴스(Higgins), 블루아워(Bluehour) 등 세 곳의 레스토랑이 첫 번째 거래처가 되어 무척이나 자랑스러웠다. 이 레스토랑들은 지금까지도 거래를 계속하고 있으며, 덕분에 베이커리의 수익성에도 가시적인 성과를 낼 수 있었다. 이 거래처들은 그 밖에도 다양한 방법으로 나에게 엄청난 지지를 아끼지 않았다. 그렉 히긴스(Greg Higgins)는 나의 애플 브레드를 저녁시간에 스페셜 메뉴로 선보였고, 비탈리 페일리(Vitaly Paley)는 모든 코스 메뉴에 우리 빵을 맛보기 메뉴로 선보였다. 라이프(Ripe)의 댄 스피츠(Dan Spitz) 역시 이와 비슷한 저녁식사 이벤트를 마련하는 등 많은 셰프들이 나를 지원해주었다. 어떤 레스토랑은 그들의 스페셜 메뉴에 내 빵을 사용할 때 내 이름을 넣기도 하였다. 예를 들어 "이 번(buns) 너무 좋아요, 켄". 그리고 그들은 내가 필요로 할 때마다 친절한 조언을 아끼지 않았다.

그럼에도 불구하고 심각한 문제가 있었다. 베이커리를 시작한 지 1년이 되어갈 즈음 나는 거의 7만 불의 적자 상태였고, 더 이상 남은 돈도 없어서 문을 닫아야 할 위기에 놓여 있었다. 심지어 사라 페리(Sara Perry)의 오리거니언즈 리빙(Oregonian's Living) 섹션의 여름특집기사에 나왔던 것 빼고는 어떤 광고나 리뷰에도 소개된 적이 없었다. 우리가 만드는 빵들은 주변의 다른 베이커리들이 만드는 것과 조금 달라서 적어도 처음 5~6개월간 많은 시행착오를 거쳐 품질을 지속적으로 개선해나가야 하는데, 이런 노력에 대해 아무도 관심을 갖지 않는 것 같았다. 우리의 자존감을 높이기 위해서는 언론매체의 홍보가 필요했고, 무엇보다도 모르는 대중들이 우리 가게에 와서 빵을 사게 하려면 먼저 언론이 우리를 신뢰할 수 있도록 만들어야 한다고 생각하였다(그때는 요리 블로그가 활성화되기 전이었다).

그래서 나만의 방식으로 처음 시도한 이벤트가 스페셜 브레드 테스팅이었다. 누구나 온라인을 통해 주문하면 다음 날 배달되는 푸알란의 빵을 나도 두어 개 주문하고, 〈그랜드 센트럴 베이커리(Grand Central Bakery)〉와 〈펄 베이커리(Pearl Bakery)〉에서도 빵을 사왔다. 이 이벤트는 절대 경쟁이 아닌 선의의 대결로 사람들에게 나의 빵과 함께 프랑스에서 가장 유명한 베이커리에서 만든 빵을 맛보게 하고 싶었다. 이 독특한 '브레드 테스팅' 이벤트에는 최소 150명이 참여하여 빵의 풍미에 집중해서 맛 테스트를 하고 싶었다. 와인이나 맥주 등의 맛 테스트는 하지만, 빵맛을 테스트하고 평가할 때 마땅히 표현할 단어가 없다는 사실만으로도 이것은 아주 독보적인 이벤트였다. 그리고 내가 만든 빵이 미국의 작은 도시에서 시작한 지 얼마 안 된 빵임에도 불구하고, 푸알란의 빵과 비교하여 호의적인 반응을 보여 너무 행복했다.

자금 사정은 점차 나아졌으나 안심할 상태는 아니었다. 그러던 어느 날, 시청에서 가게 앞 교차로에 지하 수도관의 교체 계획이 있어 앞으로 3개월 동안 낮 시간에 거리 통행이 금지된다는 통보가 왔다. 우리 가게는 낮에 영업을 하는 곳이므로 이것은 내게 마치 사형선고와 같았다. 그리고 3개월의 공사기간 동안 공사하지 않는 주말에 시에서 과연 어느 정도까지 도로 상태를 원상복귀해놓을지 걱정이 되자 낮에 베이커리 영업을 계속하면서 밤 시간에도 뭔가 영업을 해야겠다는 생각이 들었다. 그래서 생각을 바꾸어 주류 판매 허가증을 받아 저녁에는 간단한 식사와 맥주, 와인을 판매하는 베이커리 카페로 영업을 시작하였다.

그 무렵 나는 뉴욕에서 포틀랜드로 이사온 지 얼마 안 된 롤리 웨슨(Rollie Wesen)과 클로딘 페팽(Claudine Pépin)을 만났다. 클로딘은 자크 페팽(Jacques Pépin)의 딸로 아버지와 함께 PBS의 TV쇼에 출연하고 몇 권의 요리책도 내서 유명하며, 모엣 샹동(Moët & Chandon)의 홍보대사로도 일하고 있었다. 롤리는 뉴욕에 있는 유명 레스토랑의 셰프로 마침 두 사람이 새로운 일을 찾고 있었으며, 내 베이커리에서 일할 기회를 갖게 되어 무척 감사하게 생각하였다. 나는 그들의 능력에 맞는 보수를 줄 수 있는 상태가 아니었다. 그러나 롤리는 난로조차 없는 임시 주방에서 일하고, 클로딘은 1주일에 5일간 밤에는 비스트로(Bistro, 작은 식당)가 되는 카페를 맡아서 운영하기로 하고 기꺼이 팀원이 되었다. 켄즈 아티장 베이커리는 1주일 단위로 오늘의 코코뱅, 오리 콩피, 또는 다른 프랑스 기본요리들을 제공하였다. 결국 이런 방식의 운영이 내가 간절히 원하던 방송의 주목을 받게 되었고, 밤에만 운영하는 비스트로뿐만 아니라 내가 정말로 애정을 갖고 있는 베이킹에까지 관심이 확산되었다. 후에 롤리와 클로딘은 각자 자신의 능력에 맞는 보수를 받을 수 있는 곳으로 떠났고, 8개월 후에 나는 밤에만 영업하는 비스트로를 닫았다. 베이커리를 레스토랑으로 전환했던 일은 아주 좋은 경험이었고, 나의 부족함을 채우는 데 도움이 되었다.

2003년 1월 짐 딕슨(Jim Dixon)은 잡지 《윌래밋 위크(Willamette Week)》에 〈이스트의 역할(Yeast of Burden)〉이란 제목으로 베이커리에 관한 기사를 썼다. 이 글은 저널리즘 잡지의 제임스 비어드상(James Beard Award) 후보에도 올랐다. "빵을 자르는 순간 당신은 크러스트의 바삭함을 느끼겠지만, 그것은 절대 거칠거나 질기지 않다. 빵의 속살은 이스트의 발효로 기공이 열려 있으며, 부드럽고 촉촉하다. 투박한 시골빵의 전형적인 풍미에는 효모의 구수함과 고소함이 담겨 있으며, 정확히 표현할 수 없는 복잡하고 미묘한 향이 스며 있다. 그 풍미 때문에 당신은 그 빵을 계속 먹게 될 것이다." 그는 또한 베이킹에 대한 나의 집념을 이야기하였고, 그로 인해 계속해서 다른 기사에도 소개되면서 나는 한마디로 '집념'이라는 단어로 정의되었

다. 13개월 동안의 침묵 끝에 마침내 폭발적 인기를 얻게 된 베이커리 기사들을 보면 그저 흐뭇할 뿐이었다.

　　마침내 각지에서 사람들이 몰려오기 시작하였다. 이에 대해 준비된 부분도 있고 준비되지 않은 부분도 있었다. 베이커리는 레스토랑과 달라서 주문대로 만들 수 없고, 그날 판매할 빵을 적어도 하루 전날 준비해야 하기 때문에 우리는 예상만으로 만들 수밖에 없었다. 내일 바게트가 몇 개나 팔릴지, 그리고 에클레어를, 크루아상을, 타르트를 얼마나 준비해야 할지? 어느 날, 뉴욕의 유명 레스토랑 〈뤼테스(Lutèce)〉의 전직 셰프 앙드레 솔트너(André Soltner)가 아내 시몬(Simone)과 함께 우리 베이커리에 왔다. 그는 나중에 클로딘과 롤리에게 내 크루아상은 최고였다고 하였다. 그 후 클로딘이 아버지 자크 페팽을 모시고 와서 함께 저녁을 먹었는데, 그도 내가 만든 크루아상이 최고라고 극찬을 해주었다. 그는 매우 친절하고 예의바른 사람이었다. 자크 페팽과 내 베이커리에서 저녁식사를 하면서 나는 붕 떠있는 느낌이었다. 나의 우상인 사람들이 내 가게를 방문하여 나에게 보낸 찬사들로 나는 자신감을 갖게 되었다.

　　초과근무 하는 내 스케줄을 좀 더 여유롭게 하려고 능력이 되었을 때 새 직원을 고용하여 나는 아침에 좀 더 일찍 바게트를 구울 수 있었고, 우리가 만드는 빵과 페이스트리의 색깔이 너무 진하다는 평도 줄어들기 시작하였다. 내가 손님에게 맞춰가고, 동시에 손님도 내 빵에 적응이 된 것 같았다. (아마도 그들은 내가 쓴 〈왜 우리는 빵을 진하게 굽는가〉라는 글을 읽었을 것이다.) 그 첫해에 가장 큰 보상은 대부분의 사람이 우리가 만든 음식에 매우 만족해한다는 게 분명해졌다는 것이다. 날이 갈수록 단골손님이 늘어났고, 단골손님의 아이들이 성장하는 과정을 볼 수 있었으며, 우리가 사랑하는 손님들이 가게를 오고가는 오랜 기간 동안 서로에 대해 충분히 알고 소통하는 시간을 가질 수 있었다.

　　내가 살고 있는 지역사회에 긍정적인 영향을 끼친다는 것은 과거 나의 직업으로는 불가능한 일이었다. 일단 우리가 실패하지 않을 거라는 확신을 주자 건물주는 베이커리가 문을 닫을까봐 걱정하지 않아도 되었고, 나 역시 언젠가 또다시 힘들었던 과거로 돌아갈지도 모른다는 걱정을 하지 않게 되었다. 결과적으로, 베이커리의 콘셉트를 지키려고 노력하였던 과정 자체가 내 일이었고, 그 결과들이 나에게는 보상이었다.

CHAPTER 02
좋은 빵과 피자를 만드는
8가지 기술

EIGHT DETAILS FOR GREAT BREAD AND PIZZA

여기에서는 내 빵의 특징이자 아티장 베이킹의 기본 요소인 몇 가지 기술을 설명한다. 바로 본론으로 들어가서 베이킹을 시작하고 싶으면 chap.4 〈기본빵 만들기〉와 chap.5 〈스트레이트 반죽〉을 먼저 보고, 시간 여유가 있을 때 chap.2(그리고 PART 1의 뒷부분)를 읽어도 좋다. 그것은 이 책을 처음부터 끝까지 순서대로 읽지 않아도 된다는 의미다. 여기에서 설명하는 재료는 이해하기 어렵지 않기 때문이다.

만약 발효기술에 관심이 있다면 빵맛과 텍스처에 영향을 주는 다양한 발효방법에 초점을 맞춰 생각해보는 것이 좋다. 어찌 보면 생소할 수도 있겠지만, 좋은 빵을 만드는 가장 중요한 재료는 '충분한 시간'이라는 점을 강조하고 싶다. 물론 '충분한 시간'에는 나름의 한계가 있다. 이를테면, 발효시간이 너무 길면 알코올과 산이 필요 이상 발달해서 밀의 달콤한 풍미를 가린다. 게다가 발효로 만들어진 가스를 가두는 반죽의 힘이 약해져서 반죽이 주저앉아버린다. 최상의 결과를 얻기 위해 반죽의 발효를 조절하는 것은 1차발효시간, 2차발효시간, 반죽온도, 실내온도, 그리고 반죽 속 르뱅의 양과 같은 여러 가지 요소들이 알맞게 균형을 이루는 지점을 찾아내는 것이다. 따라서 여기서는 이 요소들을 어떻게 균형을 이룰 것이냐에 초점을 맞춰 설명한다.

상세기술 1 : 시간과 온도를 빵의 재료라고 생각한다

'인내'는 좋은 빵을 만들기 위해 필요한 중요한 덕목이다. '시간 고려'는 베이커의 도구함에 들어 있어야 할 필수 도구라고 할 수 있다. 레시피에서 별도의 중요한 요소인 '시간 인지'는 최고의 베이커가 별개로 갖추어야 할 첫 번째 세부사항이다. 반죽온도, 실내온도, 그리고 도우 속 르뱅의 양을 균형 있게 조절할 수 있다면 누구나 특별하고 훌륭한 빵을 만들 기회가 있다. 이 책의 가장 간단한 레시피로 좋은 빵을 만들기 위해 7시간 남짓의 시간 여유가 필요하지만, 많은 수고를 들이지 않아도 된다.

미국에서 제빵 발효에 대한 일반적인 접근은, 단지 1~2시간의 짧은 발효로 가스를 만들어 반죽에 구조적인 볼륨을 주는 것이다. 그러나 나를 비롯하여 다른 실력 있는 베이커들의 견해는, 발효가 단지 반죽의 구조적인 볼륨뿐만 아니라 빵의 풍미와 적당한 산미를 주는 것이라고 생각한다.

온도와 시간은 서로 반비례 관계라서, 나는 이 2개의 요소를 생각하면 마치 시소 관계 같은 이미지가 떠오른다. 한쪽이 많아지면 다른 쪽은 적어지는 그런 관계와 비슷하다. 즉, 따뜻한 반죽은 빨리 부풀어 오르고, 반면에 차가운 반죽은 천천히 부푼다. 특히 반죽의 온도는 이스트의 대사율에 영향을 주어 따뜻한 이스트가 더 빨리 번식한다. 일단 반죽이 만들어지면 이스트는 산소가 없어질 때까지 반죽 속에서 번식하는데, 이때 이스트는 밀가루 속에 있는 당을 소비하면서 이산화탄소와 에탄올 가스를 만들기 시작한다. 이렇게 만들어진 가스가 반죽을 부풀어 오르게 한다.

1차발효 단계는 빵의 풍미를 가장 많이 끌어 올릴 수 있는 대단히 중요한 단계다. 따뜻한 반죽은 이스트의 활성 속도가 더 빨라져서 발효가 빨리 된다. 반면에 이스트를 적게 넣은 반죽은 이스트가 번식하여 개체수가 최고가 될 때까지 부풀어 오르는 데 걸리는 시간이 더 오래 걸린다. 이때 이스트의 개체수가 최고가 되는 시점은 반죽이 혐기성으로 바뀌거나 산소를 모두 써버린 상태라고 보면 된다. 이렇게 반죽 속에 이스트의 개체수가 최고가 되기까지 반죽의 온도가 낮든지, 이스트를 소량 사용하든지, 또는 이 2가지 경우가 모두 해당되든지 해야 빵의 풍미가 지속적으로 복잡 미묘하게 변화한다. 사실, 이것이 나의 모든 빵 레시피가 더욱 향상될 수 있도록 나를 이끌어주는 기본 원리이다. 즉, 소량의 이스트와 긴 발효시간이 좋은 빵을 만든다.

> **1차발효(Bulk Fermentation)_**
> 밀가루, 물, 소금, 이스트, 그리고 때로는 르뱅이나 사전발효반죽 등의 재료들을 모두 믹싱한 후 반죽의 첫 번째 발효.

반죽을 변화시키는 또 다른 요인은 박테리아이다. 밀가루는 그 자체에 이스트와 다양한 박테리아 포자를 가지고 있다. 밀가루 자체에 들어 있는 천연효모로 빵을 만들 경우에도 밀가루 안의 박테리아가 자연발생적으로 생장하면서 산을 만들어내고, 빵에 풍미를 주는 여러 성분들을 만들어내기 위해 시간이 필요하다. 박테리아의 생장은 빵에 복합적인 풍미를 주며, 그 결과 미각과 후각을 통해 여러 다양한 풍미를 느낄 수 있다. 즉, 빵의 풍미는 밀가루 자체의 풍미와 함께 이스트와 박테리아의 활동으로 만들어지는 알코올, 산, 에스테르(빵의 풍미를 이루는 화학적 성분들)를 모두 포함한다.

시간은 이런 화합물들을 만들어내기 위해 아주 중요한 요소이다. 우리가 찾는 건 '발효의 최적점'으로, 시간이 너무 경과되면 원하는 풍미를 잃게 되고, 반대로 시간이 충분치 못하면 발효가 덜 된다. 반죽이 과발효되면 알코올향이 너무 강해서 향긋한 밀의 향을 덮어버리며, 오랜 발효시간으로 반죽의 산미도 더 강해진다. 그러므로 지나치지 않게 최적점을 찾는 것이 가장 좋다. 산도가 높다는 의미는 빵이 빨리 부패하지 않고, 젖산과 초산의 독특하고 자극적인 풍미와 향이 더해진다는 뜻이다. 그러나 산도가 너무 높으면 나를 포

무게와 부피 계량

빵을 만들다보면 하나의 레시피를 여러 번 되풀이하여 늘 사용할 수 있는 기본 레시피로 만들고 싶을 때가 있다. 그럴 경우 재료를 부피보다 무게로 계량하는 것이 매우 유리하다는 걸 알게 될 것이다.

먼저, 내가 계량한 2컵의 밀가루는 당신이 계량한 2컵의 밀가루와 정확하게 같지 않을 것이다. 내가 계량한 것은 밀가루 포대에서 단단하게 눌려 있는 상태의 밀가루를 계량한 것이고, 당신이 계량한 것은 체로 쳐서 밀도가 낮은 상태의 밀가루를 계량한 것일 수 있기 때문이다. 물도 마찬가지다. 비록 몇몇 다른 모양의 테이블스푼들이 겉으로 보기에는 그다지 차이가 있어 보이지 않아도 무게로 비교하면 상당히 다르다. 베이킹은 재료들 사이의 정해진 비율이 기본으로, 부피로 계량하면 비율이 부정확하지만 무게로 계량하면 정확하게 예측이 가능하다. 베이킹 분야에 전문적으로 종사하는 사람들은 모든 재료를 무게로 계량하고, 레시피에 사용하는 곡물가루의 총량을 기준으로 나머지 재료의 양을 표시하는 걸 기본으로 한다. 이 책의 레시피로 빵을 만들 때도 부피보다는 무게로 계량하도록 한다.

베이커들이 여전히 주방에 저울을 갖추고 있지 않은 경우가 많다고 한다. 이들을 위해 이 책의 모든 재료에 대략적인 부피를 환산하여 제공하고 있다. 밀가루는 부피로 계량하기 가장 어려운 재료이기 때문에 빵을 만들 때 가장 변수가 심하다. 예를 들어, 밀가루가 얼마나 곱게 갈아졌는지, 밀가루가 계량컵에 어느 정도 압력으로 눌려서 담아졌는지, 계량컵에 밀가루가 수평으로 담아졌는지에 따라서도 차이가 많이 난다. 그러나 이런 문제들은 밀가루를 무게로 계량하면 해결되는 것들이다. 그리고 이 책의 레시피들은 베이킹의 일관성을 위해 모두 킹 아더(King Arthur)사의 밀가루를 사용하였으므로 부피 계량은 이 회사의 제분 상태를 기준으로 한다. 밀가루를 부피로 계량할 때는 밀가루를 커다란 용기에 옮겨 담아 포크로 뒤섞은 다음에 계량컵으로 담거나, 스푼을 이용해 담은 다음 칼등을 이용해서 밀가루의 수평을 잡도록 한다. 설명대로 하기가 귀찮다면 그냥 주방용 저울을 산다.

물론, 사전발효반죽이 들어가는 빵을 만들 때는 부피 계량의 의미가 없어진다. 나의 많은 레시피들이 100g의 르뱅을 사용하고, 이것은 약 ⅓컵 정도의 부피가 된다. 문제는 르뱅을 계량컵이나 스푼으로 떠서 옮길 때 르뱅 안에 들어 있는 가스가 일부 빠져나갈 수밖에 없다. 이것이 부피로 르뱅을 계량할 경우에 신뢰성이 떨어질 수밖에 없는 이유이다. 그래서 나는 부피보다 무게 계량을 강조하지 않을 수 없다. 특히 이 책의 PART 3를 보면 내가 무게 계량을 강조하는 의미를 더 잘 알 수 있을 것이다.

본반죽의 온도 조절

내가 만든 빵 중에 최상의 풍미를 느꼈던 경우는 믹싱이 끝난 최종반죽의 온도가 24~27℃(75~80℉)일 때다. 발효시간과 마지막에 만들어진 빵의 품질도 이 온도와 관계가 깊다. 본반죽이 끝나고 1차발효를 해야 할 단계가 되면 탐침온도계를 사용하여 온도를 측정한다. 그리고 반죽이 24~27℃보다 높으면 다음에 빵을 만들 때는 현재의 상황을 참고하여 반죽온도를 24~27℃로 낮추는 방법을 찾는다.

반죽온도를 조절하기 위해 필요한 4가지 조건은 물 온도, 밀가루 온도, 실내온도, 그리고 오토리즈에 걸리는 시간(p.39 참조)이다. 가장 조절하기 쉬운 조건이 물 온도이므로, 따뜻한 물과 찬물을 적절히 섞어서 물 온도를 조절하는 방법을 설명하도록 한다. 따뜻한 물과 찬물을 섞은 물의 온도를 두어 번 확인하여 기록해두면 만들려는 도우의 최종온도에 필요한 이상적인 물의 온도를 알 수 있다.

이 책의 대부분의 레시피는 목표로 하는 최종반죽의 온도가 26℃(78℉)이다. 나는 이 온도를 '최적점'이라고 생각하지만, 각자 24~27℃(75~80℉) 사이의 온도에서 다양하게 시도해보기를 바란다. 주어진 레시피로 빵을 만들 때 최상의 풍미와 볼륨 있는 빵을 만드는 최적의 시간과 온도를 찾는 방법은, 지난번의 경험을 바탕으로 베이킹의 여러 변수를 반복해서 적용해보는 과정에서 얻을 수 있다. 그리고 매번 빵을 만들 때마다 각 단계에서 반죽의 온도, 시간, 상태까지 그때그때 곧바로 기록한다. 다음에 빵을 만들 때 참고 지표가 될 수 있도록 온도와 시간을 매번 지속적으로 메모해두면 점점 더 좋은 빵을 만드는 방법을 찾는 데 많은 도움이 된다. 또한 베이커로서 스스로 무엇을 하고 있는지, 왜 그 일을 하는지에 대한 당위성을 알게 되어 만족감도 생길 것이다.

이 책의 레시피에서는 물의 온도 조절에 대해 구체적으로 설명하였다. 나는 다른 베이커들에 비해 적은 양의 이스트를 사용하는 대신, 물과 반죽을 좀 더 따뜻하게 사용하는 방법을 선호한다. 그러나 뜨거우면 안 되므로 조심해야 한다. 상업용 이스트는 46℃(114℉) 정도의 낮은 온도에서도 죽기 때문이다. 내 경우에는 일반적으로 실내온도 21℃(70℉)에서 35℃(95℉)의 물로 30분 동안 믹싱하면 최종반죽의 온도가 26℃(78℉) 정도 되는데, 이것이 내가 목표로 하는 반죽온도이다. 실내온도가 따뜻한 여름에는 밀가루도 실내온도만큼 따뜻해 있을 테니 최종반죽의 목표온도인 26℃(78℉)에 맞추기 위해 나는 32℃(90℉)의 물을 사용한다. 만약 밀가루를 냉장고나 냉동고에 보관하고 있다면, 반죽을 하기 하루 전에 실온에 미리 꺼내두는 것이 좋다. 이 책의 레시피는 모두 실온 상태의 밀가루 온도를 기준으로 한다.

함하여 대부분의 사람이 뒷맛에서 느껴지는 시큼함 때문에 눈살을 찌푸릴 수도 있다. 그러므로 너무 시큼하지도 않고 알코올향도 강하지 않은 복합적인 빵의 풍미를 만들어내기 위해 필요한 기술의 미묘한 차이는 시간과 온도의 균형 잡힌 접점을 찾는 것이다. 그리고 동시에 반죽은 그 접점에 이르는 시간까지 구조적으로 알맞은 볼륨을 형성하게 되는 것이다. 글루텐 조직은 반죽을 구조적으로 지탱하고 만들어진 가스를 그 안에 품을 수 있는 힘이 시간이 지나면서 서서히 약해지기 때문에 과발효가 되면 반죽이 심각하게 무너진다. 이 모든 점에서 볼 때, 시간 조절은 빵을 만드는 스케줄에서 반드시 고려해야 할 사항이다.

발효시간을 연장시키는 방법은 여러 가지가 있다. 반죽에 넣는 이스트 양을 줄일 수도 있고, 반죽의 온도를 낮추거나 반죽을 주변 온도가 낮은 곳으로 옮겨서 발효시킬 수도 있으며, 이 2가지 방법을 모두 사용할 수도 있다.

예를 들어 나는 르뱅을 사용한 반죽을 27℃(80℉)에서 3시간 동안 1차발효를 했다면, 그 대신 9℃(49℉)로 맞춘 베이커리의 저온숙성발효기에 넣고 12시간 동안 발효시키는 것이다.

> **저온숙성발효기(Retarder)_** 말 그대로 저온으로 발효시키는 기계. 내 베이커리에 있는 저온숙성발효기는 사람이 드나들 수 있는 정도의 크기로 6개의 바퀴 달린 이동 랙이 있으며, 온도를 약 9℃(49℉)로 맞춰 놓고 있다. 가정집에서는 저온숙성발효기 대신 냉장고를 사용하고, 이 책의 레시피로 빵을 만들 때도 마찬가지다.

2℃의 차이

내 베이커리에서 만드는 건포도-피칸 브레드는 아주 맛이 좋아서 나는 가끔 배가 고프지 않아도 먹곤 한다. 특히 이 빵이 최상의 상태로 나왔을 때는 더욱 그렇다. 그러나 이 빵도 예전에는 맛이 그냥 평범했던 적이 있었다. 그때 당시 나는 이 빵을 최상의 맛으로 끌어올리기 위해 발효시간을 좀 더 늘려야겠다는 생각을 하였다. 그래서 아침에 근무하는 베이커들과 이야기를 나눠보니 2차발효는 충분한 시간을 주고 있다는 걸 알게 되었다. (이 말은 성형 후의 발효시간은 적당하다는 뜻이다.) 그래서 해결점을 찾기 위해 1차발효시간을 좀 더 늘려야 하는데 시간을 조절하기가 쉽지 않았다. 왜냐하면 셰프들이 각자 맡은 일들이 서로 유기적으로 연결되어 공정이 이루어지기 때문에 스케줄 조정이 어려웠다. 그래서 나는 본반죽에 넣는 르뱅의 양, 1차발효를 할 때의 주변 온도, 믹싱 후 반죽의 최종온도 등 3가지 경우 중 한 가지를 선택해야 했다. 나는 세 번째 방법을 선택하여 본반죽을 할 때 평소에 사용하던 물보다 약 2℃(3℉) 더 따뜻한 물을 사용하였다. 그러자 믹싱 후 최종반죽의 온도가 24℃(76℉)에서 26℃(78℉)가 되었다. 그리고 나머지 과정은 이전에 했던 방법과 동일하게 하였다. 다음 날, 빵이 기대했던 대로 만족스럽게 나왔다. 아주 시큼하지도 않으면서 적당히 살짝 입속을 맴도는 새콤함이 풍부한 풍미와 어우러져 완벽한 빵이 되었다.

저온발효를 충분히 하면 복합적인 빵의 풍미가 더욱 살아나면서 입 안에서 좋은 여운이 진하게 느껴진다. 베이커리에서는 1차발효를 저온숙성으로 발효시키지만, 집에서는 현실적으로 쉽지 않다. 가정에서는 냉장고 안에 12ℓ 정도의 발효통이 들어갈만한 공간을 확보하기가 매우 어렵기 때문에 내가 말한 방법대로 하기에는 무리가 있다. 그래서 이 책에서는 1차발효의 경우 아주 적은 양의 이스트를 사용하여 실온에서 오버나이트 하는 방법으로 레시피를 조정하였다. 이 책에서 어떤 반죽은 실온에서 1차발효를 한 다음, 3~5℃(37~40℉)의 냉장고에서 오버나이트로 2차발효시킨다는 것을 알게 될 것이다. 이것은 각 가정의 냉장고에 한 덩어리의 큰 1차발효반죽을 담은 용기보다 작은 덩어리로 나뉜 2차발효반죽을 담은 바구니를 넣을 공간을 확보하기가 훨씬 쉬울 것 같다는 생각에서 조정한 것이다.

chap.2를 읽으면서 "단지 이 정보만으로 과연 내가 무엇을 할 수 있을까?"란 생각을 할 수도 있다. 여기에 답이 있다. 맛있고 좋은 빵을 만드는 방법은 절대 정형화되어 있지 않다. 내가 아무리 특별한 비법의 레피시를 알려준다 해도 진짜 비법은 내가 아닌 각자 개인에 의해 만들어질 수도 있기 때문이다. 어떤 밀가루는 다른 밀가루보다 훨씬 더 활성화가 잘 돼서 발효가 빠를 수도 있다. 또 자신의 부엌은 21℃(70℉)인데, 어떤 사람의 부엌은 온도가 27℃(80℉)일 수도 있다. 이것이 왜 다른 책에 있는 대부분의 레시피들이 1차발효시간을 기본적인 시간만 제시한 채, '또는 반죽이 2배로 부풀 때까지'라고 부연설명을 하는지를 설명하는 이유이다. 그래서 이 책의 레시피에서는 여러 다양한 변수들을 고려하였다. 그 밖에도 여기에서 나는 시간과 온도가 반죽의 발효와 맛에 어떤 영향을 끼치는지, 그리고 훌륭한 빵을 만들기 위해 그런 변수들을 어떻게 조절하는지 알 수 있도록 도움이 되고자 한다.

상세기술 2 : 가능하면 사전발효를 활용한다

이 책의 레시피들은 개성 있고 복합적인 풍미를 가진 빵을 만들기 위해 다음의 2가지 방법 중 적어도 한 가지를 사용한다. 첫째, 스트레이트 반죽(직접 반죽)을 천천히 오랜 시간 발효시켜서 만드는 방법이다. 이것은 이스트를 소량 사용하고, 믹싱에서 성형까지 일반적인 방법보다 발효에 더 많은 시간을 할애하여 적어도 5시간 이상 걸리는 방법이다. 둘째, 본반죽을 하기 전에 장기발효로 미리 만들어둔 사전발효반죽이나 르뱅을 섞어서 발효 기능을 높이는 방법이다.

풀리시(poolish)와 비가(biga)는 가장 많이 사용하는 사전발효반죽인데, 두 가지 모두 소량의 상업용 이스트를 사용한다. 사전발효반죽을 사용할 때는 레시피에서 사용하는 곡물가루 총량의 30~80% 정도의 밀가루에 물과 소량의 상업용 이스트를 섞어서 미리 만들어두고, 표면 위로 기포들이 생기고 코끝을 살짝 자극하는 정도로 향긋한 향이 올라올 때(대부분 오버나이트를 한다) 본반죽의 나머지 재료들과 섞는다. 결과적으로 발효시간이 더 길어져서 빵의 산성도(pH)가 높아지고 동시에 보존성도 길어지며, 크러스트의 색과 향도 진하고 깊어진다. 일반 베이커리에서는 본반죽의 1차발효시간을 단축시키면서 빵의 풍미는 잃지 않기 위해 이 사전발효법을 유용하게 사용하고 있으며, 이것은 빵의 생산 스케줄 관리에 있어서도 매우 효율적이다.

그렇다면 가정에서도 이 방법이 가능할까? 좀 더 맛있는 빵을 위해서는 물론 가능하다. 이 방법은 일반적인 스트레이트법으로 만든 빵보다 복합적인 풍미가 더 많이 느껴진다. 풀리시로 만든 빵은 크러스트가 얇고 바삭하며, 견과류에서 느낄 수 있는 고소함과 크림처럼 부드러운 풍미의 빵맛이 난다. 그래서 바게트

스트레이트 반죽(Straight dough)_ 사전발효반죽이나 르뱅을 사용하지 않고 단일 과정으로 만든 반죽.

르뱅(Levain)_ 물과 밀가루만으로 만든 천연발효반죽을 가리키는 프랑스어. 영어로는 '사워도우(sourdough)'. 그 안에 들어 있는 수십억 마리의 활성화된 천연효모와 자연 발생적인 박테리아들로 인해 발효가 되어 반죽이 부풀어 오른다. 수천 년 동안(기록에 의하면 5천 년 정도) 인류는 단지 밀가루, 물, 그리고 대체로 소금을 사용하여 빵을 만들어왔으며, 반죽에 기포와 향긋한 풍미를 만들어내는 밀가루와 공기 중의 천연효모로만 발효시켰다.

사전발효(Pre-ferment)_ 본반죽을 하기 약 6~12시간 전에 반죽의 일부를 미리 반죽하여 발효시킨 것을 말한다. 이 책의 레시피에는 밀가루와 물의 비율을 같게 해서 만든 비교적 '묽은 상태'의 풀리시와 밀가루보다 물의 비율을 낮게 한 '된 상태'의 비가를 함께 사용한다. 사전발효는 빵의 풍미, 발효능력, 그리고 보존성을 높인다.

비가(Biga)_ 이탈리아에서 사전발효반죽의 개념으로 사용하는 말이다. 그러나 밀가루와 물의 비율이 특별히 정해져 있지는 않다. 일반적으로 밀가루, 물, 소량의 이스트를 믹싱한 '된반죽(밀가루 양의 60~70%의 물을 섞는다)'에 속하며, 본반죽에 넣기 전 6~12시간 동안 발효시킨다. 이렇게 만든 비가에서는 빵에 풍미를 주는 많은 가스(이산화탄소와 알코올)와 젖산균, 박테리아가 만들어진다. 그래서 이것을 본반죽에 넣고 빵을 만들면 빵 속에 좋은 풍미가 생긴다.

풀리시(Poolish)_ 프랑스 제빵에서 사용되는 용어이다. 폴란드 출신의 베이커가 프랑스에 전했다고 해서 만들어진 단어이다. 이탈리아의 비가처럼 풀리시 역시 본반죽에 넣는 사전발효반죽의 일종이며, 빵의 풍미를 높이는 역할을 한다. 이 기술로 만든 빵은 버터향과 견과류의 고소한 향이 나고, 일반적으로 6~12시간 사전발효되는 동안 산화 과정을 거치며 산성도가 높아져서 보존성도 좋아진다. 풀리시는 대개 브레드 레시피에서 밀가루 총량의 30~50% 정도를 넣는다. 그리고 풀리시 자체는 밀가루와 물을 동량의 무게로 사용하고, 소량의 이스트를 넣는다.

반죽은 종종 풀리시법으로 만든다. 그에 반해서 비가로 만든 빵은 흙냄새와 사향 냄새가 생각나는 토속적인 향이 느껴진다. 우리 베이커리에서는 치아바타를 만들 때 비가를 사용해서 만든다. 이 책에서는 스펀지법이나 묵은반죽법(영어로는 old dough, 불어로는 pâte fermentée) 등의 다른 사전발효법은 소개하지 않았다. 그리고 밀가루와 물 이외에 소금 같은 다른 재료를 넣은 사전발효반죽 역시 소개되어 있지 않다. 모든 종류의 사전발효법은 부르는 이름이나 타입과 상관없이 공통점이 있는데, 그것은 본반죽에 알코올 발효, 산미와 풍미를 더하는 박테리아 발효, 그리고 이스트 발효의 3가지가 모두 잘 일어나는 환경을 만들어준다는 것이다. 충분히 발효된 사전발효반죽으로 만든 빵의 속살은 광택과 윤기가 흐른다. 이와 같이 윤기 있는 속살은 잘 만들어진 빵을 판단하는 지표가 되므로, 나 역시 빵의 향을 맡거나 맛을 보기 전에 종종 빵의 속살을 확인한다.

사전발효반죽은 최고의 풍미와 발효 상태를 얻기 위해 충분히 발효된 것을 사용하는 것이 중요하지만, 너무 지나치게 발효시키지 않도록 한다. 사전발효반죽으로 빵에 좋은 효과를 얻으려면 최소 4시간은 발효시켜야 한다. 비가의 경우, 최적의 발효시점에 도달하면 표면에 기포가 생기고, 윗부분이 동그랗게 부풀어 오르며, 톡 쏘는 알코올향과 이스트향이 느껴진다. 그러나 과발효되면 부풀어 올랐던 표면이 가라앉으므로 쉽게 알 수 있다. 가장 알맞게 발효된 풀리시는 표면에 기포가 생기고 자세히 들여다보면 가끔 기포가 터지는 모습도 보이는데, 이때가 가장 적당한 시점이다. 비가와 마찬가지로 알코올과 이스트의 향이 강하며, 과발효되면 표면이 가라앉는 걸 눈으로 확인할 수 있다.

숙성된 비가(왼쪽)와
풀리시(오른쪽)

비가(왼쪽)와
풀리시(오른쪽)의
텍스처 비교

만일 충분히 발효되지 않은 비가나 풀리시를 사용할 경우, 빵의 풍미가 충분하지 않을 뿐만 아니라 발효도 충분히 이뤄지지 않는다. 그 결과 빵의 볼륨도 작고 맛도 단조로우며 밀도가 조밀한 빵이 만들어진다. 반대로 과발효가 되면 알코올의 과다 생성으로 밀에서 느낄 수 있는 구수하고 향긋한 풍미를 가릴 수 있다.

풀리시나 비가 같은 사전발효반죽을 처음 만들어보는 경우에는 극히 소량의 이스트로도 과연 발효가 충분히 이뤄질지 미심쩍을 수 있다. 그러나 그냥 레시피대로 따라 하면서 놀랄 준비만 하면 된다. 나 역시 베이커리를 시작한 이후 지금까지도 여전히 감탄하곤 한다. 「풀리시를 사용한 오버나이트 피자도우」(p.231)는 5개 분량의 피자반죽을 발효시키는 데 단지 ⅛작은술이 조금 안 되는 인스턴트 드라이 이스트만으로 충분하다. 아주 적은 양의 인스턴트 드라이 이스트로 풀리시나 비가를 만들어보는 것은 단지 시작에 불과하다. 이스트와 밀가루에 들어 있는 여러 가지 효소들이 물을 만나 활성화되고, 모든 효모균들이 빠른 속도로 발아하면서 비가나 풀리시 안에 꽉 찰 정도로 자기복제를 하여 엄청난 숫자의 개체수로 늘어난다. 처음에는 극소량의 이스트(효모)를 사용했지만, 점차 셀 수 없을 정도의 엄청난 개체수로 늘어나는 것이다. 정말 놀랍지 않은가!

우리 베이커리에서는 계절에 따라 사전발효반죽에 사용하는 인스턴트 드라이 이스트의 양을 조절하고 있다. 왜냐하면 오버나이트로 사전발효반죽을 발효시키다보면 밤 시간의 온도가 겨울엔 더 낮고 여름엔 더 높기 때문이다. 그래서 여름에 훨씬 더 적은 양의 인스턴트 드라이 이스트를 사용하고, 겨울에는 이스트 양을 조금 늘린다. 때로는 똑같은 양의 인스턴트 드라이 이스트를 사용하되 물 온도를 조절하여 사전발효를 하기도 한다.

상세기술 3 : 오토리즈를 이용한다

우리 가게에서 만드는 모든 발효빵 반죽(일반 빵, 피자, 크루아상, 브리오슈 등의 반죽)은 '오토리즈(Autolyse)'를 이용한다. 이 방법은 레시피에 있는 밀가루와 액체 재료들을 섞어만 놓고 최소 15분, 가능하면 20~30분 휴지시켰다가 다음 단계에서 소금, 이스트, 르뱅 또는 사전발효반죽 같은 나머지 재료들을 넣고 본반죽을 하는 것이다. 오토리즈는 밀가루와 물을 섞었을 때 밀가루 안의 효소들이 물을 만나 충분히 활성화되도록 시간을 주는 것이다. 예를 들어 아밀라아제(amylase, 탄수화물 분해 효소)는 밀가루 안의 다당류를 단당류인 포도당으로 분해하고, 분해된 포도당은 효모의 먹이가 된다. 그리고 프로테아제(protease, 단백질 분해 효소)는 글루텐 단백질을 가수분해하여 반죽 속 글루텐 조직이 연화되고, 반죽의 신장성을 좋게 한다.

'오토리즈'라는 용어를 처음 사용하고, 반죽의 시작 단계에 이 기술을 시도한 사람은 1970년대 중반 프랑스 제빵을 대표하는 레이몽 칼벨(Raymond Calvel) 교수이다. 그는 이 기술을 발전시키고 홍보하는 데 힘썼다. 그의 책 『르 구 뒤 팽(Le Goût du Pain)』은 『더 테이스트 오브 브레드(The Taste of Bread)』라는 이름의 영문 책으로 출간되기도 하였는데, 산업 실무현장에서 반죽이 오버믹싱되거나 지나치게 산화된 경우에 개선하는 방법을 책에 담았다. 칼벨은 1950년대 이후 쇠퇴해가던 프랑스빵의 퀄리티를 지키고 이를 교육해야겠다는 사명감을 가지고 있었다. 오토리즈는 짧은 믹싱시간으로도 반죽의 글루텐 발달을 좋게 하는 방법으로, 반죽의 산화를 줄이고 빵의 풍미를 좋게 한다. 오버믹싱으로 인한 반죽의 산화는 대부분 믹서를 사용했을 때 생길 수 있는 부작용이고, 빵을 속성으로 빨리 생산해낼 수밖에 없는 실무현장에서 발생하는 문제점들이다. 그러므로 홈베이커들에게는 그다지 심각한 문제가 아니다. 그러나 오토리즈를 사용하는 것은 홈베이커들에게도 유익하다. 이유는, 손반죽의 경우에도 글루텐 발달을 향상시켜 반죽이 끝났을 때 반죽 안에 가스를 좀 더 많이 담고 있고 볼륨이 살아나기 때문이다. 손으로 반죽을 할 때 오토리즈를 한 반죽과 하지 않은 반죽의 차이는 경험을 통해 느낄 수 있다. 왜냐하면, 오토리즈를 한 반죽은 본반죽을 할 때 이미 일부 글루텐 구조가 형성되어 있고, 오토리즈를 하지 않은 반죽은 본반죽 전까지 글루텐 형성이 없기 때문이다.

오토리즈의 또 다른 이점은 반죽의 신장성을 높인다는 것이다. 신장성(extensibility)이란, 반죽을 잡아당겼을 때 원래 상태로 돌아오지 않고 잡아당겨진 상태 그대로 있을 수 있는 능력을 말한다. 이 부분은 이 책에서 그다지 중요하게 다루지 않았다. 왜냐하면 이 책의 레시피에는 모두 높은 수분율의 반죽(밀가루에 섞는 물의 비율이 높은 반죽)을 사용하고 있어서 이미 충분히 신장성을 가지고 있는 진반죽에 속하기 때문이다. 그러나 진반죽을 사용하는 베이커리에서도 오토리즈 기술이 매우 유용하게 쓰인다. 정해진 시간 안에 탄성이 높은 반죽으로 수백 개의 바게트를 성형해야 하는 상황을 상상해보면 이해가 쉬울 것이다. 이런 경우 마치 악몽처럼 느껴질 수 있다. 글루텐 함량이 높은 밀가루로 바게트 반죽을 하면 더욱 탄성이 강해지므로 이럴 때 오토리즈 기술을 사용하면 훨씬 많은 도움이 된다.

사실 나는 칼벨의 전통적인 오토리즈법을 지지하지만, 일부 사람들은 비교적 최근에 개발된 인스턴트 드라이 이스트를 사용할 경우에 오토리즈를 할 때 이스트를 함께 넣을 것을 권하기도 한다. 이 방법의 장점은 본반죽을 하는 시점에 이스트가 완전히 녹아 있어 훨씬 더 활발하게 발효가 진행된다. 그러므로 만약 이 방법으로 오토리즈를 한다면 적어도 20분이 넘지 않도록 한다. 소금이 없는 반죽 안에서 이스트가 일단 활성화되기 시작하면 활성속도가 매우 빨라서 오랜 숙성발효를 통해 얻을 수 있는 빵의 풍미는 얻기 힘들기 때문이다.

상세기술 4 : 진반죽 믹싱

반죽이 얼마나 질어야 하는지에 대해서는 상반된 견해들이 있다. 나는 빵이나 피자도우의 풍미나 텍스처를 위해 일반 반죽에 비해 물을 더 많이 넣고 반죽하기를 좋아한다. 이것은 나만 그런 것이 아니라, 내가 제빵을 배운 곳의 대부분의 사람들을 포함하여 많은 실력 있는 베이커들이 갖고 있는 생각이다. 내 경험으로 미루어 볼 때, 가령 70%의 수분율(밀가루와 물의 비율이 100 : 70) 대신에 75%(밀가루와 물의 비율이 100 : 75)의 수분율로 반죽을 만들었을 때 가스 발생이 더 활발하게 일어난다. 그리고 느린 발효에서 발생하는 가스는 빵의 풍미를 더욱 다양하고 풍성하게 만든다. 그러나 진반죽은 늘어지는 경향이 있어서 반죽이 퍼지지 않도록 형태를 만들어줘야 하고, 손에 들러붙을 정도로 끈적끈적해서 된반죽에 비해 다루기가 무척 까다롭다.

반죽의 특성 중에 '내구력(strength)'이라는 것이 있는데, 이것은 반죽 자체의 형태를 유지하려는 힘을 말한다. 다시 말해서 '반죽의 힘이 좋다'는 것은, 예를 들어 반죽을 주방의 작업대에 올려놓았을 때 반죽의 높이를 변함없이 유지하는 힘을 가지고 있다는 의미다. 그리고 이것은 점성(tenacity)과 약간의 탄성(elasticity)을 같이 가지고 있다. 반면에 내구력이 약하고 끈적임이 많은 진반죽은 묽은 반죽(batter, 케이크나 핫케이크 반죽처럼 흐르는 정도의 반죽)처럼 옆으로 퍼지기 쉽고, 성형할 때 모양이 잘 만들어지지 않는다. 즉, 된반죽은 진반죽보다 반죽의 형태를 잘 유지한다.

그러나 여기서 생각해볼 문제가 있다. 진반죽은 된반죽에 비해 발효할 때 가스 생산이 더 활발해서 빵의 풍미를 더욱 풍부하게 만든다는 것이다. 더구나 진반죽으로 잘 만든 빵은 기공이 크고 텍스처도 가볍다. 이에 비해서 된반죽은 밀도가 조밀한 빵이 된다. 그러므로 문제는 어떻게 하면 진반죽이 옆으로 퍼지지 않고 형태를 유지하면서 발효된 가스를 담아둘 수 있게 하느냐이다. 그래서 어떤 베이커들은 극소량(밀가루 분량의 100만분의 1)의 아스코르빅산(ascorbic acid, 비타민 C)을 반죽에 넣기도 하는데, 나 는 폴딩법(p.41)을 더 선호한다. 이 방법은 반죽이 발효되는 과정에 반죽 상태에 따라 폴딩을 몇 번 해야 할지 판단하여 그때그때 필요한 만큼 반죽에 힘을 주는 방법이다.

가끔 내가 가르치는 베이킹 수업에서는 흰 밀가루를 80%의 수분율(밀가루와 물의 비율이 100 : 80)로 손반죽해서 빵을 만드는데, 나는 이 수업을 참 좋아한다. 수분율 80%의 진반죽은 빵반죽이라기보다 마치 흘러내릴 것 같은 묽은 반죽에 가깝다. 수업 중에 나는 이 반죽을 반죽통에 담아 수강생들에게 돌아가며 보게 한다. 그럴 때마다 수강생들이 이구동성으로 하는 말이, 만일 그들의 마지막 반죽이 이렇게 나왔다면 분명히 뭔가 실수했다고 생각하고 반죽을 버리거나 밀가루를 더 넣었을 거라는 것이다.

폴딩(Folding)

수분율이 높은 반죽에 힘을 강화하는 방법 중 하나가 반죽을 접는 방법(폴딩)이다. 접는 방법을 간단하게 설명하면, 반죽의 한 쪽 옆면을 잡고 끊어지기 바로 직전까지 충분히 잡아당겨서 반죽 위에 포개듯이 얹는다. 이 방법을 1차발효 동안 여러 번 반복 하면 반죽의 글루텐 구조가 잘 만들어져, 발효하는 동안 발생하는 가스를 충분히 담아둘 수 있다(자세한 내용은 p.75~76 참조). 글루텐 구조가 단단하게 결합될수록 반죽의 힘은 더 좋아진다.

베이커리에서는 믹서를 이용하여 글루텐 조직을 견고하게 만들 수 있다. 고속으로 믹싱을 오래하면 반죽의 글루텐이 더 단단 해진다. 믹서 안에서 글루텐 단백질이 반복적으로 늘려지고 접혀지면서 입체적인 그물구조를 만들어 반죽의 인장강도(tensile strength)를 높이기 때문이다. 이렇게 만들어진 반죽은 발효 속도도 빨라서 빵을 짧은 시간에 많이 만들기에는 아주 좋지만, 빵의 풍미와 품질을 높이는 데는 별로 도움이 안 된다. 반대로 믹싱 속도를 느리게 하면 글루텐 구조도 느슨하게 만들어진다. 그래서 이를 보완하기 위해 실력 있는 베이커들은 믹싱을 줄이고 대신에 1차발효를 하는 동안 폴딩을 한다.

폴딩은 언제 할까? 글루텐 구조는 가스가 빠져 나가지 않게 되어 있는 구조이기 때문에 대부 분의 폴딩은 1차발효의 초기 단계에 하는 것이 좋다. 그리고 반죽 안에서 팽창하는 가스는 글 루텐 조직을 늘어나게 함과 동시에 반죽 자체를 지지하는 역할을 하는데, 이때 폴딩은 반죽이 최대한 가스를 많이 담아둘 수 있게 한다. 이 말은 즉, 느슨하게 퍼진 반죽을 분할이나 성형을 하기 1시간 전에 마지막 폴딩을 하는 것도 의미가 있다는 뜻이다. 이 책의 레시피들은 5시간 또는 그 이상 1차발효를 하는 것들로, 언제 폴딩을 할 것인지 보다 유연하게 생각했으면 한 다. 그러나 가능하면 첫 번째 폴딩은 본반죽이 끝나고 10분 후에 하거나, 본반죽이 끝나고 곧 바로 하도록 한다. 그리고 기본적으로 다음에 폴딩을 해야 할 시점의 기준은 직전의 폴딩 후 에 시간이 어느 정도 지나 반죽이 완전히 힘을 잃고 옆으로 퍼졌을 때다.

폴딩은 몇 번을 해야 할까? 이것은 반죽의 수분율이 얼마나 높은지, 그리고 본반죽이 끝났을 때 얼마나 반죽에 힘이 없는지에 따라 다르다. 진반죽은 손으로 반죽하는 동안 글루텐이 많이 만들어지지 않기 때문에 빵에 기공이 충분히 열려 있는 가벼운 크럼을 만들기 위해 본반죽 후 1~2시간 동안 3~4번의 폴딩으로 글루텐 조직을 충분히 만든다.

이 책의 레시피들은 대체로 3~4번의 폴딩을 하도록 각각의 폴딩 횟수와 간격을 설명해놓았 다. 그러나 나는 폴딩을 지나치게 많이 하거나 빨리 하는 걸 원하지 않는다. 빵을 만들 때는 폴딩 후 반죽 상태를 확인하고, 필요에 따라 폴딩을 한 번 더 해도 된다.

진반죽_ 미국의 아티장 베이킹에서는 관련 용어들이 아직 확실하게 정의되어 있지 않다. 진반죽 또는 높은 수분율을 가진 반죽이라고 하면 나는 당연히 늘어져서 적당히 힘을 주기 위해 폴딩을 해야 한다고 생각한다. 진반죽은 수분율로 규정할 수 없는데, 그 이유는 레시피에서 어떤 곡물가루를 사용했는지, 또는 어떤 곡물가루들을 혼합하여 사용했는지에 따라 달라질 수 있기 때문이다. 흰 밀가루만 사용한 경우에는 수분율 75%의 반죽이 조금 늘어지는 진반죽으로 보이며, 수분율 80%의 반죽은 확실히 수분율이 높아 보일 것이다. 그러나 주로 통밀가루를 사용한 경우에는 수분율 75%의 반죽이 조금 된반죽에 가깝게 된다. 그 이유는 통밀가루가 흰 밀가루보다 물의 흡수율이 더 높기 때문이다. 따라서 통밀가루로 만드는 경우에는 진반죽이라고 하면 적어도 82%의 수분율이 되어야 한다. 또 하나 흥미로운 사실은 미국의 밀가루는 프랑스나 이탈리아의 베이커들이 사용하는 밀가루보다 수분 흡수율이 높고, 글루텐 단백질의 성질도 다르다는 것이다. (나는 독일이나 다른 유럽의 밀가루를 사용해보지 않았기 때문에 더 이상의 추정은 어렵다.) 결론적으로 말해서, 프랑스의 진반죽은 미국의 진반죽보다 물을 약 5% 적게 사용해야 한다.

팽 드 캉파뉴 반죽(p.146), 수분율 78%. 첫 번째 폴딩할 준비가 되었다.

그 후 나는 30분에 한 번씩 연속해서 몇 번의 폴딩 과정을 보여주는데, 이 단계에서는 반죽이 끈적거리긴 하지만 손에 물을 묻히면 다루기 쉽다는 것을 실연을 통해 보여준다. 그러면 곧바로 늘어져 있던 반죽이 점점 한 덩어리로 뭉쳐지면서 제대로 된 빵 반죽의 형태를 띠게 된다.

수분율이 높은 진반죽을 사용하는 것은 빵의 기공이 크게 열리고 부드러운 크럼을 만들어 좋은 빵을 만들 수 있는 비법들 중에 하나일 뿐이다. 그러므로 1차발효나 성형을 한 후의 2차발효 때도 늘 알맞게 발효를 시켜야 한다. 충분히 발효가 안 된 빵을 너무 성급하게 구우면 밀도가 조밀하고 단단한 빵이 된다.

상세기술 5 : 1차발효를 충분히 한다

이 책을 꼼꼼하게 읽으면 레시피에서 빵이 충분히 발효되는 시점으로 보는 '2배 크기가 될 때까지'라는 표현이 자주 나온다는 것을 알게 될 것이다. '3배가 될 때까지'는 더 많이 나오기도 한다. 이렇게 충분히 발효된 시점으로 보는 부피의 크기는 반죽에 따라 다르다. 진반죽은 된반죽보다 더 많은 가스를 만들고 더 크게 부피 팽창이 일어난다. 최대의 풍미를 끌어내기 위해서는 모든 생화학적 반응이 일어날 충분한 시간이 필요하다. 따라서 모든 레시피들이 그에 맞는 이상적인 스케줄로 만들어진다. 1차발효 단계에서 시간을 충분히 갖지 않고 서두르면 잃는 것이 많다.

상세기술 6 : 반죽을 조심스럽게 다룬다

대부분의 홈베이커는 반죽할 때 무조건 열심히 치대면 좋다고 생각한다. 그러나 우리는 그렇게 하지 않는다. 일단 본반죽이 끝나면 이제부터 반죽을 조심스럽게 다뤄야 한다. 그래야 글루텐 조직이 손상되지 않고, 그 안에 들어 있는 가스가 빠져나가지 않기 때문이다. 본반죽이 끝나고 나서 뿐만 아니라 폴딩할 때, 반죽통에서 반죽을 꺼낼 때, 작업대에서 분할하고, 성형하고, 발효바구니에서 꺼내 더치오븐에 넣고 굽기까지의 전 과정에서 반죽을 조심스럽게 다뤄야 한다.

폴딩을 할 때는 반죽의 한 부분을 잡고 충분히 늘여주되 끊어지지 않을 정도까지만 잡아당겨야 한다. 그리고 분할과 성형을 위해 반죽통에서 반죽을 꺼내 작업대에 올려놓을 때도 반죽통의 가장자리에 덧가루를 조금씩 뿌리고 손에도 덧가루를 묻힌 후, 손으로 반죽의 바닥부분부터 조심스럽게 들어 올리듯이 작업대 위에 꺼내놓는다.

우리 베이커리에서는 분할이나 성형을 하기 전에 펀칭을 하지 않는다. 그리고 좋은 향을 품고 있는 가스가 최대한 빠져나가지 않도록 조심한다. 반죽을 분할할 때는 분할할 선을 따라 덧가루를 조금씩 뿌린 다음, 칼이나 스크레이퍼 또는 금속 스패튤러를 이용하여 반죽을 자른다. 반죽이 찢어지면 필요 이상으로 글루텐이 파괴된다. 성형 중에도 혹시 반죽이 찢어질 수 있으므로 반죽이 많이 늘어나지 않도록 조심한다. 발효바구니 표면에 덧가루를 충분히 뿌리는 이유는 반죽이 발효 과정에서 바닥에 들러붙지 않게 하기 위해서인데, 혹시라도 들러붙으면 최대한 조심해서 반죽을 다뤄야 한다. 충분히 2차발효된 반죽을 예열된 더치오븐으로 옮길 때도 마찬가지다. 그래서 나는 반죽을 들어 올릴 때 손가락 끝보다 손바닥의 가장자리를 사용하는데, 이것은 반죽을 다루는 힘이 반죽 표면에 골고루 분산되도록 하기 위해서다.

상세기술 7 : 2차발효의 최적점을 찾는다

반죽을 성형한 후에는 2차발효라 부르는 마지막 발효 과정을 거치게 된다. 이것은 반죽과 주변 온도에 따라 최소 1시간~최고 16시간이 소요될 수 있다. 1차발효 동안 냉장고나 저온숙성발효기에서 저온숙성 발효를 하는 것과 마찬가지로, 성형한 반죽을 차갑게 해서 2차발효시간을 길게 할 수도 있다. 1차발효나 2차발효 중 어느 과정에서 저온발효를 해도 상관없다. 그러나 두 과정에서 모두 하면 안 된다. 저온발효는 켄즈 아티장 베이커리의 빵이 추구하는 풍미를 내는 데 있어서 아주 중요한 과정이다. 이것은 또한 베이커리의 생산 스케줄에도 도움이 되어, 아침 일찍 가게에 도착하자마자 2차발효가 끝난 반죽을 오븐에 구울 수도 있다.

홈베이커들이 이 책의 설명대로 12ℓ의 반죽통을 밤새 냉장고에 넣고 1차발효하기는 어려울 것이다. 그러나 성형된 반죽을 냉장고에 넣고 2차발효를 하기는 어렵지 않을 것 같아서, 이 책에 나오는 2차발효 동안의 반죽온도는 기본적으로 차가운 상태를 전제로 한다. 이것은 반죽의 산성화로 보관성을 높이고 풍부한 풍미를 만들어줄 뿐만 아니라, 2차발효를 오버나이트하여 아침에 일어나자마자 빵을 구울 수 있다. 이는 하루를 시작하는 아주 좋은 스케줄이다.

한계점 테스트

궁극적으로 나는 내가 만드는 모든 빵들의 한계점을 알고 싶다. 과발효되는 시점은 어디일까? 글루텐 구조가 파괴되면서 더 이상 가스를 담아두지 못하게 될 때부터 반죽은 무너진다. 그러면 나는 다음번 반죽을 만들 때, 반죽이 무너지는 시점이라고 생각되는 지점의 바로 직전에 발효를 멈춘다. 그리고 같은 방법으로 1차발효과정을 거치면서 시간과 온도가 최고의 조합이 되는 지점을 찾기 위해 노력한다. "어느 지점이 최고의 지점일까? 모르겠는 걸. 내일 또 해보고 어떻게 되는지 봐야지." 이런 방식으로 결과물인 빵에 차이를 만들어내는 각 단계의 한계점을 찾아가는 것이다. 이것은 같은 과정을 반복하면서 만들 때마다 달라지는 변화를 주의 깊게 관찰해야만 알아낼 수 있다. 내가 만드는 최고의 빵 역시 이 한계점을 찾고 다시 되돌아보기도 하는 과정에서 찾아낸 것이다. 발효는 충분하지만 너무 지나치지 않게!

시간관리는 다음과 같이 한다. 오후에 반죽을 믹싱하고, 레시피의 시간(대개 5시간 정도)대로 실온 상태에서 1차발효를 한 다음 저녁에 성형을 한다. 성형한 후에는 표면이 마르지 않도록 바로 비닐랩으로 싸서 냉장고에 넣는다. 다음 날 냉장고에서 꺼낸 차가운 반죽을 실온이 될 때까지 기다릴 필요 없이 곧바로 오븐에 넣어 굽는다.

그리고 최적의 2차발효 시점을 찾는 것이 매우 중요하므로 과발효가 되거나 발효가 덜 되게 해서는 안 된다. 손가락 테스트(The finger-dent test, p.80 참조)는 발효가 어느 정도 적당히 되었는지 알아보는 좋은 방법이다. 반죽을 손가락으로 살짝 찔러서 누른 자국이 천천히 올라오면 적당히 발효가 되었다고 볼 수 있다. 이 테스트는 반죽이 발효바구니에 담겨 있을 때 한다. 발효바구니에서 반죽을 꺼낼 때 반죽이 주저앉았다면 과발효가 된 것으로, 조금만 일찍 꺼내서 구웠다면 충분히 볼륨 있게 구워져 나왔을 빵이 그보다 못하게 나온다. 르뱅 브레드는 최적의 상태로 발효가 되기까지 오랜 시간이 걸린다. 왜냐하면 천연발효는 상업용 이스트를 이용한 발효보다 활발하지 않아서 천천히 진행되기 때문인데, 아마도 산성도가 높아서 그런 것 같다. 상업용 이스트로 만든 반죽은 2차발효에 필요한 시간이 짧아서 10~15분이면 충분한 경우도 있다.

상세기술 8 : 짙은 갈색으로 굽는다

모든 베이킹의 목표는 최고의 오븐 스프링, 이상적인 풍미, 크러스트(빵껍질)의 텍스처, 완벽한 크럼(빵 속)을 만드는 것이다. 나는 크러스트 중에서도 얇고 바삭하면서 딱딱하지 않은 크러스트를 좋아하는데, 오븐이 너무 고온이면 빵의 속살이 구워지기 전에 크러스트가 먼저 구워지고, 오븐온도가 너무 낮으면 크러스트가 두껍고 단단해진다. 크러스트는 또한 빵의 종류마다 특징이 다르다. 르뱅 브레드의 크러스트는 바게트보다 투박스럽다. 이상적인 크러스트를 얻으려면 충분한 발효, 알맞은 오븐온도, 적당한 스팀, 그리고 빵을 오븐에서 너무 빨리 꺼내지 않아야 한다.

이 책에서 추천하는 더치오븐에 굽는 베이킹은, 빵을 굽는 동안 더치오븐의 닫힌 공간 안에서 자체적으로 생긴 스팀을 이용하여 굽는다. 무엇보다도 각자가 가지고 있는 오븐 상태를 파악하는 것이 매우 중요하다. 대체로 가정용 오븐의 계기판은 정확하지 않아서 실제온도가 설정한 온도와 다를 수 있다. 비교적 저렴

한 오븐온도 측정기를 사서 246℃(475℉)에 맞춰놓고 실제온도와 어떻게 다른지 비교해본다. 이 책의 대부분의 제빵 레시피는 더치오븐의 뚜껑을 닫은 상태로 오븐에 30분, 그리고 뚜껑을 연 상태로 20분 정도 더 굽도록 되어 있다. 만약 자신의 오븐에서 빵이 30분만에 다 구워지면 오븐온도가 너무 높은 것이고, 1시간이 걸리면 온도가 충분치 않은 것이다. 빵을 굽는 위치는 오븐의 중간 단에서 굽는 것이 가장 좋다. 대부분의 가정용 오븐은 바닥 쪽 온도가 가장 높기 때문에 너무 아래쪽에 놓고 구우면 빵의 바닥면이 탈 수 있다.

얇고 바삭한 크러스트를 만들기 위해 나는 빵 전체가 갈색을 넘어 짙은 갈색을 띠고, 크러스트 전체가 진한 밤색으로 변할 때까지 굽기를 좋아한다. 이렇게 크러스트가 짙은 색이 날 때까지 굽는 이유는 캐러멜화된 크러스트의 구수하고 독특한 풍미가 빵의 속살까지 은은하게 스며들게 하기 위해서이다. 많은 베이커들이 빵이 짙은 밤색을 띠면서 구워지는 동안 화학적 반응으로 독특한 풍미와 향이 만들어지는 마이야르 반응(Maillard reaction)을 잘 안다. 마이야르 반응은 잘 구워진 빵의 껍질 부분뿐만 아니라 잘 구워진 고기의 표면이나 다른 음식에서도 나타난다.

문제 해결

내 베이커리에서 빵이 기대했던 대로 나오지 않을 때가 있다. 그럴 때마다 나는 무엇이 문제였고, 그 문제가 다시 생기지 않게 하기 위해 어떻게 수정해야 할지 나 자신에게 수없이 많은 질문을 하곤 한다. 이것이 모든 베이커들에게 일상적인 생활의 일부이다. 시간이 초과된 부분은 바꾸고, 수정이 필요한 것은 수정한다. 그리고 빵이 잘 나오는 것과 상관없이 좀 더 나은 빵을 만들기 위해서 나는 다음과 같은 질문들을 한다.

- **반죽온도_** 믹싱한 반죽의 최종온도가 몇 도였나? 이것이 그 반죽에 맞는 최종온도인가?
- **1차발효시간_** 레시피가 요구하는 부피만큼 발효하는 데 시간이 얼마나 걸렸나? 그 시간이 너무 길거나 너무 짧지 않았나?
- **폴딩_** 폴딩 횟수는 적당했나?
- **실내온도_** 평상시보다 온도가 낮거나 높았나?
- **사전발효 상태_** 본반죽에 넣은 사전발효반죽(풀리시, 비가, 르뱅 등)은 과발효되거나, 발효가 덜 되었나? 아니면 적당했나?
- **반죽의 힘과 수분율_** 반죽의 느낌은 좋았나? 가스가 들어 있는 반죽의 볼륨 상태는 어땠나? 반죽이 너무 늘어지거나 너무 되지는 않았나?
- **계량_** 계량에서 실수할 가능성은 없었나? 결과를 예견할 수 있도록 특히 소금이나 이스트 같은 재료들을 정확히 계량할 필요가 있다. 홈베이커들이 반드시 기억해야 할 것은 소량의 이스트(예를 들어 1~2g)는 매우 정확한 저울이나 정확한 부피 계량도구(예를 들어 계량스푼)를 사용하여 레시피대로 정확히 계량해야 한다.
- **충분한 발효_** 반죽이 과발효되거나 발효가 덜 되었나?
- **알맞은 굽기_** 오븐온도는 맞게 맞춰졌나? 스팀의 양은 알맞았나? 굽는 시간은 적당했나?
- **밀가루_** 새 밀가루였나? 비록 같은 회사의 제품이고 같은 장소에서 구입한 밀가루 종류라도 수확시기, 기후, 제분날짜, 그리고 그 밖에 다른 여러 가지 요인들에 따라 각기 다를 수 있다. 어떤 밀가

베이킹의 기본 원칙

가정에서 좋은 품질의 아티장 브레드를 성공적으로 만들기 위해 도움이 되는 베이킹의 기본원칙을 요약해서 적어보았다.

- 시간과 온도를 빵의 재료라 생각하고, 항상 둘의 상관관계를 생각한다.
- 모든 재료는 반드시 무게로 계량한다. 단, 소량의 인스턴트 드라이 이스트는 계량스푼이 오히려 더 정확할 수도 있다.
- 본반죽을 믹싱할 때 오토리즈를 활용한다.
- 반죽온도는 반드시 온도계로 확인하고, 믹싱 후 반죽의 최종온도를 계속 측정하면서 가장 이상적인 온도가 몇 도인지를 알아낸다.
- 일반적인 레시피에서 요구하는 물의 양보다 물을 조금 더 사용한다.
- 진반죽을 다루는 법을 익힌다.
- 진반죽은 폴딩을 해서 반죽이 옆으로 퍼지지 않고 반죽 형태를 유지할 수 있게 한다.
- 최상의 풍미를 얻기 위해서는 반죽을 과발효 직전까지 발효시킨다.
- 빵을 겉면이 짙은 밤색이 나올 때까지 굽는다.
- 반죽온도, 발효시간, 그리고 그 밖에 좋은 빵을 만들기 위해 나중에 도움이 될만한 것들을 세세한 부분까지 기록하는 습관을 갖는다.
- 르뱅 브레드는 성형 후 최소 12시간 또는 그 이상 저온발효를 하고, 1차발효를 할 때는 오버나이트한다.

루는 빨리 발효되거나 느리게 발효되고, 또 어떤 밀가루는 물을 많이 흡수하거나 덜 흡수해서 레시피에 있는 물의 양을 조금씩 가감해서 달리해야 할 필요가 생기기도 한다.

베이커스 퍼센티지(Baker's Percentages)

오래전에 내가 폴 보퀴즈 연구소(l'Institut Paul Bocuse)에서 장마르크 베르토미(Jean-Marc Berthomier)와 제빵 공부를 하고 있을 때, 여러 다양한 빵의 레시피 비율을 쉽게 빨리 만들어내는 그의 능력이 무척 인상적이었다. 프렌치 베이커가 알아야 할 기본적인 이론 중에 하나가 베이커스 퍼센티지이다. 이에 대한 지식은 레시피를 이해하는 데 중요한 기본이 된다.

장마르크의 모든 레시피는 곡물가루 1kg(1,000g)으로 시작하며, 이것은 프랑스 제빵의 기본이다. 그의 모든 제빵 레시피들은 간단한 비율로 변환이 된다. 밀가루 1000g, 물 680g, 소금 20g, 생이스트 20g을 베이커스 퍼센티지로 바꾸면 밀가루 100%, 물 68%, 소금 2%, 생이스트 2%가 된다. (3g의 생이스트는 1g의 인스턴트 드라이 이스트의 양과 같으므로 이것은 7g의 인스턴트 드라이 이스트와 같은 양이다.) 대개 이 비율로 만드는 빵들은 20분간 오토리즈를 하고, 본반죽의 온도가 24℃(76℉)이며, 실내온도 기준으로 1차발효 1시간 30분, 성형 후 2차발효 1시간을 하고 굽는다. 여기서 레시피가 약간 변형되는 경우는 다른 종류의 곡물가루를 사용하는 경우, 물의 양을 조금 달리한 경우, 그리고 성형 모양을 달리한 경우이다.

반죽의 덩어리를 크게 만들든 작게 만들든 같은 비율로 만들기 때문에 장마르크는 동일한 빵을 2배로

베이커스 퍼센티지(Baker's Percentage)의 이해

베이커스 퍼센티지는 레시피의 모든 재료들 중 곡물가루 전체의 무게를 기준으로 한다. 즉, 전체 곡물가루의 양을 100%로 본다. 서로 다른 종류의 곡물가루가 섞여 있는 경우에는 전체를 합한 양이 100%가 된다. 만일 레시피에서 1000g의 밀가루와 700g의 물을 사용한다면, 물은 밀가루 무게의 70%가 된다. 이와 마찬가지로 레시피에 있는 20g의 소금은 밀가루 무게의 2%가 되고, 20g의 이스트도 2%가 된다. 그래서 이 간단한 레시피는 밀가루 100%, 물 70%, 소금 2%, 이스트 2%로 나타낼 수 있다. 이 비율을 이용해서 레시피 전체의 분량을 늘릴 수도 있고 줄일 수도 있다. 밀가루 양이 500g이든 5,000g이든 상관없이 밀가루 무게에 따라 다른 재료들의 양을 간단히 계산해서 계량할 수 있다. 이 책의 빵과 피자 레시피에도 각 재료들의 구체적인 분량까지 포함시켜 베이커스 퍼센티지를 제공한다.

주의할 점은 각 배합표에 있는 부피 변환은 베이커스 퍼센티지에 포함시켜 생각하지 않는다는 것이다. 왜냐하면 부피 변환은 어쩔 수 없이 부정확할 수밖에 없는 부분이 있다(p.33 참조). 베이커스 퍼센티지를 이용하여 레시피들을 활용하고 싶다면 모든 재료를 무게로 계량해야 한다. 결국 '밀가루 2¾컵의 70%면 어느 정도지?' 하게 되는데, 차라리 주방용 저울을 사는 것이 더 쉽지 않을까?

도, ½ 또는 ¼ 크기로도 만들 수가 있었다. 재료의 비율을 무게로 계량해서 빵을 만들면, 반죽의 양과 상관없이 결과물이 늘 똑같이 나온다.

레시피에 대한 이해는 무게로 계량하는 재료의 비율을 이해하는 것에서부터 시작된다. 이것은 장마르크가 밀가루, 물, 소금, 이스트를 이해하는 포인트였다. 만약 누군가가 흰 밀가루로 수분율 70%의 반죽을 만들었다면, 곧바로 나는 그것이 어떤 모습과 느낌을 가진 반죽인지 경험을 통해서 알 수 있다. 비율에 맞춰 무게를 계산하는 것은 매우 쉽다. (3파운드 5온스의 2%는? 침묵. 1500g의 2%는? 30g.) 이 책의 레시피들은 따로 계산할 필요 없이 만들기만 하면 된다. 그러나 베이커스 퍼센티지의 기본 원리를 알고 있으면, 실험적으로 여러 가지 곡물가루를 혼합해봄으로써 현재 사용하고 있는 곡물가루의 흡수율이 상대적으로 높은지 낮은지를 느낄 수 있을 것이다. 그러면 반죽에 넣는 물의 양을 적절하게 더하거나 뺄 수 있는 능력도 생겨서 제빵을 전반적으로 이해하는 데 많은 도움이 된다.

레시피 비교

chap.2에서 설명하는 모든 상세 기술이 완성된 빵의 결과에 중요한 영향을 미친다. 그리고 사실 완성된 빵의 차이는, 사용된 재료보다 상세 기술에 나오는 기술과 그것을 어떻게 잘 사용하느냐에 따라 달라진다. 그리고 이 상세 기술의 기본적인 이론들은 흔히 레시피에도 적용할 수 있어서 레시피를 비교할 줄 아는 능력이 생기고 매우 쓸모 있게 활용할 수 있다. 나는 레시피를 보면서 혼자 수많은 질문을 한다. "이 레시피는 내가 알고 있는 다른 레시피와 어떻게 다르지? 어떤 곡물가루들을 섞어서 사용했지? 어떤 타입의 르뱅을 사용했고, 얼마나 많이 사용했지? 수분율은 어떻게 되나? 물 온도는 몇 도로 했을까? 혹시 발효법이 새로운 방법인가? 본반죽과 1차발효, 그리고 2차발효의 온도는 각각 몇 도였을까? 믹싱은 얼마나 오래 했을까?"

비슷해 보이는 2개의 레시피도 실제로는 아주 다를 수 있다. 레시피를 분석할 때는 언제나 르뱅의 양, 반죽온도, 그리고 발효시간이 어떻게 균형을 이루었는지 잘 살펴봐야 한다. 따뜻한 반죽은 적은 양의 이스트를 사용하고, 차가운 반죽은 그보다 많은 양의 이스트를 넣어야 하는 시소관계를 잊지 않도록 한다.

이를 설명하기 위해서 「오버나이트 화이트 브레드」(p.95)의 레시피를 살펴보자. 얼핏 보기에 이 레시피는 짐 레이(Jim Lahey)의 유명한 무반죽빵의 레시피와 아주 비슷해 보인다. 그러나 자세히 들여다보자. 이 비교는 어떤 방법이 좋고, 어느 쪽 빵이 더 나은지를 비교하는 것이 아니다. 흥미로운 점은 이 레시피들을 대충 훑어보았을 때 매우 비슷해 보인다는 것이다. 2가지 레시피 모두 저녁시간에 소량의 이스트를 사용해서 힘들이지 않고 손쉽게 부드러운 반죽을 만들고, 다음 날 아침에 성형하여 1~2시간 후 더치오븐에 굽는다. 그러나 두 레시피의 베이커스 퍼센티지를 통해 재료들의 비율을 비교해보거나, 레시피에 정해진 물 온도를 비교해보면 쉽게 그 차이점을 알 수 있다. 먼저 재료를 비교해보면, 내 레시피에서는 이스트 양을 단지 ⅓만 사용한다. 그리고 물이 3% 더 많고, 물 온도가 약 16℃(30℉) 더 높아서 본반죽의 온도가 약 10℃(18℉)가 더 높다. 기술적인 차이를 보면, 나는 오토리즈를 사용하고 믹싱 후 1시간 30분 동안 폴딩을 2번 한다. 내 레시피는 조금 손이 많이 가지만 그리 번거로울 정도는 아니다.

내가 유명한 짐 레이의 빵 레시피와 비교하여 설명하는 것은 레시피의 베이커스 퍼센티지, 온도, 스케줄을 비교해보면 레시피들의 차이를 쉽게 알 수 있다는 것을 보여주기 위해서다. 짐 레이의 빵과 같은 스케줄로 만들지만 이스트 양을 ⅓만 사용하고 따뜻한 물로 반죽하는 내 빵 레시피를 보면, 이스트의 양과 반죽온도의 관계를 잘 알 수 있다. 내가 만드는 반죽은 몇 번의 폴딩으로 반죽에 힘을 주는 것이 특징이다. 내 레시피는 빵의 풍미를 위해 따뜻하고 진반죽에 소량의 이스트를 넣어 만드는, 내 개인적인 취향이 그대로 반영된 것이다.

CHAPTER 03
도구와 재료
EQUIPMENT AND INGREDIENTS

이 책에서 설명하는 도구와 재료들은 매우 간단해서 이미 필요한 재료를 대부분 또는 전부 갖고 있을 수도 있는데, 가지고 있지 않더라도 쉽게 구할 수 있다. 도구는 혹시 없는 것이 있을 수 있으므로 먼저 다음에 설명하는 도구들을 살펴보고 필요한 것이 있으면 준비한다.

필요한 도구

빵을 만들기 위해서는 몇 가지 특별한 도구와 소소한 주방기구들만 있으면 되는데, 이미 갖추고 있을지도 모른다. 만약 없다면 온라인이나 주방용품 또는 레스토랑 용품 전문점에서 구입할 수 있다. 이 책의 레시피는 모두 손으로 믹싱하므로 스탠드 믹서는 구입하지 않아도 된다.

반죽통

손으로 반죽하거나 반죽을 발효시킬 때 사용할 약 12ℓ 용량의 뚜껑 있는 둥근 통이 필요하다. 캠브로(Cambro) 브랜드의 플라스틱통을 추천하는데, 모델 번호는 RFSCW12이다. 이 통은 온라인이나 레스토랑 용품 판매점에서 구할 수 있다.

　다른 브랜드를 선택해도 상관없으며, 식재료를 보관할 수 있는 용기면 무엇이든 가능하다. 단, 반죽통의 크기는 신경 써야 한다. 통에 재료를 모두 넣고 손으로 반죽한 후, 폴딩하고 1차발효로 반죽이 부풀어 오를 때 넘치지 않을 만큼 여유 있는 공간이어야 한다. 원통형은 모든 재료를 하나로 잘 섞기 쉬운 반면, 사각형은 모서리 부분에 있는 재료들이 잘 안 섞이기 쉽다. 그리고 안에 내용물이 보이는 투명 재질의 통이 가장 좋다. 왜냐하면 반죽이 부풀어 오르는 모습을 관찰할 수 있기 때문이다. 발효 중에 반죽 표면이 마를 수 있으므로 당연히 뚜껑도 필요하다.

　12ℓ 용량의 큰 통을 사용할 때의 장점은, 이 통 하나로 재료를 계량하고 반죽하고 폴딩까지 한꺼번에 모두 할 수 있다는 것이다. 반죽을 분할하고 성형하기 바로 직전 단계까지 통에서 반죽을 꺼낼 필요가 없으므로 처음부터 이렇게 넉넉한 크기의 반죽통을 사용하면 만드는 과정이 훨씬 편리하다. 나는 12ℓ의 반죽통을 다른 방법으로도 사용하곤 한다. 통 안에 치킨이나 칠면조를 양념에 재워두고, 때로는 맥주나 와인을 시원하게 넣어두는 얼음통으로도 사용한다.

　만약 집에 이와 비슷한 크기와 모양의 지름 25㎝(10인치), 높이 20㎝(8인치)의 둥글고 뚜껑 있는 통이 있다면 그것을 사용해도 좋다. 이보다 작은 통도 아주 불가능하지는 않지만 그 안에서 손으로 반죽하기가 불편하며, 반죽을 꺼내지 않고 그 안에서 폴딩을 하기엔 불가능할 것이다.

작 은 통

르뱅 발효종을 배양하거나, 폴리시 또는 비가를 만들기 위해서는 6ℓ 용량의 뚜껑 있는 용기가 한두 개 필요하다. 이것 역시 캠브로 제품을 권하는데, 12ℓ 용량의 통을 파는 곳이라면 어디에서나 구입이 가능하다. 만약 이미 르뱅 발효종을 키우고 있으면서 폴리시나 비가를 만들기도 원한다면 이 크기의 통은 2개만 있으면 된다. 내가 이 책의 레시피를 테스트할 때는 한 가지에 1개씩만 사용하였다.

더 치 오 븐

이 책의 모든 빵은 뚜껑이 있는 4ℓ 용량의 더치오븐에서 굽는다. 빵을 구울 때 예열된 더치오븐을 사용하면 마치 유명한 베이커리에서 구운 것 같은 훌륭한 빵을 집에서도 만들 수 있다. 대부분의 더치오븐은 내열온도가 260℃(500℉)이지만 르쿠르제 같은 일부 제품들은 뚜껑에 동그란 손잡이가 있어서 고온에 녹을 수도 있다. 손잡이를 260℃(500℉) 고온에서도 녹지 않는 내열 손잡이로 교체하거나, 그다지 비싸지 않은 철제 냄비를 구입해서 사용한다.

더치오븐으로 유명한 두 제품이 롯지(Lodge)와 에밀앙리(Emile Henry)인데, 이들은 많이 비싸지 않으면서도 품질이 좋아서 나는 이 책의 모든 레시피를 이 제품들로 테스트하였다(두 제품 모두 뚜껑에 내열 손잡이가 있다). 만약 집에 이미 적당한 더치오븐이 있는데 크기가 빵을 굽기에 적당한지 궁금하다면 리터 계량 용기에 물을 담아서 부어보면 용량을 알 수 있다. 내가 사용하는 더치오븐은 지름 25㎝(10인치), 높이 10㎝(4인치) 크기이다. 만일 5ℓ 용량의 더치오븐을 가지고 있다면 당연히 가능하다. 그러나 반죽은 4ℓ 용량의 더치오븐에서보다 옆으로 조금 펑퍼짐하게 퍼지면서 이 책의 사진 속 모습보다 빵의 높이가 낮을 것이다. 그리고 4ℓ 용량의 더치오븐에서보다 오븐 스프링으로 부푸는 힘이 덜해서 빵 윗부분이 갈라지지 않을 수도 있다. 그래도 멋진 빵을 구울 수 있으므로 이미 가지고 있는 더치오븐을 마다할 이유는 없다. 어쨌든 이 책의 모든 레시피는 2개의 빵을 만들도록 되어 있으므로 2개의 반죽을 더치오븐에서 동시에 굽기를 원한다면 더치오븐이 2개가 필요하다. 그렇지 않으면 2번에 나눠서 구워야 한다.

주 방 용 전 자 저 울

베이킹 재료를 부피가 아닌 무게로 계량해야 하는 중요성은 아무리 강조해도 부족하지 않다(p.33에 설명한 무게 계량의 장점을 참조). 그러므로 전자저울의 사용은 필수라고 할 수 있으며, 2kg(4.4파운드)까지 계량할 수 있고 1g 단위까지 측정할 수 있는 것이 좋다. 12ℓ 크기의 반죽통을 올려서 계량할 수 있다면 더욱 좋다. 그러면 반죽통에 바로 밀가루와 물을 넣어 계량할 수 있다. 만약 반죽통을 저울 위에 올린 상태로 재료들을 계량할 때 계기판이 반죽통에 가려져서 읽을 수 없다면, 물이나 밀가루를 따로 작은 통에 계량한 다음 12ℓ의 반죽통에 부으면 된다. 이스트의 양을 정확하게 계량하기 위해 ⅒g 단위까지 표시되는 저울을 사용하면 편리하겠지만, 그보다도 이스트는 계량스푼으로 계량하는 것이 더 낫다.

굳이 한 브랜드를 추천한다면 옥소(Oxo)를 추천한다. 여기서 만든 제품은 계기판만 앞으로 잡아당기는 기능이 있어서 편리하기 때문에 나도 이 책의 레시피를 테스트할 때 사용하였다. 이것은 인터넷이나 주방용품 전문점에서 구입할 수 있고, 25$ 이하로 괜찮은 저울을 살 수 있다.

탐 침 온 도 계

탐침온도계는 사용하는 물의 온도나 본반죽의 온도를 확인할 때 필요한 도구이며, 여러 가지 다른 용도로도 사용된다. 내 경우는 고기를 구울 때 고기의 온도 측정에도 자주 사용한다. 테일러(Taylor)나 시디엔(CDN)의 제품을 추천할만한 2개의 브랜드이다. 두 제품 모두 20$ 이하로 구입할 수 있다.

발 효 바 구 니

발효바구니는 성형한 반죽의 모양을 잡아주거나 2차발효할 때 사용한다. 이 책에서는 모든 반죽을 4ℓ 용량의 더치오븐에 굽기 때문에 발효바구니가 한 가지 크기만 있으면 되는데, 윗부분 지름 23㎝(9인치), 높이 9㎝(3.5인치) 정도이거나 더치오븐과 지름이 같으면 된다. 바느통(banneton)이란 등나무 바구니를 구입하면 반영구적으로 사용할 수 있다. 안쪽에 리넨을 덧댄 발효바구니도 좋다. 이 책의 레시피들은 프릴링 바스켓(Frieling baskets)으로 테스트하였고, 매트퍼(Matfer) 제품도 좋다. 또한, 집에서 사용하는 비슷한 크기의 볼에 부드러운 천을 깔고 덧가루를 뿌려서 발효바구니로 사용해도 된다.

그   밖의   도구

뜨거운 더치오븐을 사용하려면 오븐용 장갑이 필요한데, 260℃(500℉)에서도 사용할 수 있어야 한다. 그리고 가정용 오븐은 실제온도가 설정온도와 다를 확률이 높기 때문에 오븐용 온도계도 필요하다. 내 오븐은 260℃(500℉)로 맞추면 실제로는 14℃가 낮은 246℃밖에 안 나온다. 이 책의 레시피들은 보통 소량의 이스트를 사용하기 때문에 저울로 정확하게 계량하기가 어렵다. 어느 경우에는 1/16작은술 계량스푼을 갖고 있을 때 가장 정확하게 계량할 수 있다. 계량스푼도 인터넷을 비롯하여 주방용품점에서 쉽게 구할 수 있으므로 하나 구입하도록 한다. 마지막으로, 성형한 반죽이 마르지 않도록 반죽을 덮을 것이 필요한데, 티타월이 좋다. 나는 반죽을 냉장고에 넣어서 하룻밤 발효시켜도 표면이 마르지 않는 위생용 비닐을 사용한다. 그래서 마켓에서 위생용 비닐백을 구입하여 여러 번 사용한다.

피 자 용   도 구

집에서 맛있는 피자를 만드는 방법이 여러 가지인데, chap.12에서 그 중에 몇 가지 방법을 소개한다. 제일 좋은 방법은 피자스톤(베이킹스톤이라고도 한다)을 사용하는 것으로, 피자스톤은 쓰임이 다양하고 가격은 대략 30$ 정도이다. 피자스톤을 사용하면 피자삽의 필요성도 느끼게 될 것이다. 피자삽은 피자를 뜨거운 오븐에 고통스럽지 않도록 최대한 빨리 넣기에 매우 유용하다. 나는 나무로 만든 피자삽을 사용한다. 가정용 오븐에는 지름 30㎝(14인치)의 피자삽이 가장 알맞은 크기다.

　　피자스톤이나 피자삽을 구입할 생각은 없지만 이 책의 피자 레피시대로 만들어보고 싶다면, 중간 크기의 내열 오븐용 프라이팬으로 팬피자를 만들 수 있다. 나는 지름 23㎝의 무쇠팬으로 아주 맛있는 피자를 만들었다.

주요 재료

이 책의 핵심 내용은 단지 밀가루, 물, 소금, 이스트의 4가지 재료로 훌륭한 빵과 피자를 만들 수 있다는 것이다. 물론 각종 견과류, 통곡물, 말린 과일, 우유, 버터, 허브류, 또는 치즈(파리의 블랑제리 옹프루아에서 먹어본 팽 그뤼예르는 너무 맛있었다) 등을 넣어 만든 맛있는 빵이 아주 많다. 그러나 나는 아티장 브레드 베이킹의 진짜 기술은 단지 4가지 재료만으로 최상의 빵을 만들어내는 것이라고 생각한다. 그리고 당연히 이 적은 재료들만으로 누구나 최고 품질의 빵을 만들 수 있으므로 이제 이 4가지 기본 재료들에 대해 살펴보고, 몇 가지 세부적인 내용들도 알아본다.

밀 가 루

먼저, 밀가루의 온도는 빵을 만들 때 신경 써야 할 중요한 요소들 중에 하나이기 때문에 이 책의 모든 레시피에서는 반드시 실온으로 사용한다는 것을 알아둔다. 그리고 밀가루는 구워진 빵의 상태와 맛을 결정짓기 때문에 최고 품질을 사용하며, 단백질 함량은 11~12%의 밀가루를 권한다. 안타깝게도 밀가루의 겉포장에 단백질 함량이 표시되어 있는 경우가 드물지만, 어떤 브랜드는 자신들이 만든 밀가루의 성분 표시를 자사의 웹사이트에 제공하는 곳도 있으므로 이를 참고한다. 단백질 함량이 적은 이런 밀가루를 프랑스나 이탈리아의 아티장 베이커들이 많이 사용하는데, 이는 오랜 발효시간을 잘 견디며 맛있고 소화가 잘 되는 크럼을 만들어내기 때문이다. 그리고 이런 밀가루로 만든 반죽은 부드럽고 탄력이 있어서 빵으로 나왔을 때 기공이 잘 열려 있고, 오븐에서 굽는 동안 크러스트가 잘 터진다.

일반적으로 밀가루 겉포장에 '제빵용'이라고 되어 있으면 단백질 함량이 약 14% 되는 고단백질의 밀가루이다. 이와 대조적으로 단백질 함량이 11.8%인 킹 아더(King Arther)사의 다목적 유기농 밀가루(Organic All-Purpose Flour)처럼 '다목적'이라고 쓰여 있는 밀가루는 '가정에서 유럽 스타일의 빵을 만들 수 있는 밀가루'라는 의미이며, 나 역시 이에 동의한다. 내 베이커리와 피체리아에서는 빵을 만들 때 사용하는 흰 밀가루와 피자용 반죽으로 셰퍼즈 그레인(Shepherd's Grain)의 저단백 밀가루(Low-Gluten flour)를 사용하는데 (p.60의 셰퍼즈 그레인 참조), 이것은 단백질 함량이 11%이다. 각자 마음에 드는 밀가루를 찾기 위해서는 여러 종류의 밀가루를 다양하게 사용하여 빵을 만들어본다.

왼쪽부터 :
통밀가루,
다목적
밀가루(흰색),
통호밀가루

밀가루

밀가루는 밀의 낟알(wheat kernels) 또는 밀알(wheat berries)을 가루로 빻은 것이다. 낟알은 세 부분으로 되어 있으며, 제분 과정에 분리된다.

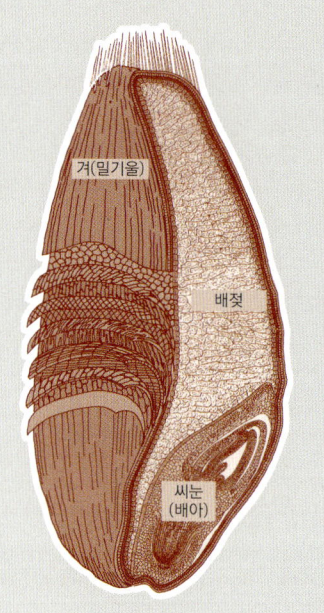

- 배젖(Endosperm)_ 전분과 단백질로 구성되어 있으며 밀알의 84%를 이루고 있다.
- 겨(Bran)_ 밀알 무게의 13%를 차지하며, 낟알의 겉부분으로 배젖과 씨눈을 둘러싸고 보호하는 역할을 한다. 겨는 불용성 섬유질을 함유하고 있으며, 낟알 중에 미네랄 성분이 가장 많이 들어 있는 곳이다.
- 씨눈(Germ)_ 밀의 유전정보를 가지고 있는 곳이며, 낟알 무게의 3%를 차지한다. 많은 지방 성분과 풍부한 밀의 향을 가지고 있다.

통밀가루는 밀의 낟알을 전부 빻은 것이고, 흰 밀가루는 밀의 배젖 부분만 빻은 것이다. 그런데 사람들이 왜 통밀로 만든 빵을 '휘트 브레드(wheat bread, 밀빵)'라고 하는지 모르겠다. 화이트 브레드도 밀의 가루로 만든 것이기 때문이다. 혼동되는 또 한 가지가 화이트 통밀가루인데, 이것은 백색 봄밀로 만든 통밀가루를 말한다. (대부분의 밀가루는 적색 겨울밀로 만든다.) 화이트 통밀가루는 적색 겨울밀로 만든 일반 통밀가루와 영양면에서는 비슷하지만, 풍미는 그보다 약하고 부드럽다.

또한 나는 표백하지 않아서 크림색이 나는 밀가루를 사용할 것을 추천한다. 밀가루를 표백한다는 것은 밀가루 안에 들어 있는 카로티노이드 색소를 제거하여 밀가루를 하얗게 만드는 것으로, 이런 처리 과정 중에 빵의 풍미도 잃는다. 이는 일반 대중들이 좋은 풍미를 내는 자연적인 밀가루보다 하얀 밀가루를 더 선호하는 현실을 반영한 것이다.

전통 방식의 밀가루 생산

과거 5,000년 전부터 19세기 이전까지는 밀에서 줄기나 겉껍질을 제거하기 위해 사람들이 직접 털어서 수확하였다. 그리고 수확한 밀을 직접 빻거나 맷돌을 이용해 갈았다. 얼마나 힘들었겠나. 맷돌을 이용해 밀을 간다는 것은 동물이나 사람의 힘을 이용하든 바람 또는 물을 이용하든, 어쨌든 통밀가루를 만들 수 있었다는 것이다. 때로는 거름망이나 고운체를 이용하여 겨를 걸러내기도 하였다. 이렇게 하면 일부 또는 대부분의 겨가 걸러지고, 배젖에 해당하는 하얀 밀가루 거의 대부분과 간 씨눈으로 이루어진 밀가루가 남는다.

스티븐 캐플란(Steven Kaplan)은 그의 책『파리의 베이커와 빵에 대한 질문(The Bakers of Paris and the Bread Question, 1700~1775)』에서 팽 도트르푸아(pain d'autrefois, 옛날빵) 또는 옛날 방식으로 만든 빵에 대해 말하였다. 여기서 전통 방식의 밀가루 생산에 대해 이야기를 하는 이유는, 스티븐 캐플란이 말한

옛날 방식대로 만든 시골빵을 최고의 품질로 만드는 것이 베이커로서의 나의 기본 목표 중 하나이기 때문이다. 그가 말하는 빵 역시 푸알란 빵이나 내가 존경하는 파리의 유명 베이커들이 만드는 빵과 같은 스타일이며, 프레시 쉬르 마른(Précy-sur-Marne)에 있는 유명한 드콜롱 르코크 밀(Decollogne-Lecocq mill)과 같은 아티장 제분기로 갈아 나온 밀가루를 이용하여 빵을 만든다. 맷돌에 밀을 가는 방식인 아티장 제분기를 이용하면 하얀 배젖뿐만 아니라 씨눈까지 있는 밀가루가 만들어지며 크리미한 캐러멜색을 띤다. 미국에서는 이런 방법으로 제분을 하지 않지만, 나는 채드 로버트슨(Chad Robertson)에게 옛날 방식으로 만드는 프렌치 컨트리 브레드(French country bread)의 특징에 대해 배웠다. 소량의 통밀가루나 밀배아 가루를 흰 밀가루와 혼합하는 방법이라든가, 르뱅을 사용하는 방법, 그리고 천천히 느리게 발효시키는 방법 등은 내가 정말로 알고 싶었던 것들이다.

글루텐과 효소의 역할

밀가루로 훌륭한 빵을 만들 수 있는 주요 이유는 글루텐을 형성하는 단백질이 있기 때문이다. 벼과 식물 중에 이와 같은 곡물로는 스펠트(spelt)와 카무트(kamut), 호밀, 보리, 라이밀(triticale, 호밀과 밀의 교잡종) 등이 있다. 밀은 호밀이나 보리보다 글루텐을 많이 형성하여 더 많은 양의 가스를 담을 수 있기 때문에 결과적으로 빵이 더 폭신하고 가벼워진다.

호밀과 밀의 구성 성분 중에 또 다른 중요한 요소가 아밀라아제라는 효소이다. 이 곡물가루가 물을 만나면 아밀라아제가 곡물의 배젖에 들어 있는 다당류를 이스트의 먹이로 사용할 수 있는 단당류로 분해한다. 이스트가 당을 먹이로 삼아 왕성하게 번식하는 동안 가스를 만들어내고, 이 가스들이 단백질 성분의 글루텐 그물구조에 모여 반죽을 부풀게 하는 것이다. 글루텐(글루테닌과 글리아딘)을 형성하는 단백질과 효소가 없다면 우리는 모두 크래커만 먹을 수밖에 없다. 자신이 이런 지식들을 알 필요가 없다고 생각할 수도 있지만, 빵을 만들 생각이라면 밀과 호밀이 어떻게 이루어져 있고, 어떻게 발효되어 빵으로 만들어지는지를 알면 많은 도움이 되고 매우 흥미롭다.

> **글루텐**_ 밀가루에 있는 단백질 글루테닌(glutenin)과 글리아딘(gliadin)의 결합으로, 밀가루에 물을 넣어 반죽하면 글루테닌과 글리아딘이 그물구조로 결합된 글루텐을 형성한다. 물은 글루텐 조직에 신장성을 주고, 반죽의 믹싱과 폴딩은 발효하며 만들어진 가스를 잡아두는 힘을 증가시켜 글루텐이 더욱 늘어나고 구조화된다. 그래서 빵에 풍미를 주는 가스를 담아둘 수 있도록 팽창하고 부풀어 오르게 되는 것이다. 이렇게 글루텐이 늘어나면서 구조화되는 특성 때문에 반죽에 탄력이 생기고 베이커들이 말하는 내구력(힘)도 강화된다.

물

물은 마실 수 있는 것이라면 무엇이든 가능하다. 중요한 것은 물의 온도로, 이 책 전체에서 자세히 설명해놓았다.

소금

빵을 구울 때 사용하는 소금은 암염이나 바닷소금(천일염)이 모두 가능하다. 특히 코셔 소금(Kosher salt, 요오드 같은 첨가물을 넣지 않은 거친 소금)이 좋지만, 코셔 소금은 입자가 굵어서 고운 바닷소금보다 녹는 시간이 오래 걸린다. 요오드는 발효를 막고 요오드 맛도 느껴지므로 요오드가 첨가된 소금은 되도록 피한다. 곡식 낟알 크기에 가까운 소금의 입자는 원산지에 따라 크기가 조금씩 다르다. 때문에 부피로 계량하면 부정확할 수 있으므로 무게로 계량하는 것이 좋다. 그래서 나는 반죽 안에서 빨리 녹는 고운 바닷소금을 사용할 것을 권한다. 나도 집에서 가끔 굵은소금을 커피 그라인더에 갈아 손반죽 빵을 만들 때 사용하곤 하는데, 이때 조심할 것은 그라인더에 남아 있는 소금 찌꺼기들을 깨끗이 닦아서 그라인더의 부식을 막아야 한다.

소금은 반죽의 발효 속도를 늦춘다. 이탈리아의 무염빵은 발효시간이 빠른 것으로 유명하다(그리고 자극적이지 않은 담백한 풍미로도 유명하다). 프렌치 브레드의 레시피에서 표준이 되는 소금의 양은 밀가루 무게의 2%이다. 일반적으로 사용하는 양은 1.8~2.2%이다. 나는 가끔 원하는 풍미를 얻기 위해 2.2%의 소금을 넣고, 수분율이 높은 반죽에 힘을 더 주기 위해 소금을 조금 더 추가하기도 한다.

제빵용 이스트

이 책의 모든 레시피는 '인스턴트 드라이 이스트'를 사용한다. 상점에서 상품 포장에 액티브 드라이(active dry), 래피드 라이즈(rapid-rise), 인스턴트 이스트라고 쓰여 있는 비슷한 제품을 두세 가지 볼 수 있을 것이다. 이들은 모두 '맥주효모균(Saccharomyces cerevisiae)'과 같은 종으로 만든 제품들이다. 단지 차이점이라면 겉에 코팅된 성분이 조금씩 달라서 기능과 성능이 조금 다를 뿐이다. 내 베이커리에서는 사프(SAF)의 레드 인스턴트 이스트(Red Instant Yeast)를 사용한다. 구입할 때는 되도록이면 약 454g(16온스) 단위로 포장된 제품을 추천한다. 이 제품은 킹 아더(King Arthur)의 웹사이트나 인터넷 등 여러 경로를 통해 구입이 가능하고, 진공포장 상태로 냉장고에서 6개월간 보관이 된다. 냉동고에 보관하면 조금이라도 이스트가 사멸할 수 있으므로 냉동보관은 피한다.

> **생이스트와 인스턴트 이스트_** 레시피를 변환하려는 경우 '생이스트 3g = 인스턴트 드라이 이스트 1g'으로 계산한다.

내 레시피는 대부분 이스트를 처음부터 물에 녹일 필요가 없다. 반죽에 이미 수분이 많아서 반죽 안에서 빨리 녹기 때문에 반죽을 하기 전 표면에 흩뿌리듯이 넣으면 된다. 이 부분에 대해 베이커들마다 조금씩 의견이 다르지만, 나는 반죽 안에서 이스트 입자들이 자연스럽게 녹도록 하는 방법을 선호한다. 그러나 이 방법은 손으로 된반죽을 할 경우에는 골고루 잘 안 섞일 수도 있다. 그래서 나는 수분율 70% 이하의 반죽은 이스트를 미리 녹여서 사용한다. 이것이 자의적으로 보이겠지만, 손반죽이 믹서를 이용한 반죽보다 더 부드럽고 덜 자극적이라는 점을 고려한 것이다. 그러므로 수분율이 낮은 비가를 반죽할 때는 반죽을 하기 전에 이스트를 미리 물에 녹여서 사용하는 게 좋다.

직업적인 전문 베이커들도 소비자들이 일반적으로 상점에서 살 수 있는 이스트라는 의미의 '상업용 이스트(Commercial yeast)'라는 용어를 사용한다. 이것은 앞에서 말한 '맥주효모균'이란 단일 효모종을 배양한 것이다. 반면에 흔히 천연효모종이라 부르는 르뱅은 밀가루를 비롯하여 우리 주변의 모든 사물과 공기 중에 자연적으로 존재하는 수많은 효모균의 집합체가 발효하여 이루어진 것이다. 자연 속에 존재하는 효모균은 상업용 이스트와 달리 활성이 훨씬 느리고, 각각의 특성들이 빵 속에서 고유의 풍미로 나타난다. 르뱅 브레드의 이런 복합적인 특성은 다양한 효모균이 반죽 안에서 각기 발효하면서 생기는 풍미 때문이다.

상업용 이스트는 발효가 빠르고 강하게 부풀어 올라서 르뱅 브레드보다 빵의 텍스처가 가볍고 볼륨도 크다. 반면에 르뱅 브레드는 반죽에 자연적으로 존재하는 효모균이 느리게 활동하는 동안에 젖산균의 발효가 시작되면서 산성도가 높아진다. 이것은 결과적으로 빵의 복합적인 풍미, 새콤한 맛, 그리고 훌륭한 맛과 텍스처를 가진 크러스트를 만들어낸다. 그리고 이 산성화가 르뱅 브레드가 빨리 부패하지 않도록 보존성도 높인다.

나는 가끔 르뱅 브레드에 르뱅 발효와 이스트 발효의 2가지 효과를 극대화하기 위해서 상업용 이스트를 조금 넣기도 한다. 그럼 크럼의 부드러운 텍스처뿐만 아니라 약간의 와인향 비슷한 풍미와 산미를 함께 느낄 수 있기 때문이다. 그러나 배양하고 있는 르뱅 발효종에는 이스트를 섞지 않는 것이 좋다. 상업용 이스트의 활성이 커질수록 적자생존의 논리에 따라 결국 천연효모가 살아남지 못할 수 있기 때문이다.

우리가 사용하는 밀가루는 어디서 왔을까

8월 중순 즈음이면 나는 바짝 말라버린 밀 그루터기 사이 밀의 향이 나는 곳에서 바스락 소리를 내며 걸어본다. 마치 대형 잔디 깎는 기계들이 지나간 것처럼, 콤바인들이 지나간 자리에는 줄기가 잘리고 남은 그루터기가 지평선까지 이어져 있다. 콤바인이 지나간 자리 뒤로 생기는 먼지구름에서는 왠지 모르게 베이커리에서 맡아본 듯한 향이 난다. 황금들판은 해가 지면서 호박색으로 물이 든다. 매해 늦여름 마지막 4주 동안, 파도모양의 언덕들이 완만하게 경사를 이룬 워싱턴 동부의 팰루즈(Palouse) 지역은 밀 수확이 한창이다. 이곳은 워싱턴 주의 전체 밀 재배면적 중 약 24억 4835만 평(2백만 에이커)을 차지한다. 나는 좋아하는 3kg의 불(boule, 크고 둥근 프랑스빵)을 내 베이커리에서 만들어 이 빵이 탄생할 수 있었던 원래의 자리로 가지고 왔다.

　여기 농부들은 이 몇 주간의 수확으로 버는 돈이 1년 수입이다. 올해는 다수확을 상징하는 굵은 밀알들이 많이 열려서 풍작이다. 그러나 봄이 늦게 온 데다가 비가 자주 오고 여름이 평년보다 기온이 낮아져서 수확기도 늦어져 다른 해보다 2~3주 늦게 수확했다. 수확이 늦어지면 밀을 저장창고에 보관하기까지 시간적 압박이 더 커진다. 농부들이 가장 스트레스를 받는 부분은 비가 오기 전에 농기계들이 고장 나지 않고 안전하게 수확을 마무리해야 한다는 점이다. 많은 농장이 콤바인 기계를 일주일 동안 하루도 쉬지 않고 해가 질 무렵까지 10~12시간 가동한다. 그중에는 일요일에 쉬는 농장도 있다. 어떤 들판은 단 1개의 콤바인으로 추수를 하는 경우도 있다. 어떤 경우엔 한 줄로 팀을 이뤄서 작업하기도 하고, 또 어떤 경우에는 각자 흩어져서 작업하기도 한다. 수확한 것이 트럭에 채워지면 곡물창고로 가서 비우고 다시 수확하러 돌아오기를 반복한다. 또는 대형 호퍼가 장착된 트랙터가 콤바인을 따라 옆에서 나란히 가며 잘려진 수확더미들을 직접 오거장치로 뱅크아웃 웨건에 담기도 한다. 더운 여름 대낮의 들판에서, 때때로 바람이 부는 8월의 오후에 기계들이 고장 나면 그 자리에서 수리를 해야 하기 때문에 이 시기에 시간관리는 무척 중요하다.

　"내가 어릴 때 아버지가 처음 해준 교훈이 '눈 비비지 말라'였어요." 이것은 워싱턴 주의 대번포트(Davenport) 가까이에 있는 쿤즈(Kunz) 농장의 마이크 쿤즈(Mike Kunz)가 어느 날 내가 밀 수확작업을 하는 동안 묻은 먼지들과 왕겨들을 기분 좋게 털어내며 눈을 비빌 때 해준 말이다. 그는 셰퍼즈 그레인 (Shepherd's Grain)을 재배하는 협회에 속한 수십 명의 농부 중에 한 명이다. 그들은 내가 빵을 만드는 밀가루의 밀을 재배하는 사람들이다.

마이크 쿤즈는 그의 할아버지가 지은 집에서 3대째 살아오면서 농사를 짓는 농부이다. 길 아래 있는 학교에 그와 그의 아버지와 그의 할아버지가 다녔다. 또한 셰퍼즈 그레인 그룹에 속한 워싱턴 주 엔디코트 (Endicott)에 있는 알앤알(R & R) 농장의 마크 릭터(Mark Richter)도 선조들이 물려준 땅에서 4대째 농사를 이어온 농부이다. 마크의 증조부인 앤드루 릭터(Andrew Richter)는 1890년대에 정부공여농지를 받았다. 마이크와 마크는 여러 세대를 거쳐 선조들로부터 물려받은 것에 대한 책임을 잘 알고 있으며, 자신들이 물려받은 땅과 유산을 잘 지키고 있다. 그리고 감히 그들의 것이라고 말할 수 있는 광활한 황금빛 대지의 아름다움과 풍요로움과 평화를 보상으로 받았다.

미래 세대를 위해 땅을 보존하기 위해서는 책임감을 가지고 관리해야 한다. 이 두 농부는 셰퍼즈 그레인(Shepherd's Grain) 협회의 회원들과 함께, 땅을 갈고 씨를 뿌리는 농법에서 땅을 갈지 않고 직접 씨를 뿌리는 농법으로 바꾸었다. 이 방법은 땅의 산화를 막고 유기물의 손실을 막을 수 있어서 더욱 효율성을 높일 수 있다. 마치 1950년대 공상과학에나 나올 법하게 기술 수준이 낮은 무기처럼 생긴 쟁기식 드릴을 이용하여 땅속에 씨와 비료를 동시에 넣는다. 콤바인으로 밀을 수확할 때 밀의 줄기와 겨는 그대로 남겨 대지를 덮는다. 그리고 추수 후 남은 밀 그루터기들이 천천히 토양 미생물로 부식된다. 대지를 덮고 있던 건초더미들은 부식되어 토양을 더욱 비옥하게 하고 보습력을 키운다. 이것이 관개시설이 필요 없는 건지농법이다.

마이크 농장의 연 강수량은 36㎝가량 된다. 다른 곳은 1년에 30㎝ 정도로 이보다 조금 적다. 토양의 습도를 유지하고 부식을 막는 일은 이 두 사람이 가장 신경 쓰는 부분이다. 마크는 이웃의 경우 씨를 심기 위해 땅을 일구었던 곳이 비가 와서 땅의 표층이 쓸려나갔으나, 그의 땅은 같은 비에도 물이 고이지 않고 땅속으로 다 스며들어 토양이 유실되지 않은 것이 너무 신기했다고 한다. 한 계절 땅을 쉬게 하기 위해 봄밀(3~4월에 파종)과 겨울밀(9~10월에 파종)을 돌려짓기하는 것은 아주 일반적인 방법이다. 돌려짓기하는 다른 작물로는 병아리콩이나 완두콩, 해바라기 등이 있다.

마이크 쿤즈는 1915년에 말, 소, 건초더미들을 보관하기 위해 만들었으나 지금은 휑하니 남아 있는 그의 목장을 보여줬다. 가스로 움직이는 지금의 콤바인을 사용하기 전에는 25마리의 말이 한 팀으로 움직이며 지금의 콤바인이 하는 일을 했다고 한다. 밀줄기를 잘라 타작을 한 후 회전하는 체(rotary sieve)로 왕겨에서 밀을 분리해내는 말들의 기계적인 움직임은 매우 경이로울 정도였다. 말들이 끄는 수레에는 돌이나 덤불더미가 실려 있었는데, 이것은 뒤처진 말을 재촉하기 위해 말의 엉덩이에 던지는 용도로 쓰였다고 한다.

예전에 이 땅에 있던 농가들은 이제 4군데 중에 1군데만 남아 있다. 농사를 짓는 일은 여전히 전망이 좋은 사업으로 여겨진다. 그러나 농사를 위해 정착하는 새로운 세대가 필요함에도 불구하고 도시는 쇠퇴해가고 있어 무엇이 진실인지 착각하게 만든다. 헤링턴(Harrington) 같은 도시의 거리엔 사료가게나 담배 등의 빛바랜 광고들만 공허하게 흔적으로 남은 채 버려진 멋진 벽돌 빌딩들이 줄지어 있다.

밀 재배는 화재의 위험이 있기 때문에 들판에서 절대 담배를 피워서는 안 된다. 그래서 사람들은 담배

를 피우고 싶은 욕구를 해소하기 위해 씹는담배가 들어 있는 틴(tin, 주석으로 만든 작은 통)을 가지고 다닌다. 그런데 이 통을 열 때 결합 부분에서 순간적으로 불꽃이 튈 수 있어 이것 또한 위험하다. 이곳은 매우 건조한 지역이기 때문에 약한 바람에도 불이 붙을 수 있다. 여기에 사는 농부들은 화재나 우박에 대해 보상이 되는 보험에 가입이 되어 있으며, 화재와 중장비 사용시의 위험은 중요한 안전사고에 해당한다. 어떤 수확기계는 가파른 언덕을 넘어야 하기 때문에 풍부한 경험과 주의가 더욱 더 필요하다.

물론 이곳에도 농한기가 있다. 이 시기에는 모든 농기구들을 손질하고 돌려짓기에 대한 계획을 세우며, 그 동안의 노동에 대한 보상처럼 휴식을 갖는다. 그리고 6월이면 매년 워싱턴 주의 린드(Lind)에서 콤바인 해체시합이 열린다. 즐거운 경험이 될 것이다!

단백질 함량은 밀의 시장성을 가늠하는 기준이 되어왔다. 고단백 밀가루를 사용하는 대규모 기업형 베이커리들은 단백질 함량이 높은 최상급의 밀을 주문한다. 그러나 밀 작물은 스트레스를 받을수록 단백질 함량이 많아지고, 수분량이 적어지면 스트레스가 더 커진다. 밀 작물의 생산에 필요한 최소한의 수분량이 분명히 있다. 올해는 봄이 늦게 오고, 여름이 덥지 않았기 때문에 단백질 함량이 조금 떨어질 것이다. 그러나 단백질의 품질은 발효된 가스를 담아두고 잡아당겼을 때 찢어지지 않는 글루텐의 힘과 관련이 있으며, 이것은 토양의 함수율보다 밀 품종의 유전적 요인과 토질의 영양 같은 환경적 요인에 좌우된다. 그래서 단백질 함량이 낮은 밀을 수확해야 아주 최상의 단백질을 얻을 수 있으며, 나 같은 베이커들은 단백질 함량이 낮은 밀가루를 선호한다. 나는 그들에게 적어도 내가 주문한 분량에 한해서는 단백질 함량을 걱정하지 말라고 말했다. 물론 그들은 그냥 웃었다. 왜냐하면 난 그들의 큰 손님이 아니기 때문이다.

1부셸(bushel, 야드파운드법의 무게 단위. 곡물, 과실 따위의 무게를 잴 때 쓴다.)의 통밀 무게는 약 27kg(60파운드)이다. 들판에서 자라는 밀의 줄기를 들여다보면 나중에 밀가루가 될 낟알들이 줄지어 열려 있고, 낟알들이 '까끄라기'라는 고양이 콧수염처럼 생긴 수염들이 붙어 있는 겉껍질로 싸여 있다. 콤바인이 밀의 줄기를 자르고 탈곡을 하면 밀의 낟알들이 송풍기와 회전하는 체를 통해 왕겨와 분리되는데, 이 과정이 매우 신속하게 이루어진다. 이 마지막 단계에 나온 것이 곡물시장에서 판매가 가능한 밀 부셸이다. 밀을 인도하는 과정에서 밀의 수분량과 청결도에 따라 등급을 매기는데, 등급이 낮아지면 농부는 그에 따른 대가를 지불해야 한다. 아마도 그들이 사용하는 기계장비들이 밀에서 겨를 충분히 제거하지 못했기 때문일 것이다. 그러면 단지 말이나 경고로만 끝나는 것이 아니라 밀의 등급이 낮아져 금전적으로 크게 손실을 보게 된다.

각 지역 농장의 곡물창고(grain elevators)에 있는 곡물들을 트럭에 싣고 스포캔(Spokane)에 있는 제분소로 가면, 그곳에서는 셰퍼즈 그레인을 재배하는 다른 농장에서 수확한 밀들과 함께 대형 곡물저장고(silo)에 저장된다. 그리고 1년 내내 통밀가루나 흰 밀가루로 제분하고 포장해서 주문받은 곳으로 최종 배송이 된다. 적색 겨울밀은 단백질 함량이 대략 11%대인 중간 레벨의 다목적 밀가루로 제분된다. 그러나 이번에는 작물이 스트레스를 많이 받지 않았기 때문에 단백질 함량이 대략 10.5% 정도 나올 것 같다. 이것이 내가 산 흰 밀가루이다. 북부지역의 특맥(dark northern spring wheat)은 향긋하면서 너무 쌉쌀하지 않은 통밀가루로 제분이 되고(이 농장에서 재배하는 밀은 다른 품종보다 타닌 성분이 덜하다), 단백질 함량이 13%에 이르는 글루텐 함량이 높은 흰 밀가루도 역시 그렇다. 연질 백색 겨울밀은 페이스트리나 케이크용으로 제분된다.

여기까지 내가 사용하는 밀가루가 어디서 왔는지에 대해 이야기하였다. 그리고 지금 밀을 재배하는 들판에 3kg의 불(boule)을 가지고 옴으로써 밀가루의 순환고리를 완성해보았다.

PART 2
BASIC BREAD
RECIPES
기본빵 레시피

새터데이 화이트 브레드(p.87)

CHAPTER 04
기본빵 만들기
BASIC BREAD METHOD

이 챕터에서는 이 책의 모든 레시피에 공통으로 적용되는 기술을 설명하고 가이드라인을 제공한다. 각 레시피는 스케줄, 곡물가루의 배합률, 발효방법, 과정의 복잡함 등이 다르다. 그러나 여기에서 설명하는 손반죽법, 폴딩법, 반죽을 공 모양으로 성형하는 방법, 반죽의 저온발효를 위해 냉장고를 사용하는 방법, 더치오븐을 사용하는 방법 등 기술적인 부분을 익히면 누구나 이 책에 있는 빵이나 피자를 성공적으로 만들 수 있다.

모든 빵은 각기 다른 특성을 가지고 있다. 빵이 얼마나 복합적인 풍미를 가지느냐는 어떤 과정을 거치느냐에 따라 결과가 달라진다.

우선 어떤 빵을 만들지 결정하고, 자신의 스케줄에 맞는 레시피를 선택한다. 만일 시간적 여유가 있다면 만들고 싶은 레시피를 선택하기가 훨씬 쉬울 것이다. 예를 들어, 하루 종일 시간 여유가 있다면 나는 「풀리시를 사용한 화이트 브레드」(p.104)를 선택할 것이다. 그리고 아침에 일어나자마자 빵을 굽기를 원한다면 냉장고 안에서 오버나이트로 2차발효를 할 수 있는 것으로 이 책의 PART 3에 있는 르뱅 브레드를 선택하거나, 「40% 통밀 오버나이트 브레드」(p.99)를 선택할 것이다. 시간 제약을 전혀 받지 않는 경우라면 내 개인적인 취향은 PART 3에 있는 르뱅 브레드이다.

일단 레시피, 빵을 만드는 과정, 그리고 시간 조절이 능숙해지면 다양한 곡물가루를 원하는 대로 배합해볼 수 있다. 〈자신만의 브랜드라고 할 수 있는 빵 또는 피자를 만든다〉(p.196)는 에세이에서는 곡물가루를 종류별로 다루는 방법, 물의 양과 수분율, 그리고 시간조절 등에 대해 자세히 설명한다. 이것만 익히면 그때그때 기분에 따라, 또는 주방에 있는 재료에 따라 이 책에 있는 어느 레시피라도 응용해서 만들 수 있다.

빵의 복합적인 풍미

가장 약함				가장 강함
하루에 만드는 빵	오버나이트 1차발효 또는 오버나이트 2차발효시켜 만드는 빵	사전발효반죽으로 만드는 빵	르뱅 브레드	

chap.5의 레시피는 빵을 만들어본 경험이 없는 사람도 누구나 할 수 있는 스트레이트 반죽법(직접법)이다. 초보자가 처음 만들기에 적당한 레시피는 2개의 새터데이 브레드이다(p.87, 91). 2가지 모두 가장 간단하면서 맛있고, 하루 만에 만들 수 있다. 새터데이 브레드를 만드는 데 필요한 시간은 1차발효 5시간을 포함하여 모두 7~8시간 정도이다. 8시간이 긴 시간이라고 생각될 수도 있지만, 실제 작업하는 시간은 청소하는 시간까지 포함하여 45분 정도밖에 안 된다. 실제로 몇 번 만들어보면 아주 간단하다.

chap.5에 있는 나머지 레시피 2개는 물을 조금 더 추가한 반죽이다. 진반죽은 부드럽고 말랑해서 사실 손반죽을 하기가 더 쉬울 수도 있으나, 된반죽에 비해 더 끈적거리기 때문에 성형하기가 더 까다로울 수 있다. 또한 발효를 통해 빵의 풍미를 좀 더 끌어낼 수 있고, 약간의 스케줄 조절도 가능하다. 저녁때 반죽을 믹싱하고 다음 날 아침에 성형하여 1~2시간 후 오븐에 굽거나, 오후에 반죽을 믹싱하고 저녁때 성형하여 냉장고에서 오버나이트한 후 아침에 일어나자마자 곧바로 오븐에 구울 수도 있다.

스트레이트법 레시피 4개는 이 책에서 가장 간단한 레시피다. 특히 새터데이 브레드는 아침에 일어나서 '오늘 빵 굽기 아주 좋은 날이네'라고 생각하여 그날 먹을 빵을 구우려고 할 때 아주 적합한 빵이다. 그러나 만일 전날 낮이나 밤에 이런 생각을 했다면 chap.6에 있는 사전발효반죽을 이용해 빵을 만들도록 한다. 이 빵들은 스트레이트법과 만드는 방법이 거의 비슷하며, 하루 전에 빵을 만들 생각으로 미리 준비하는 약간의 센스만 있다면 더 나은 맛으로 즐길 수 있는 빵들이다. 이 책에서는 풀리시(poolish)와 비가(biga) 2가지의 사전발효반죽을 사용하고 있으며, 이에 대한 좀 더 자세한 설명은 p.36~39를 참조한다. 사전발효반죽을 사용한 빵 만들기가 익숙해지면 PART3의《르뱅 브레드 레시피》로 넘어간다.

레시피 표를 보는 방법

앞에서 말했듯이 이 책에서는 레시피 재료를 굳이 사용하는 순서대로 나열하지 않았다는 점에서 조금 이례적일 수 있다. 대신에 곡물가루를 항상 처음에 놓고, 다음에 물, 소금, 이스트 순서로 상대적인 양과 베이커스 퍼센티지(baker's percentage)를 표시하였다. 다음의 예를 통해 각기 다른 레시피의 배합표를 어떻게 보는지 살펴본다.

본반죽의 양 : 이것은 본반죽을 믹싱하기 위해 12ℓ 용량의 반죽통에 각각의 재료를 모두 담은 양을 말한다. 즉, 풀리시나 비가 또는 르뱅에 들어 있는 곡물가루의 양까지 모두 포함시켜 곡물가루 총량의 무게 1,000g과 필요한 다른 재료들을 모두 합한 것을 의미한다. 필요한 재료의 양을 각각의 배합표에 표시하고,

만드는 과정에도 반복해서 설명하므로 재료의 양이 궁금해서 배합표를 다시 찾아봐야 할 일은 없을 것이다.

지금쯤이면 내가 부피 계량이 아닌 무게 계량을 적극 권장한다는 걸 알아차렸을 것이다. 그러나 일부 홈베이커는 저울을 가지고 있지 않다. 그들을 위해 본반죽에 들어가는 재료의 대략적인 부피 계량도 표시하였다. 그러나 부피 계량은 무게 계량에 비해 정확하지 않기 때문에 오른쪽에 있는 베이커스 퍼센티지와 정확하게 일치하지 않는다. 이처럼 베이킹에서 부피 계량으로 생기는 문제에 대해 p.33에서 좀 더 자세히 설명하였다.

풀리시, 비가 또는 르뱅 속 함유량 : 이것은 레시피에서 사용하는 르뱅이나 비가 또는 풀리시를 만들 때 필요한 밀가루와 물의 양을 보여준다. chap.6의 사전발효반죽으로 만드는 빵의 레시피를 보면 사전발효반죽 전체가 본반죽에 들어간다. 따라서 본반죽의 배합표에 있는 사전발효반죽의 양은 풀리시나 비가의 재료 배합표에 나와 있는 총량과 같다. PART3의 르뱅 브레드를 만들 때는 본반죽에 자신이 갖고 있는 르뱅 발효종의 일부만 사용하므로 본반죽 배합표의 르뱅 항목에 있는 밀가루와 물의 양은 르뱅을 먹이주기할 때의 양보다 대체로 훨씬 적은 편이다. 그 이유는 르뱅 발효종을 계속 유지하려면 넉넉한 양의 르뱅이 필요하기 때문이다.

총량 : 이 항목은 레시피에 있는 재료의 총 무게를 적은 것이다. 만약 흰 밀가루가 전체 곡물가루 1,000g의 90%라면 흰 밀가루의 무게는 900g이 될 것이다. 스트레이트 반죽으로 만드는 빵에서는 배합표에 무게 계량 외에는 각 재료의 거의 근접한 부피 계량만 표시된다.

베이커스 퍼센티지 : 모든 재료의 무게를 레시피에 있는 전체 곡물가루의 무게에 대한 백분율로 보여준다. 이 책의 빵과 피자 레시피는 모두 1,000g의 곡물가루를 사용하여 쉽게 계산할 수 있고, 레시피를 기억하기도 쉽다(베이커스 퍼센티지의 더 자세한 내용은 p.47~49 참조).

본반죽

재료	양		풀리시 속 함유량	총량	베이커스 퍼센티지
흰 밀가루	500g	3¾C + 2Ts	500g	1,000g	100%
물	250g, 41℃(105℉)	1⅛C	500g	750g	75%
고운 소금	21g	1Ts + 1ts 조금 안 되게	0	21g	2.1%
인스턴트 드라이 이스트	3g	¾ts	0.4%	3.4g	0.34%
풀리시	1,000g	전체			50%

제빵 배합률

기본빵 만들기의 단계별 기술

이 책에 있는 레시피는 믹싱에서 굽기까지 각 단계마다 모두 같은 기본적인 방법으로 만들며, 이것을 다음과 같이 8단계로 요약 정리할 수 있다. 이것은 chap.13의 피자도우 레시피에서도 마찬가지로, 반죽을 공모양으로 성형하는 단계까지 같은 방법이 적용된다. 따라서 레시피 과정을 따로 간단하게 정리해서 다시 읽어볼 수 있도록 만들어두면 아주 유용하다. 또한 이 기술들을 레시피와 분리해서 보면 좀 더 이해가 쉬울 수도 있다. 각 레시피에서 사용하는 기본 기술이 모두 같기 때문에 한 번 이해하고 나면 이 책에 있는 모든 레시피를 자신 있게 만들 수 있을 것이다. 빵을 만들기 전에 먼저 chap.4를 꼼꼼히 읽어본다. 그냥 건너뛰고 빵이나 피자를 만들다가 중간에 필요한 내용을 찾아보면 이해하기 어려울 수 있다.

STEP1 : 밀가루와 물을 오토리즈한다

오토리즈(Autolyse)는 빵과 피자를 만드는 첫 번째 단계이다. 레시피에 있는 밀가루와 물을 섞고, 소금과 이스트를 넣기 전에 최소 15분쯤 그대로 둔다. 오토리즈 시간은 20~30분 정도가 적당하다. 소금은 밀가루가 물을 흡수하는 걸 방해하기 때문에 오토리즈하는 동안에는 소금을 넣지 않는다. 이 단계의 목적은 본반죽을 하기 전에 밀가루가 물을 완전히 흡수하게 하는 것이다.

계 량

오토리즈를 하기 위해 밀가루와 물을 계량하고 손으로 섞기까지 5분 정도 걸린다. 12ℓ의 빈 반죽통을 저울에 놓고 영점을 맞춘 후, 레시피의 본반죽에 필요한 밀가루 양을 계량한다. 밀가루는 가능하면 실온 상태여야 한다.

물을 계량할 때는 실수로 너무 많은 양을 넣기 쉬우므로 밀가루를 담아서 계량해놓은 반죽통에 직접 물을 넣어서 계량하지 않는다. 대신에 내가 하는 방법처럼, 다른 빈 통에 물을 정확하게 계량한 후에 밀가루가 있는 반죽통에 붓는 게 안전하다. 또한 어떤 저울은 반죽통과 밀가루와 물을 한꺼번에 계량할 경우 잴 수 있는 무게를 넘어가는 경우도 있으므로 물은 무게를 따로 계량하는 것이 좋다.

물을 계량할 때 가장 좋은 방법은 통을 2개 사용하는 방법이다. 휴대용 온도계를 준비하고 수도꼭지 아래에 빈 통 하나를 놓은 후, 예를 들어 물의 온도를 35℃(95℉)로 맞출 경우 냉수와 온수를 틀어서 온도가 맞춰질 때까지 적당히 섞는다. 저울 위에 또 하나의 빈 통을 놓고 영점을 맞춘 후, 원하는 온도로 맞춘 물을 레

주방용 저울 사용

저울 위에 빈 통을 놓고 '0(zero)' 버튼을 눌러 영점을 맞춘 후, 원하는 무게가 될 때까지 재료를 조심스럽게 넣어서 계량한다. 한 통에 여러 가지 재료를 함께 계량할 경우, 예를 들어 2~3가지 다른 종류의 밀가루를 계량할 때는 새로운 재료를 넣고 그때마다 영점을 맞춘다.

시피에 나와 있는 물의 양만큼 계량한다. 계량은 정확하게 해야 한다. 왜냐하면 20~30g의 작은 차이도 반죽 상태에 크게 영향을 주기 때문이다.

밀 가 루 와 물 을 섞 는 다

12ℓ의 반죽통에 직접 반죽을 하는 경우에는 밀가루와 물이 고루 섞일 때까지 한 손으로만 섞는다. 끈적끈적한 반죽이 손에 들러붙겠지만 걱정하지 말고, 손을 빵 만드는 도구로 사용하는 것에 익숙해져야 한다. 마치 믹서의 후크에 반죽덩어리들이 붙어 있는 것처럼 손에 반죽이 묻더라도 밀가루와 물이 완전히 섞일 때까지 믹싱한다. 이런 과정 중에 반죽이 손에 붙을 수밖에 없다. 믹싱이 끝나면 다른 손으로 손에 붙어 있는 반죽을 최대한 떼어 반죽통에 넣고, 뚜껑을 덮어 20~30분 휴지시킨다. 이때 오토리즈를 마치는 시점은 반죽통 안에 마른 밀가루가 더 이상 보이지 않을 때로 본다.

물 온 도 를 조 절 한 다

이 책의 모든 레시피는(풀리시와 비가의 레시피는 예외의 경우로 아래에 따로 설명한다) 마지막 본반죽의 목표 온도가 26℃(78℉)이다. chap.2에서 말했듯이 이 온도는 반죽 안에서 가스가 만들어지고 좋은 풍미가 나게 발효되기 위한 가장 이상적인 온도이다. 반죽은 발효되는 내내 반드시 26℃(78℉)를 유지해야 하는 것이 아니고, 발효 시작이 26℃(78℉)여야 좋다는 뜻이다. 겨울철에 가정의 주방에서 테스트했을 때, 실내온도가 대략 21℃(70℉)였다. 35℃(95℉)의 물과 실온의 밀가루를 믹싱하고 20분간 오토리즈를 거쳐 본반죽이 끝났을 때, 대부분 반죽온도가 26℃(78℉)였다. 여름철에는 겨울철과 같은 결과를 얻기 위해서 물 온도를 32℃(90℉)로 맞췄다. 이런 모든 것이 본반죽을 하기 전 오토리즈에 사용하는 물의 온도와 주방의 실내온도, 그리고 오토리즈를 하는 시간이 서로 연관성이 있다는 걸 말해준다.

  나는 20~30분의 오토리즈를 권하지만 편의상 40분~1시간까지 연장도 가능하다. 그러나 오토리즈 시간이 초과될 경우에 반죽온도가 낮아져서 본반죽의 온도가 내려갈 수 있으므로 이 부분을 고려한다. 그리고 43℃(110℉) 이상의 물은 절대 사용하지 않도록 한다. 기억하겠지만 물 온도가 높으면 이스트가 사멸할 수 있기 때문이다. 만약 본반죽의 온도를 26℃(78℉)로 맞추지 못했을 경우, 전에 빵을 만들 때 기록해두었던

언제 오토리즈를 하지 않을까

이 책에서 오토리즈를 하지 않는 경우는 풀리시(poolish)와 비가(biga)를 사용할 때뿐이다. 왜냐하면 풀리시나 비가는 레시피의 밀가루 총량에서 반이나 그 이상의 밀가루를 사용하여 만든 후 본반죽에 넣는 사전발효반죽이기 때문이다. 이렇게 만든 반죽들은 소량의 이스트만 넣고 소금을 넣지 않은 상태에서 오랜 시간 또는 밤새 사전발효 과정을 거치면 오토리즈와 비슷한 효과를 얻게 되는 이점이 있다. 그러므로 풀리시를 사용하는 반죽을 오토리즈하는 것은 의미가 없다. 이 책에서 풀리시를 사용하는 레시피들의 경우 단지 250g의 물과 500g의 밀가루를 본반죽에 추가하는데, 이것은 손으로 반죽덩어리를 만들기가 거의 불가능할 정도의 양이다.

물의 온도와 오토리즈 시간을 체크해 보고 다음번에 만들 때 참고한다.

　　이 책에서 풀리시나 비가 같은 사전발효반죽을 사용하는 레시피는 본반죽의 온도가 26℃(78℉)로 맞춰지는 경우가 거의 드물 것이다. 특히 밤에 실내온도가 쌀쌀하다면 더욱 그렇다. 왜냐하면 본반죽의 상당 부분을 차지하는 사전발효반죽이 오버나이트하는 동안 주변의 실내온도에 영향을 받을 수밖에 없기 때문이다. 예를 들어, 내가 집에서 오버나이트한 반죽의 온도는 약 18℃(65℉)였고, 이 사전발효반죽으로 이 책의 레시피들을 테스트하기 위해 본반죽을 만들면 대부분 약 23℃(73~74℉)였다.

이스트는 물과 언제 섞어야 할까

과립형 이스트는 된반죽 안에서 녹을 때 시간이 많이 걸린다. (이 책에서 된반죽이란 수분율 70％ 이하를 말한다.) 판매하는 인스턴트 이스트는 물에 녹여서 사용하지 않아도 되도록 만들어졌으나, 그것은 손반죽이 아닌 믹서에서 재료들이 왕성하게 섞이는 경우를 전제로 한 것이다. 그래서 내 베이커리에서는 인스턴트 이스트를 사용할 때 미리 프루핑(proofing, 이스트를 물에 녹여서 10분가량 잠시 두는 것)을 하지 않고, 된반죽을 할 때는 일반적으로 생이스트를 사용한다.

이 책의 레시피들을 테스트하기 위해 처음으로 인스턴트 이스트를 넣고 손반죽으로 비가를 만들어(수분율 68％) 오버나이트하였을 때, 다음 날 아침 반죽에 가스가 잘 안 생기고 부풀지도 않은 비가를 보고 깜짝 놀랐었다. 다음 번 테스트에서는 밀가루와 물의 비율은 물론 물의 온도까지 지난번과 똑같이 하고 인스턴트 이스트만 지난번과 다르게 물에 녹여서 사용하였는데, 다음 날 아침에 정말 기대했던 비가의 모습을 볼 수 있었다. 시판되는 이스트들을 조사한 결과, 제법 유명한 어느 이스트 제조사는 프루핑을 안 해도 되는 이스트임에도 불구하고 반죽을 하기 전에 인스턴트 이스트를 물에 녹여서 반죽하면 최대의 효과를 얻을 수 있다는 걸 인정하였다. 그래서 이 모든 사실을 바탕으로 나는 이 책에 들어 있는 된반죽을 할 때는 인스턴트 이스트를 프루핑하는 옛날 방식을 추천한다. 이런 경우에는 미리 프루핑까지 하도록 레시피에 설명하였다.

이 책에 나오는 대부분의 반죽에 이미 많은 양의 물이 들어 있다는 것은 인스턴트 드라이 이스트를 굳이 프루핑을 할 필요가 없다는 것을 의미한다. 손반죽을 하더라도 수분율이 높아서 과립형 이스트가 잘 녹기 때문에 반죽 초기부터 이스트가 활동하는 데 지장이 없다. 그러나 비가(수분율 68％)와 피자도우(수분율 70％)는 예외다.

STEP2 : 본반죽을 한다

손으로 반죽을 하는 것은 단지 5분 정도면 충분하다. 나는 믹서를 사용하거나 작업대에서 반죽하는 것보다 반죽통에 담긴 상태로 직접 반죽하는 것을 더 좋아한다. 이 방법은 훨씬 간단하고 빠르며, 나중에 청소하기도 편리해서 아주 효율적이다. 또한 반죽이 끝난 후 다른 곳으로 옮기지 않고 오토리즈부터 분할, 성형 단계까지, 레시피에 따라 약 5~6시간 동안 그 안에서 1차발효까지 할 수 있다. 지저분해지지도 않고 정신없지도 않고 얼마나 좋은가!

소금과 이스트를 첨가한다

반죽을 할 때 먼저 소금을 흩뿌리고, 대부분의 경우 이스트를 반죽 위에 골고루 뿌린다. 사전발효반죽을 사용해서 만들 때는 소금과 이스트를 뿌린 위에 풀리시, 비가, 르뱅 등을 반죽통에 넣는다. 먼저, 따뜻한 물을 담은 통을 반죽통 옆에 놓는다. 그리고 한 손으로 반죽통의 테두리를 잡고, 다른 한 손으로는 물통의 따뜻한 물에 손을 적셔가며 반죽을 시작한다. 폴딩하기 위해 반죽통 바닥과 닿아 있는 반죽의 ¼ 정도를 잡아서 반

소금과 이스트 첨가

죽 위를 덮듯이 위로 잡아당긴다. 반죽을 잡아당길 때는 반죽이 찢어지기 바로 직전까지만 잡아당겨서 폴딩한다. 반죽을 돌려가며 폴딩을 계속하는데, 매번 반죽통 바닥과 닿아 있는 반죽의 ¼ 정도를 위로 잡아당겨서 폴딩을 반복하여 소금과 이스트가 골고루 섞이게 한다.

집게손 자르기로 반죽한다

반죽을 돌려가며 전체를 폴딩하고 나면, 집게손 자르기(Pincer Method)로 믹싱한다. 마치 게가 집게를 사용하듯이 엄지와 검지를 이용하여 큰 덩어리의 반죽을 몇 개의 덩어리로 나눈다. 이때 다른 한 손은 반죽통의 테두리를 잡고 통을 돌리고 고정하는 역할을 한다.

반죽을 하면서 반죽이 손에 들러붙을 때마다 물통의 물에 손을 다시 적시고 반죽하는 것을 3~4번 반복하면 반죽이 어느 정도 완성된다. 이렇게 하지 않으면 반죽이 너무 끈적거려서 작업하기 힘들다. 손으로 반죽을 하다보면 손가락 끝에서 소금 입자가 느껴지는 경우가 있다. 이것은 정상적인 경우로 젖은 손으로 계속 반죽을 하다보면 소금과 이스트가 자연스럽게 녹는다.

엄지와 검지를 집게처럼 사용하여 반죽을 5~6번 자른 다음 반죽을 뭉쳐서 여러 번 폴딩하고, 다시 5~6번 반죽을 자른 다음 뭉쳐서 폴딩하는 작업을 반복한다. 모든 재료가 골고루 잘 섞이고 반죽에 탄력이 생길 때까지 이 작업을 반복한다. 나는 이렇게 만들기까지 2~3분 정도 걸리지만 처음 하는 사람은 5~6분 정도 걸릴 것이다. 그 다음에 반죽을 몇 분간 휴지시켰다가 다시 30초간 또는 반죽 표면이 매끄럽고 탱탱해질 때까지 폴딩하면 믹싱 완성!

이 단계의 목표는 모든 재료가 완전히 골고루 섞이게 하는 것이다. 내가 샌프란시스코 베이킹 인스티튜트(SFBI)에서 배운 이 집게손 자르기는 믹서가 반죽을 자르는 방법을 흉내낸 것이다. 이 방법은 재료들을 효과적으로 골고루 잘 섞어주고, 믹싱하는 동안 소금과 이스트가 잘 섞이게 하는 데도 도움이 된다.

믹싱이 끝나면 탐침온도계로 반죽의 온도를 잰다. 이 책 대부분의 레시피가 목표온도가 25~26℃ (77~78℉)이며, 측정한 반죽의 온도와 시간은 기록을 해두는 것이 좋다. 반죽온도가 25℃(77℉)보다 훨씬 낮

집게손 자르기로 반죽을 믹싱하는 방법

으면 발효시간이 오래 걸리므로, 이런 경우에는 레시피의 1차발효시간보다 얼마나 더 연장할지를 생각해봐야 한다. 그렇지 않으면 반죽통을 24~27℃(75~80℉)의 좀 더 따뜻한 곳에 두고 발효시키는 방법도 있다.

chap.2에서 말했듯이 물의 온도, 믹싱이 끝난 시간, 실내온도까지 기록해두도록 한다. 그리고 반죽의 부피가 2배 또는 3배가 될 때까지 걸린 시간, 분할하고 성형한 시간, 빵을 구운 시간까지 기억해둘만한 상황이나 상태 등을 기록해둔다. 이것을 다음에 빵을 만들 때 참고하면 좀 더 나은 빵을 만들 수 있도록 스케줄 조정이 가능하다. 예를 들어, 5~6시간 동안 반죽이 충분히 발효되지 않았다면 이스트를 조금 추가하고, 반죽이 너무 빨리 발효된 것 같으면 이스트의 양을 조금 줄이면 된다. 또, 본반죽의 온도가 26℃(78℉) 이하이거나 이상이었을 경우, 다음에는 그에 맞춰서 물의 온도를 올리거나 낮출 수 있다.

반죽을 발효시킨다

반죽통의 뚜껑을 덮고 반죽이 부풀어 오르게 둔다. 반죽이 부풀어 오르기까지 걸리는 시간은 여러 가지 요인에 따라 달라진다. 그 중에서도 실내온도와 본반죽의 온도가 가장 중요한 요인이다. 반죽의 원하는 발효 상태를 눈으로 확인할 때 고려할 점은 따뜻한 계절에는 반죽의 부피가 조금 크게 나오고, 추운 계절에는 부피가 조금 작게 나온다는 것이다.

STEP3 : 반죽을 폴딩한다

폴딩은 글루텐을 많이 형성하는 데 도움을 주고, 글루텐은 반죽에 힘이 생기게 해서 성형한 반죽의 부피감이 좋아진다. 3차원의 입체적 그물구조를 가지고 있는 글루텐은 빵 속에 들어 있는 '집' 같은 구조물이라고 생각하면 된다. 이 책의 첫 번째 레시피인 「새터데이 화이트 브레드」(p.87)는 폴딩을 2번만 한다. 그러나 대부분의 다른 빵들은 반죽의 수분율이 매우 높아서 반죽이 늘어지는 편이기 때문에 반죽에 힘을 주기 위해 폴딩을 3~4번 한다. 폴딩을 1번 하는 데 걸리는 시간은 1분 정도이다. 믹싱이 막 끝났거나 폴딩이 끝난 반죽은 공 모양인데, 시간이 지나면서 반죽통 안에서 납작하게 퍼진다. 이때 반죽의 늘어진 상태를 보면 다음 폴딩을 언제 해야 할지 알 수 있으므로, 그때마다 반죽의 힘이 유지되도록 폴딩한다. 나는 처음 1차발효가 시작되는 1~2시간 사이에 폴딩한다.

이때의 폴딩 동작은 2단계 본반죽의 폴딩 방법과 비슷하지만, 여기서는 폴딩이 끝난 후 반죽의 탄력을 유지시키기 위해 반죽을 뒤집어놓는다. p.76의 폴딩 과정 사진을 참고한다. 반죽을 폴딩하려면 먼저 반죽이 달라붙지 않도록 손을 물통에 담가서 적신다. 물에 적신 손을 바닥쪽에 반죽의 ¼ 지점까지 넣고, 반죽이 찢어지지 않고 탄력 있게 늘어날 때까지 위로 잡아당겨서 반죽 윗면을 덮는다. 반죽이 탄력 있는 공 모양이 될 때까지 돌려가면서 이 동작을 4~5번 반복한 후, 폴딩을 마친 반죽의 이음매 부분이 바닥으로 가도록 전체 반죽을 들어서 뒤집는다. 이렇게 하면 폴딩을 마친 반죽이 고정되고, 반죽 표면이 매끄럽다.

반죽이 다시 조금 늘어지면서 편평해지면 두 번째 폴딩을 한다. 두 번째 폴딩을 하고 나면 반죽의 구조가 폴딩을 하기 전보다 더 탱탱해지고 힘이 있다. 반죽이 두 번째 폴딩을 하기 전의 상태로 늘어지기까지 시간이 더 오래 걸릴 것이다. 폴딩은 레시피의 설명대로 믹싱 후 1~2시간 후에 해도 되고, 1시간 안에 해도 된다. 즉, 시간에 너무 구애받지 말고 상황을 봐가면서 조절한다. 단, 1차발효가 1시간 남은 상태에서는 폴딩을 하지 않는다.

STEP4 : 반죽을 분할한다

분할은 반죽이 원래 크기의 2배 또는 3배로 부풀었을 때(각 레시피가 원하는 대로)가 적당한 때다. 캠브로 (Cambro)의 투명한 반죽통이 좋은 이유 중 하나는, 반죽상태를 들여다볼 수 있어서 1차발효가 끝난 것을 쉽게 알 수 있다는 것이다. 예를 들어, 1차발효 동안 반죽이 3배로 부풀어야 하는 반죽의 경우에 처음 반죽의 높이가 1ℓ 눈금 조금 위쪽에서 발효를 시작하였는데, 3배로 부풀었을 때는 4ℓ 눈금 가까이까지 있을 것이다. 분할은 처음에는 시간이 좀 걸리더라도 두어 번 해보면 단 몇 분 안에 끝낼 수 있다.

분할 작업은 폭 60㎝ 정도의 작업대에 덧가루를 조금 뿌리고 한다. 손에도 덧가루를 묻히고, 반죽통의 둘레를 따라 반죽 속 글루텐이 손상되지 않도록 최대한 부드럽게 다룬다. 이 상태의 글루텐은 처음 반죽을 시작할 때보다 더 취약하고 예민하다. 조심스럽게 통의 바닥에 붙어 있는 반죽까지 떼어낸다. 이때 통의 바닥에 덧가루를 조금 묻혀가며 작업하면 훨씬 잘 된다. 다음에는 반죽통을 뒤집어서 손으로 반죽을 꺼내 작업대에 놓는다. 반죽 윗면의 가운데 2등분할 지점을 따라 선모양으로 덧가루를 뿌리고 반죽칼, 플라스틱 스크레이퍼, 주방용 칼 등으로 2등분하여 같은 크기의 반죽 2개를 만든다.

STEP5 : 반죽을 성형한다

성형의 목적은 분할한 반죽들이 2차발효가 진행되는 동안 가스를 만들어 담아둘 수 있도록 반죽에 적당한 힘을 만들어주는 것이다.

성형을 하기 위해 작업대에 올려놓은 반죽의 바닥면이 성형 후에는 윗면이 된다는 것을 알고 있으면 성형 과정을 이해하는 데 많은 도움이 될 것이다. 분할한 반죽은 덧가루를 뿌린 작업대에 놓기 때문에 바닥 부분이 더 이상 끈적거리지 않을 것이다. 이제부터 반죽을 손으로 다루는 방법을 설명할 텐데, 이것은 내가 알려줄 수 있는 가장 중요한 정보이다. 그렇지 않으면 반죽이 손에 달라붙어 다루기 어려울 수 있다.

먼저, 반죽 표면에 덧가루가 있으면 손으로 조금 털어내고 시작한다. 다음에는 폴딩하는 방법과 마찬가지로 반죽의 ¼ 정도를 잡아 늘려서 반죽 위에 접어놓고, 다시 반대쪽 반죽을 같은 방법으로 위로 잡아당겨서 접는다. 공모양이 되도록 돌아가면서 균일하게 반복해서 접어 반죽에 탄력을 준다. 다음은 공모양으로

p.77 : 반죽의 분할
p.76 : 1·2행 사진_ 늘어진 반죽 폴딩. 3행 사진_ 첫 번째 폴딩 전→첫 번째 폴딩 후→두 번째 폴딩 전.
　　　4행 사진_ 두 번째 폴딩 후→세 번째 폴딩 전→세 번째 폴딩 후.

만들어진 반죽을 덧가루가 없는 깨끗한 작업대에 뒤집어놓는다. 즉, 여러 번 폴딩하면서 생긴 이음매들이 작업대 표면과 맞닿게 놓는 것이다. 이렇게 하는 목적은 마찰력을 이용하여 반죽 표면을 깔끔하게 만들기 위해서다. 이제 반죽은 매끈한 표면이 위로 보이며, 그 상태로 발효통에 넣었다가 오븐에 굽기 전에 뒤집어서 굽는다.

공모양의 반죽을 앞에 놓고 두 손으로 반죽 뒤쪽을 감싸듯이 동그랗게 오므린 후, 덧가루가 없는 작업대에서 자신의 몸쪽으로 15~20㎝ 정도 당겨놓는다. 이때 새끼손가락과 공모양의 반죽을 감싸고 있는 손바닥에 힘을 골고루 주어 반죽이 손 바깥으로 빠져나가지 않게 한다. 반죽을 잡아당기면 반죽 표면이 당겨지면서 공모양으로 더욱 탱탱해지고 탄력이 생긴다. 직접 해보면 기분 좋은 그 느낌이 어떤 것인지 알게 될 것이다.

두 손으로 반죽을 앞으로 잡아당기는 이 동작을 한 번 할 때마다 반죽이 손바닥 안에서 ¼ 정도 회전할 수 있게 한다. 그리고 이 동작을 반죽의 방향을 바꿔가며 2~3번 반복하면 반죽이 동그랗고 탱탱해진다. 성형한 반죽이 엄청나게 탱탱할 필요는 없지만 너무 옆으로 퍼진 모양도 좋지 않다. 단지 반죽이 제 모양을 유지하면서 가스를 담을 수 있을 정도면 적당하다. 성형한 반죽이 탄력이 없고 너무 부드러우면 구조적으로 가스를 담아두기가 어렵다. 그럼 가스 일부가 빠져나가게 되고, 구운 빵이 기대했던 것보다 훨씬 작고 단단할 수 있기 때문이다.

분할한 2개의 반죽 중 나머지 두 번째 반죽도 같은 방법으로 성형하고, 이음매 부분이 바닥 쪽으로 가게 발효통에 담는다. 이때 발효통으로는 고리버들을 엮어 만든 바구니에 덧가루를 뿌려서 사용하거나, 바느통(banneton)에 천을 깔고 덧가루를 뿌려서 사용한다. 또는 이를 대체할 수 있는 방법으로, 대형 주방용 볼의 안쪽에 보푸라기가 없는 키친타월을 깔고 그 위에 덧가루를 뿌린 후 성형한 반죽을 올려 발효시킬 수도 있다. 덧가루는 넉넉히 뿌리는 것이 좋다. 왜냐하면 2차발효된 반죽을 오븐에 넣기 위해 발효통에서 꺼낼 때 바닥이 들러붙을 수 있기 때문이다. 그렇다고 너무 많이 뿌리면 오븐에 구운 빵에 밀가루가 너무 많이 묻어 있을 수 있으므로 조심한다. 성형한 반죽은 위에 밀가루를 살짝 뿌리고 키친타월로 덮어두거나 비닐로 밀봉한다.

STEP6 : 성형한 반죽을 2차발효시킨다

제빵업계에서는 반죽을 성형한 후의 마지막 발효를 프루핑(proofing) 또는 2차발효라고 한다. (프루핑이란 말은 반죽하기 전에 이스트를 물에 녹인다는 표현으로도 쓰인다. p.72 참조) 성형한 반죽으로 최고의 빵을 만들기 위해서는 최적의 발효가 필수이다. 2차발효가 진행되는 반죽은 가스를 최대한 담을 수 있는 물리적 한계치까지 도달한 후에는 다시 단백질 결합이 약해지면서 글루텐 구조가 무너지기 시작한다. 여기서 최적의 발효란 바로 물리적 한계치까지 도달한 상태를 말한다. 발효가 덜 된 상태에서 너무 빨리 오븐에 구우면 빵이 마지막까지 만들어낼 좋은 풍미와 최대한 부풀어 오를 수 있는 한계치를 놓치게 되어 결과적으로 빵이 단단하

p.79 : **성형**
1행 사진_ 반죽의 일부를 잡아 늘려서 위로 접는다.
2행 사진_ 반대쪽도 잡아 늘려서 반죽 위로 접는다.
3행 사진_ 접지 않은 반죽의 나머지 부분을 잡아 늘려서 반죽 위로 접는다.
4행 사진_ 두 손을 둥글게 오므려서 반죽의 뒤쪽을 감싸고, 덧가루가 없는 작업대에서 살짝 앞쪽으로 잡아당긴다. 완성된 공모양의 반죽.

고 잘 부풀어 오르지 못한 상태가 된다. 반대로 너무 늦게 빵을 구우면(과발효) 빵은 위로 부풀지 못하고 옆으로 퍼지면서 부피가 작아진다. (나와 골디락스(적당하다는 의미)는 친구관계다.)

　　2차발효시간은 이 책의 레시피에 다양하게 나와 있다. 2차발효시간이 1시간 남짓 되는 「새터데이 화이트 브레드」부터, 대부분의 르뱅 브레드와 「40% 통밀 오버나이트 브레드」처럼 냉장고에서 오버나이트 발효하는 것에 이르기까지 다양하다.

　　또 기억해야 할 점은 반죽을 탱탱하게 성형할수록 2차발효시간이 좀 더 오래 걸리고, 느슨하게 성형하면 가스가 빨리 빠져나간다는 것이다.

　　숙련된 베이커의 능력 중에 하나가 매번 정확한 발효 시점에 빵을 굽는 것으로, 우리 베이커리에서도 자주 대화의 주제가 된다. 빵뿐만 아니라 크루아상이나 브리오슈도 마찬가지다. 우리는 경험을 통해서 배우곤 한다. 그래서 가끔 배움을 얻기 위한 가장 좋은 방법으로 일부러 반죽을 과발효 상태로 만들어보기도 한다. 이 방법은 발효의 한계지점이 왜 중요한지 이해하는 데 도움이 된다.

손가락 테스트 (The Finger-Dent Test)

각 레시피에서 최적의 2차발효 시점을 알아내기 위한 방법으로 손가락 테스트를 이야기하고 있다. 이 방법은 내가 알고 있는 방법 중에 가장 좋은 방법이라고 생각한다. 손가락에 밀가루를 묻히고 발효된 빵을 약 1.5cm 깊이로 찔러본다. 이때 찌른 부분이 곧바로 다시 원상태로 돌아오면 2차발효를 좀 더 해주는 것이 좋고, 천천히 원상태로 돌아오면서 완벽하게 돌아오지 않고 조금 흔적이 남는다면 최적의 발효 상태이므로 오븐에 구워도 된다. 만약 손가락으로 찌른 곳이 전혀 원상태로 돌아오지 않는다면 과발효된 것이다. 이 경우는 2차발효를 너무 오래 한 것이므로 발효바구니에서 반죽을 꺼낼 때나 굽기 위해 더치오븐에 넣을 때 가라앉을 것이다. (아직도 나는 가끔 나중에 오븐에 구우면 괜찮은데도 발효된 상태만 보고 과발효되었다고 생각하여 깜짝 놀라곤 한다.)

　　chap.5의 스트레이트 반죽은 상업용 이스트를 사용하기 때문에 르뱅 브레드보다 발효가 빠르고, 2차발효까지 걸리는 시간도 빠르다. 어느 때는 불과 10~15분 정도면 충분한 경우도 있다. 이것은 곧 오븐에 넣고 빵을 구워야 한다는 뜻과 같다. 그러나 이런 반죽들도 냉장고에서 오버나이트로 발효시간을 연장할 수 있다. 반죽이 차가우면 발효가 더 느려지므로 최적의 발효 상태가 되도록 두어 시간까지도 연장이 가능하다.

STEP7 : 오븐과 더치오븐을 예열한다

오븐에 빵을 구울 때 가장 좋은 위치는 중간 단이다. 오븐 바닥 쪽으로 치우쳐서 구우면 빵 바닥이 너무 타버릴 위험이 있으므로 오븐을 예열할 경우 4ℓ 용량의 더치오븐을 뚜껑을 덮어서 중간 단에 넣고 예열한다. 이럴 경우, 더치오븐이 무쇠로 만들어져서 피자스톤과 비슷한 효과를 얻을 수 있기 때문에 굳이 피자스톤 위에 올려놓을 필요가 없다. 빵을 굽기 적어도 45분 전에 오븐을 245℃(475℉)로 예열한다. 이렇게 하는 목적은 빵을 넣고 굽기 전에 더치오븐이 완벽하게 예열이 되게 하기 위해서다.

자신의 오븐 상태를 잘 알고 있는 것이 매우 중요하다. 대부분의 가정용 오븐은 실제로 설정한 온도보다 더 높거나 더 낮은 경우가 대부분이다. 내 오븐은 설정온도보다 14℃(25℉) 정도 낮다. 그래서 오븐온도를 260℃(500℉)로 맞추면 내 오븐온도는 246℃(475℉)가 된다. 물론, 레시피에 나와 있는 오븐온도가 그 빵을 굽기에 적합한 온도이므로 가정마다 오븐용 온도계를 사용할 것을 권한다. 저렴하게 구입할 수 있고, 레시피의 정해진 온도로 제대로 구울 수 있어 안심이 된다.

만일 더치오븐이 2개라면 2개를 같이 예열해서 한꺼번에 2개의 빵을 구울 수도 있다. 그러나 더치오븐이 1개뿐이라면 1개를 굽고 있는 동안 두 번째 성형 반죽을 어떻게 보관했다가 구워야 할지는 각 레시피마다 설명이 되어 있다. 일반적으로 실온에서 2차발효를 할 경우, 첫 번째 빵을 굽기 전에 두 번째 구울 빵 반죽을 냉장고에 15~20분 정도 넣어둔다. 만일 냉장고에서 2차발효를 시켰다면 첫 번째 빵을 굽는 동안 두 번째 반죽을 냉장고에 그냥 넣어둔다. 그리고 일단 첫 번째 빵이 구워져 나오면 두 번째 빵을 굽기 전에 더치오븐을 다시 5분간 예열해서 사용한다.

STEP8 : 조심스럽게 굽는다

이 책의 모든 빵은 예열된 더치오븐에 반죽을 넣고 뚜껑을 덮어서 245℃(475℉) 오븐에 30분간 굽는다. 그 다음 뚜껑을 열고 약 15~20분 더 굽는다. 굽는 시간은 각 레시피마다 표시되어 있다.

더치오븐으로 빵을 구울 때는 키친타월이나 냄비 손잡이를 사용하지 말고 반드시 오븐용 장갑을 사용한다. 오븐용 장갑은 팔뚝까지 길게 덮어줘서 더치오븐과 뚜껑의 고열로부터 보호해준다. 나는 오븐용 장갑을 사용할 때마다 크게 화상에 대한 걱정 없이 일을 하기 때문에 다른 사람들도 꼭 착용하고 빵을 굽기를 바란다. 오븐에서 뜨거운 더치오븐을 꺼내 뚜껑 손잡이를 잡아야 하는 순간, 내가 오븐용 장갑을 착용하고 있다는 것이 얼마나 다행인지 실감하곤 한다. 그러면 장갑을 착용하지 않은 상태에서 무심코 뜨거운 뚜껑을 잡게 될 일이 없기 때문이다. 항상 조심해야 한다.

반죽을 발효바구니에서 더치오븐으로 옮기기 위해서는 먼저 바구니에 있는 성형 반죽을 조심스럽게 덧가루를 뿌린 작업대에 뒤집어놓는다. 기억해야 할 것은 발효바구니에서 바닥과 닿아 있던 면이 빵의 윗면이 된다는 점이다. 만일 성형 반죽이 발효바구니에 들러붙어 있으면 한 손으로 반죽을 살살 떼어낸다. 그리고 다음에 빵을 만들 때는 바구니 바닥에 덧가루를 좀 더 많이 뿌릴 것을 기억해둔다. 원칙적으로는 발효바구니

를 뒤집었을 때 반죽의 무게로 인해 작업대 위에 자연스럽게 떨어지는 것이 정상이지만, 새로 산 지 얼마 안 되는 고리버들 바구니의 경우에는 많이 사용한 바구니들보다 덧가루를 더 많이 뿌려야 하며, 계속 사용하면 서 굳이 매번 깨끗이 씻을 필요는 없다.

경험이 많은 베이커들은 이 책에서 내가 빵을 굽기 전에 칼로 칼집내기(scoring)를 하지 않는다는 걸 알 아차렸을 것이다. 왜냐하면 반죽의 이음매 부분이 빵의 위쪽으로 가게 해서(발효바구니에서 매끈한 윗면의 반 대쪽) 2차발효 후 오븐에 넣으면 반죽이 팽창하면서 빵의 윗부분이 자연스럽게 갈라져 보이기 때문이다. 나 는 이렇게 자연스럽게 터진 모습을 좋아한다. 우리 베이커리에서는 치아바타도 이와 같은 방법으로 오븐 안 에서 자연스럽게 갈라지게 한다.

다음에는 성형한 반죽을 조심스럽게 뜨거운 더치오븐에 넣는다. 발효바구니에서 꺼내 작업대에 올려놓 은 반죽은 이미 원래 구우려는 모습으로 놓여 있으므로 더치오븐으로 옮길 때 뒤집지 않고 그대로 조심스럽게 옮기면 된다. 맨손으로 반죽의 양쪽을 잡고 늘어 올려서 더치오븐에 옮겨 담는다. 이것은 매우 주의해야 하기 때문에 손가락 끝만 사용하지 말고 반죽을 든 손의 힘을 전체적으로 분산시켜 조심스럽게 들어서 옮긴다. 그리고 오븐용 장갑을 착용하고 뚜껑을 닫은 후 예열된 오븐에 넣는다.

오븐에서 30분 구운 후 뚜껑을 열어보면 빵이 충분히 부풀어 오르고, 빵 윗면의 팽창된 부분을 따라 멋스럽게 갈라진 한 줄 또는 그 이상의 줄이 보일 것이다. 겉면의 크러스트 색깔은 밝은 밤색을 띨 것이다. 뚜껑을 덮지 않은 상태로 어느 정도 구워야 할지는 각 레시피에 따르며, 레시피에 정해진 시간의 5분 전쯤에 빵이 구워진 상태를 미리 확인한다. 빵은 전체적으로 짙은 밤색이 될 때까지 굽는 것이 좋다. 나는 빵의 크러스트에서 풍부한 빵의 풍미가 느껴지도록 아주 짙은 밤색을 띨 때까지 굽는 것을 좋아한다. 한 번쯤은 빵이 완전히 타기 바로 직전까지 구워보도록 한다. 나는 이런 짙은 색을 띠는 빵의 모습과 맛에 감동을 받는다.

빵이 충분히 구워지면 오븐에서 더치오븐을 꺼낸다. 그리고 더치오븐을 기울여서 빵을 꺼낸다. 빵을 식힘망 위에 놓고 식히거나, 공기가 잘 통하는 곳에 두고 적어도 20분 정도 식힌 후에 자르는 게 좋다. 오븐에서 금방 꺼낸 빵은 내부에서 아직 한동안 베이킹이 진행되기 때문에 이 베이킹이 마무리될 때까지 기다릴 필요가 있다. 그 동안 빵이 식을 때 들을 수 있는 타닥거리는 소리를 즐긴다.

분할한 나머지 반죽으로 피자나 포카치아 만들기

만약에 굳이 2개의 빵을 원치 않는다면 반으로 분할한 나머지 반죽으로 이 책의 뒷부분에 나오는 피자나 포카치아를 만들 수 있다. 사실 나는 어느 반죽으로든, 심지어 호밀이 들어간 반죽으로도 포카치아를 만들 수 있다고 생각한다. 그러나 이 책의 포카치아 레시피들은 가장 일반적인 방법으로 만들 수 있는 레시피만을 소개하였다. 피자의 경우는 분할한 나머지 340g의 반죽으로 chap.14에 있는 어느 레시피에나 활용할 수 있다. 포카치아는 〈빵 반죽으로 포카치아 만들기〉(p.221)에서 반죽의 양과 준비 방법을 설명하고 있다. 공모양으로 성형한 반죽은 냉장고에서 몇 시간 또는 이틀 정도 숙성시킨다.

구운 빵 저장하기

수년 전에 나는 빵을 비닐백에 담아 보관하는 것을 싫어했는데, 여러 가지 방법을 시도해본 결과 이보다 더좋은 방법이 없다는 걸 깨달았다. 이렇게 보관하면 빵의 크러스트는 눅눅해지지만 빵 자체는 마르지 않는다. 스트레이트법으로 만든 빵은 2~3일 정도 보존이 가능하다. 사전발효반죽으로 만든 빵은 이보다 더 오래 보관할 수 있으며, 이 책의 레시피대로 만든 르뱅 브레드는 5~6일까지 보존이 가능하다. 단, 그 전에 다먹어서 없어지지만 않는다면!

CHAPTER 05
스트레이트 반죽
STRAIGHT DOUGHS

왼쪽부터 : 필드 블렌드 #2(p.164), 새터데이 화이트 브레드(p.87), 밀기울을 묻혀 굽는 르뱅 브레드(p.153)

새터데이 화이트 브레드 THE SATURDAY WHITE BREAD

이 빵은 하루 만에 바삭한 크러스트를 가진 화이트 브레드를 만들고 싶어 하는 사람들에게 알맞은 레시피다. 아침에 반죽하여 5시간 후에 2개의 반죽으로 성형하고, 늦은 오후에 구우면 저녁 식탁에 올릴 수 있다. 그리고 이 책의 모든 빵에 공통으로 적용되는 손기술을 사용한 빵 만들기를 익히기 위한 첫 연습용 레시피로도 아주 좋다. 이 빵은 너무 길지도 짧지도 않은 중간 정도의 발효 시간으로 끌어낼 수 있는 최고의 풍미를 지닌 맛있는 빵으로, 저녁식사용 빵이나 샌드위치, 토스트 등에 잘 어울린다.

가끔 나는 이 빵에 토속적인 흙내음을 더하고 싶어서 10%의 통밀가루를 사용하기도 한다. 이렇게 만들고 싶은 경우, 간단하게 1,000g의 흰 밀가루 대신 900g의 흰 밀가루와 100g의 통밀가루를 섞으면 된다.

이 레시피로 1~2개의 빵을 만들 수 있지만 1개만 만들고 싶다면, 나머지 반의 반죽을 2~3개의 공모양으로 나눠서 무쇠팬에 포카치아 또는 피자를 굽는다. 2~3개의 공모양으로 나눈 반죽은 냉장고에 2~3일 정도 숙성시켰다가 사용한다. 나는 올리브오일, 소금, 후추와 경우에 따라서는 몇 가지 허브도 뿌려서 만드는 포카치아를 좋아하며, 이것을 작은 조각으로 잘라 저녁식사 전에 친구들과 나눠먹거나 간식으로 먹는다. (chap.14〈피자와 포카치아 만들기〉와 p.221의 〈빵 반죽으로 포카치아 만들기〉 참조)

1개 680g의 빵 2개. 포카치아나 피자에도 적합
1차발효 약 5시간
2차발효 약 1시간 15분
스케줄 예시 오전 9:30 시작 ➜ 오전 10:00 본반죽 ➜ 오후 3:00 성형 ➜ 오후 4:15 굽기 ➜ 오후 5:00 이후 완성

재료	양		베이커스 퍼센티지
흰 밀가루	1000g	7¾C	100%
물	720g, 32~35℃(90~95℉)	1⅛C	72%
고운 소금	21g	1Ts+1ts 조금 안 되게	2.1%
인스턴트 드라이 이스트	4g	1ts	0.4%

<< 새터데이 화이트 브레드

chap.3의 '재료'에서는 어떤 타입의 밀가루를 써야 할지를 설명한다. 나는 고단백 밀가루(강력분)를 권하지 않는다. 이 책의 레시피들은 중력분(All-purpose flour, 다목적 밀가루)을 사용하는 것이 가장 좋으며, 밀가루는 항상 실온이어야 한다.

이것이 이 책의 레시피 중 처음 만들어보는 빵이라면 chap.4 〈기본빵 만들기〉를 다시 한 번 읽어보기 바란다. 반죽을 믹싱하고 폴딩한 후 성형해서 굽는 방법까지 자세히 설명하고 있다.

01 오토리즈 밀가루 1,000g, 32~35℃(90~95℉)의 물 720g을 12ℓ의 통이나 그와 비슷한 크기의 통에 넣고 섞는다. 마른 가루가 안 보일 때까지 손으로 두 재료를 잘 섞은 후, 뚜껑을 덮고 20~30분 휴지시킨다.

02 믹싱 소금 21g과 이스트 4g을 반죽 위에 골고루 흩뿌리고, 반죽이 들러붙지 않도록 손에 물을 묻히면서 반죽한다. 도중에 3~4번 손에 물을 묻히면서 작업해도 좋다. 반죽 아래 손을 넣고 반죽의 ¼을 잡는다. 잡은 부분을 조심스럽게 늘려서 반죽 위를 덮듯이 폴딩하기를 적어도 3번 이상 반복하여 소금과 이스트가 반죽에 골고루 섞이게 한다.

재료들이 완전히 섞이도록 집게손 자르기를 이용한다. 즉, 엄지와 검지를 이용하여 반죽을 5~6번 자르고, 반죽을 다시 뭉치면서 폴딩한다. 재료들이 완전히 섞이고 반죽에 탄력이 생길 때까지 이 과정을 여러 번 반복한다. 반죽을 몇 분간 휴지시켰다가 폴딩을 30초간 더 하거나 반죽이 탱탱해질 때까지 하는데, 모두 5분 안에 마쳐야 한다. 반죽의 최종온도는 25~26℃(77~78℉)가 되도록 맞추고, 뚜껑을 덮어서 발효시킨다.

03 폴딩 이 반죽은 폴딩을 2번(p.75~76 참조) 하며, 믹싱 후 1시간 30분 안에 폴딩하는 것이 가장 좋다. 첫 번째 폴딩은 믹싱하고 10분 후에, 두 번째 폴딩은 그 후 1시간 이내에 한다. 발효통에 있는 반죽이 옆으로 퍼져 보이면 그때가 두 번째 폴딩을 할 때다. 사정이 여의치 않으면 나중에 폴딩해도 되지만, 적어도 1차발효를 끝내기 1시간 전에는 폴딩하지 말고 그냥 두어야 한다.

믹싱 후 5시간 정도 그대로 1차발효를 시켜 반죽이 원래 크기의 3배가 되면 분할할 때다.

04 분할 분할을 하기에 알맞은 작업대의 공간은 보통 폭 60㎝ 정도이다. 손에 밀가루를 묻히고, 반죽통의 가장자리를 따라 덧가루를 살짝 뿌린다. 통을 조금 기울여서 밀가루를 묻힌 손으로 반죽이 심하게 당겨지거나 찢어지지 않도록 조심스럽게 발효통 바닥에서 떼어내 작업대 위로 옮겨놓는다. 밀가루를 묻힌 손으로 반죽을 뒤집어 편평하게 만든다. 반죽을 ½로 자를 지점에 덧가루를 조금 뿌리고, 반죽칼이나 플라스틱 스크레이퍼로 자른다.

05 성형 2개의 발효바구니에 덧가루를 뿌려놓는다. 분할한 각각의 반죽은 p.77~79의 설명대로 중간 정도의 탄력을 가진 공모양으로 성형한 후, 이음매 부분이 밑으로 가게 각각 발효바구니에 담는다.

자신의 오븐상태를 파악한다

오븐을 245℃(475℉)에 맞춰야 할 때는 오븐온도를 정확히 245℃(475℉)에 맞출 수 있는 오븐용 온도계를 사용하도록 한다. 어떤 오븐은 설정온도보다 실제온도가 더 높거나, 반대로 낮을 수도 있다. 내가 갖고 있는 오븐은 설정온도보다 14℃(25℉)가 낮아서, 내가 245℃(475℉)로 설정하고 싶을 때는 260℃(500℉)로 설정해놓는다.

반죽온도가 적당하지 않은 경우

본반죽의 온도가 낮아도 너무 걱정할 필요는 없다. 이 경우 완전히 발효되기까지(〈새터데이 화이트 브레드〉는 원래 크기의 3배까지 발효시킨다) 시간이 좀 더 오래 걸릴 뿐이다. 만약 발효가 잘 되는 따뜻한 공간이 있다면, 낮은 온도의 반죽을 발효시키는 데 도움이 많이 될 것이다. 반죽온도가 높으면 본반죽은 더 빨리 3배 크기가 될 것이다. 이 경험을 바탕으로 다음에 빵을 만들 때 더 따뜻한 물을 사용하거나 더 차가운 물을 사용하여 본반죽의 온도를 조절할 수 있다.

06 2차발효 발효바구니의 반죽 위에 가볍게 덧가루를 뿌린다. 2개의 발효바구니를 나란히 놓고, 키친타월로 덮거나 비닐백에 각각 넣어 공기가 통하지 않게 밀봉한다.

실내온도가 21℃(70℉)라면 성형하고 1시간 15분 정도 후 오븐에 굽는다. 그러나 주방이 이보다 따뜻하면 아마도 1시간 정도면 최적의 상태로 2차발효가 될 것이다. 1시간 정도 지나면 손가락 테스트(p.80 참조)를 하여 오븐에 구울 수 있는 최적의 발효 상태가 되었는지 확인한다. 이 빵은 15분 사이에 최적의 발효 상태와 과발효 상태를 모두 거치기 때문이다.

07 예열 적어도 빵을 굽기 45분 전에 오븐의 중간 단에 선반을 얹고, 그 위에 2개의 더치오븐을 뚜껑을 덮어서 넣은 후 245℃(475℉)로 예열한다.

더치오븐이 1개밖에 없다면 두 번째 반죽은 첫 번째 반죽을 굽기 20분 전에 냉장고에 넣어두고, 첫 번째 반죽을 구운 후에 차례로 구우면 된다. 두 번째 반죽을 구울 때는 첫 번째 반죽을 구운 더치오븐을 5분간 다시 예열해서 사용한다. 경우에 따라서는 두 번째 반죽을 비닐백에 넣어서 냉장고에 오버나이트 하였다가 다음 날 아침에 구워도 좋다. 이 경우에는 두 번째 반죽을 성형하자마자 냉장고에 넣어둔다.

08 굽기 이 단계에서는 아주 뜨거운 더치오븐에 손, 손가락, 팔뚝 등을 데지 않도록 조심해야 한다.

먼저, 발효바구니의 바닥에 닿아 있던 반죽의 이음매 부분이 위쪽으로 올라가고, 윗면은 작업대 바닥에 닿게 된다는 걸 기억한다. 그리고 2차발효를 마친 반죽을 발효바구니에서 꺼내 덧가루를 뿌린 작업대 위에 뒤집어놓는다. 오븐용 장갑을 착용하고 오븐에 예열시킨 더치오븐을 꺼내 뚜껑을 열고, 작업대에 있는 반죽을 이음매 부분이 위로 가게 조심스럽게 더치오븐에 넣는다. 오븐용 장갑을 착용하고 뚜껑을 덮은 후, 더치오븐을 오븐에 넣고 245℃(475℉)를 유지한다.

30분 구운 후 조심스럽게 오븐 속 더치오븐의 뚜껑을 연다. 뚜껑을 열어놓은 상태로 빵이 전체적으로 짙은 밤색이 될 때까지 약 20분 더 굽는다. 뚜껑을 열고 15분 정도 지나면 혹시나 빵이 너무 심하게 타지 않는지 확인한다.

빵이 다 구워지면 더치오븐을 오븐에서 꺼내고, 살짝 기울여서 빵을 꺼낸다. 그리고 식힘망이나 바람이 잘 통하는 곳에 두고 적어도 20분 정도 식힌 다음에 빵을 자른다.

75% 통밀 새터데이 브레드 THE SATURDAY 75% WHOLE WHEAT BREAD

만일 만들기 쉽고 맛도 좋으면서 식이섬유가 풍부한 빵을 하루 만에 만들고 싶다면 이 빵이 안성맞춤이다. 또는 스케줄은 이 레시피대로 하고, 곡물가루는 종류를 직접 선택해서 만들어보기를 원한다면 에세이 〈자신만의 브랜드라고 할 수 있는 빵 또는 피자를 만든다〉(p.196)를 읽어보면 도움이 될 것이다. 이 빵을 만드는 과정과 스케줄은 「새터데이 화이트 브레드」(p.87)와 같지만, 통밀가루가 흰 밀가루보다 흡수율이 높기 때문에 물이 더 많이 필요하다. 그리고 통밀가루에는 흰 밀가루보다 이스트를 활성화시키는 요소들이 더 많기 때문에 이스트 양을 조금 줄이고 맛을 돋우기 위해 소금의 양을 조금 늘린다.

　　이 빵은 가게에서 '통밀'이라는 이름을 붙여서 판매하는 대부분의 빵보다 통밀이 더 많이 들어간다. 그리고 재료가 훨씬 더 단순해서 밀가루, 물, 소금, 이스트만 사용한다. 곡물가루의 75%를 통밀로 사용하는데 다행히 볼륨도 좋고 텍스처도 적당히 가볍다. 이 빵을 구우면서 절대 벽돌 같은 빵이 나올 것을 걱정하지 않아도 된다. 프랑스의 베이커는 이런 타입의 빵을 팽 드 레짐(pain de regime, regime은 '다이어트'라는 뜻의 프랑스어)이라고 부르는데, 그 이유는 이 빵에 식이섬유가 많기 때문이다. 하지만 나는 무엇보다도 맛이 훌륭해서 좋다.

1개 680g의 빵 2개. 포카치아에도 적합
1차발효 약 5시간
2차발효 약 1시간 15분
스케줄 예시 오전 9:30 시작 → 오전 10:00 믹싱 마무리 → 오후 3:00 성형 → 오후 4:15 굽기 → 오후 5:00 이후 완성

재료	양		베이커스 퍼센티지
통밀가루	750g	5¾C+1½ts	75%
밀가루	250g	1¾C+3Ts	25%
물	800g, 32~35℃(90~95℉)	3½C	80%
고운 소금	22g	1Ts + 1ts	2.2%
인스턴트 드라이 이스트	3g	¾ts	0.3%

01 오토리즈 통밀가루 750g과 흰 밀가루 250g을 12ℓ
의 원형 반죽통이나 그와 비슷한 통에 넣고 손으로 섞는다.
32~35℃(90~95℉)의 물 800g을 넣고 마른 가루가 보이지 않
을 때까지 손으로 섞고, 뚜껑을 덮어서 20~30분 휴지시킨다.

02 믹싱 소금 22g과 이스트 3g(¾ts)을 오토리즈가 끝난 반
죽 위에 골고루 뿌리고, 반죽이 손에 들러붙지 않도록 물을 묻
혀가며 반죽한다. 반죽하는 동안 3~4번 정도 반복해서 물을 묻
혀도 된다.

　　반죽 밑에 손을 넣어 반죽의 ¼을 잡고, 위로 부드럽게 잡
아당겨서 반죽 위를 덮듯이 폴딩한다. 소금과 이스트가 골고루
섞일 때까지 반죽의 나머지 부분도 돌아가며 같은 방법으로 폴
딩을 3번 이상 반복한다.

　　재료가 완전히 섞이도록 집게손 자르기를 사용한다. 다
시 말해, 엄지와 검지를 이용해 집게처럼 반죽덩어리를 집어서
5~6개의 덩어리로 나눈 다음 다시 뭉쳐서 폴딩하기를 여러 번
반복하여, 재료들이 완전히 섞이고 반죽에 탄력이 생기게 한
다. 반죽을 몇 분간 휴지시켰다가 폴딩을 다시 30초 하거나, 반
죽에 탄력이 생길 때까지 한다.

　　최종반죽의 온도는 25~26℃(77~78℉)가 되도록 맞추
고, 뚜껑을 덮어서 휴지시킨다.

03 폴딩 이 반죽은 폴딩을 3번(p.75~76참조) 한다. 통밀 반죽
은 흰 밀가루 반죽만큼 잘 늘어나지 않으므로 너무 거칠게 다
루지 말고, 폴딩은 믹싱 후 1시간 30분 안에 하는 것이 좋다.
첫 번째 폴딩은 믹싱하고 10분 후에 하고, 남은 2번의 폴딩은
남은 1시간 동안 나눠서 하는데, 반죽이 반죽통에서 옆으로 퍼
질 때가 폴딩하기에 알맞은 시점이다. 사정이 여의치 않으면
폴딩을 나중에 해도 되지만, 적어도 1차발효가 끝나기 1시간
전에는 폴딩을 마치고 그냥 두어야 한다.

　　믹싱 후 약 5시간이 지나 반죽이 원래 부피의 3배 정도가
되면 분할한다.

04 분할 분할에 적합한 작업대의 공간은 보통 폭 60㎝ 정도
이다. 손에 밀가루를 묻히고, 반죽통 가장자리에도 덧가루를
살짝 뿌린다. 통을 살짝 기울여서 밀가루를 묻힌 손으로 반죽
이 심하게 당겨지거나 찢어지지 않도록 조심스럽게 반죽통 바
닥에서 떼어내 작업대 위로 옮겨놓는다.

　　밀가루를 묻힌 손으로 작업대에서 반죽을 뒤집어 편평하
게 만든다. 반죽을 분할할 ½ 지점에 덧가루를 조금 뿌리고, 반
죽칼이나 플라스틱 스크레이퍼로 2등분하여 자른다.

05 성형 2개의 발효바구니에 덧가루를 뿌린다. 분할한 각각
의 반죽을 p.77~79의 설명대로 중간 정도의 탄력을 가진 공모
양으로 성형한다. 성형한 반죽을 이음매 부분이 발효바구니의
바닥과 만나게 각각의 바구니에 넣는다.

<< 75% 통밀 새터데이 브레드

06 2차발효 발효바구니의 반죽 표면에 가볍게 덧가루를 뿌린다. 2개의 발효바구니를 나란히 놓고, 키친타월로 덮거나 각각 비닐백에 넣어 밀봉한다.

실내온도가 21℃(70℉)인 경우, 성형 후 1시간 15분이 지나면 오븐에 굽는다. 그러나 자신의 주방이 이보다 따뜻하면 아마 1시간 정도면 충분히 2차발효가 될 것이다. 1시간 정도 지나면 손가락 테스트(p.80 참조)를 하여 구울 수 있는 최적의 발효 상태가 되었는지 확인한다.

07 예열 적어도 빵을 굽기 45분 전에 오븐의 중간 단에 선반을 얹고, 2개의 더치오븐을 뚜껑을 덮은 채로 넣어 245℃ (475℉)로 예열한다.

만약 더치오븐이 1개밖에 없다면 두 번째 반죽은 첫 번째 반죽을 굽기 20분 전에 냉장고에 넣어두고 차례로 굽는다. 두 번째 반죽을 구울 때는 첫 번째 구운 빵을 꺼낸 후 더치오븐을 5분간 다시 예열하고 굽는다. 경우에 따라서는 두 번째 반죽을 비닐백에 넣어 냉장고에 오버나이트하였다가 다음 날 아침에 구워도 된다. 이 경우 두 번째 반죽은 성형하자마자 냉장고에 넣어둔다.

08 굽기 이 단계에서는 아주 뜨거운 더치오븐에 손, 손가락, 팔뚝 등이 데지 않도록 조심해야 한다.

반죽이 발효바구니의 바닥에 닿았던 이음매 부분은 위쪽으로 올라가고, 윗면은 작업대의 바닥과 만나게 된다는 걸 기억한다. 그리고 2차발효한 반죽을 발효바구니에서 꺼내 덧가루를 뿌린 작업대 위에 뒤집어놓는다. 오븐용 장갑을 착용하고 오븐에 예열한 더치오븐을 꺼내 뚜껑을 열고, 작업대에 있는 반죽을 이음매 부분이 위로 가도록 조심스럽게 더치오븐에 넣는다. 오븐용 장갑을 착용하고 뚜껑을 덮은 후, 더치오븐을 오븐에 넣고 오븐온도를 245℃(475℉)로 유지한다.

30분 정도 굽고 조심스럽게 더치오븐의 뚜껑을 연다. 뚜껑을 열어놓은 상태로 빵이 전체적으로 짙은 밤색이 될 때까지 약 20분 이상 더 굽는다. 뚜껑을 열고 15분 정도 지나면 빵이 너무 심하게 타지 않나 확인한다.

빵이 다 구워지면 오븐에서 더치오븐을 꺼내 살짝 기울여 빵을 꺼낸 후, 식힘망이나 바람이 잘 통하는 곳에 두고 식힌다. 적어도 20분 정도 식힌 다음에 빵을 자르는 게 좋다.

오버나이트 화이트 브레드 OVERNIGHT WHITE BREAD

이 빵은 기공이 크게 열리고 맛도 훌륭하며, 크러스트가 바삭한 화이트 브레드다. 이 빵 2조각을 슬라이스하여 한쪽에 잘 익은 제철 토마토를 슬라이스하여 얹고 맛있는 올리브오일을 뿌려서 먹는 순간, 내가 살아 있다는 행복을 만끽하곤 한다. 짐 레이(Jim Lahey)의 무반죽법으로 빵을 만들어본 사람은 만드는 과정이 이 레시피와 비슷하다고 느낄 것이다. 그러나 그의 레시피와 비교해보면, 이 빵의 반죽은 물의 온도가 17℃(30℉) 정도 더 따뜻하고, 이스트 양은 ⅓만 사용한다는 점에서 확실히 다르다. 또한 오토리즈가 있고, 믹싱 후에 2번의 폴딩이 있다. 결과적으로 이 2개의 빵은 맛이나 퀄리티에 있어서 매우 다르며, 겉으로 보기에는 레시피가 비슷한 것 같지만 각기 다른 결과의 빵이 나올 수 있다는 걸 보여주는 좋은 사례이다.

이 반죽은 2차발효를 오버나이트하고 1차발효를 오래하여 2가지의 새터데이 브레드(p.87, 91)보다 더 깊고 다양한 풍미가 있다. 빵을 짙은 밤색이 나올 때까지 굽는다면 크럼(빵 속)에 기공이 크고 크러스트는 바삭한 빵이 될 것이다. 이 빵은 쓰임이 다양하고 금방 먹게 돼서 오래가지 않는다.

1개 680g의 빵 2개. 포카치아나 팬피자에도 적합
1차발효 12~14시간
2차발효 약 1시간 15분
스케줄 예시 오후 7:00 본반죽 ➡ 다음날, 오전 8:00 성형 ➡ 오전 9:15 굽기 ➡ 오전 10:00 이후 완성

재료	양		베이커스 퍼센티지
흰 밀가루	1,000g	7¾C	100%
물	780g, 32~35℃(90~95℉)	3⅓C	78%
고운 소금	22g	1Ts + 1ts	2.2%
인스턴트 드라이 이스트	0.8g	¼ts 조금 안 되게	0.08%

<< 오버나이트 화이트 브레드

01 오토리즈 밀가루 1,000g과 32~35℃(90~95℉)의 물 780g을 12ℓ의 원형 반죽통이나 그와 비슷한 통에 넣고, 마른 가루가 보이지 않을 때까지 손으로 섞는다. 뚜껑을 덮어서 20~30분 휴지시킨다.

02 믹싱 소금 22g과 이스트 0.8g(¼ts)을 오토리즈가 끝난 반죽 위에 골고루 뿌리고, 반죽이 손에 들러붙지 않도록 손에 물을 묻혀가며 반죽한다. 반죽하는 동안 3~4번 정도 반복해서 물을 묻혀도 상관없다.

반죽 밑에 손을 넣어 반죽의 ¼을 잡고, 위로 부드럽게 잡아당겨서 반죽 위를 덮듯이 폴딩한다. 소금과 이스트가 골고루 섞일 때까지 반죽의 나머지 부분도 돌아가며 같은 방법으로 폴딩을 3번 이상 반복한다.

재료가 완전히 섞이도록 집게손 자르기를 사용한다. 다시 말해, 엄지와 검지를 이용해 집게처럼 반죽덩어리를 집어서 5~6개의 덩어리로 나눈 다음 다시 뭉쳐서 폴딩하기를 여러 번 반복하여, 재료들이 완전히 섞이고 반죽에 탄력이 생기게 한다. 반죽을 몇 분간 휴지시켰다가 폴딩을 다시 30초 하거나, 반죽에 탄력이 생길 때까지 한다.

최종반죽의 온도는 25~26℃(77~78℉)가 되도록 맞추고, 뚜껑을 덮어서 휴지시킨다.

03 폴딩 이 반죽은 폴딩을 2~3번(p.75~76 참조) 한다. 가스를 최대한 담아두어 부피가 좋게 하려면 폴딩을 3번 하는 것이 가장 좋지만, 시간이 없다면 2번만 해도 괜찮다. 믹싱 후 1시간 30분 안에 하는 것이 가장 좋다. 마지막 폴딩 후에는 실온에서 오버나이트한다.

믹싱 후 12~14시간 정도 지나 반죽이 원래 부피의 2.5배나 3배 정도 되면 분할한다.

04 분할 분할에 적합한 작업대의 공간은 보통 폭 60㎝ 정도이다. 손에 밀가루를 묻히고, 반죽통 가장자리에도 덧가루를 살짝 뿌린다. 통을 살짝 기울여서 밀가루를 묻힌 손으로 반죽이 심하게 당겨지거나 찢어지지 않도록 조심스럽게 반죽통 바닥에서 떼어내 작업대 위로 옮겨놓는다.

밀가루를 묻힌 손으로 작업대에서 반죽을 뒤집어 편평하게 만든다. 반죽을 분할할 ½ 지점에 덧가루를 조금 뿌리고, 반죽칼이나 플라스틱 스크레이퍼로 2등분하여 자른다.

05 성형 2개의 발효바구니에 덧가루를 뿌려놓는다. 분할한 각 반죽을 p.77~79의 설명대로 중간 정도의 탄력을 가진 공모양으로 성형한다. 성형한 반죽은 이음매 부분이 발효바구니의 바닥과 만나게 넣는다.

06 2차발효 발효바구니의 반죽 표면에 가볍게 덧가루를 뿌린다. 2개의 발효바구니를 나란히 놓고, 키친타월로 덮거나 각각 비닐백에 넣어 밀봉한다.

실내온도가 21℃(70℉)인 경우, 성형 후 1시간 15분이 지나면 오븐에 굽는다. 만약 주방이 이보다 따뜻하다면 아마도 1시간 정도면 충분히 2차발효가 될 것이다. 1시간 정도 지나면 손가락 테스트(p.80)를 하여 오븐에 구울 수 있는 최적의 발효 상태가 되었는지 확인한다. 이 빵은 15분 사이에 최적의 발효 상태와 빵이 부풀지 못하고 주저앉아버리는 과발효 상태를 모두 거칠 수 있기 때문이다.

07 예열 적어도 빵을 굽기 45분 전에 오븐의 중간 단에 선반을 놓고, 2개의 더치오븐을 뚜껑을 덮은 채 넣어서 245℃(475℉)로 예열한다.

만약 더치오븐이 1개밖에 없다면 두 번째 구울 반죽은 첫 번째 구울 반죽을 굽기 20분 전에 냉장고에 넣어두고 차례로 빵을 굽는다. 두 번째 반죽을 구울 때는 첫 번째 구운 빵을 꺼낸 후 더치오븐을 5분간 다시 예열하고 굽는다.

08 굽기 이 단계에서는 아주 뜨거운 더치오븐에 손, 손가락, 팔뚝 등이 데지 않도록 조심해야 한다.

반죽이 발효바구니의 바닥에 닿아 있던 이음매 부분이 위쪽이 되고, 윗면은 작업대의 바닥과 만나게 된다는 걸 기억한다. 그리고 2차발효된 반죽을 꺼내 덧가루를 뿌린 작업대 위에 뒤집어놓는다. 오븐용 장갑을 착용하고 오븐에서 예열한 더치오븐을 꺼내 뚜껑을 연 후, 작업대에 있는 반죽을 이음매 부분이 위로 가도록 조심스럽게 더치오븐에 넣는다. 오븐용 장갑을 착용하고 뚜껑을 덮은 후, 더치오븐을 오븐에 넣고 오븐온도를 245℃(475℉)로 유지한다.

30분 동안 구운 후 조심스럽게 더치오븐의 뚜껑을 연다. 뚜껑을 열어놓은 상태에서 빵이 전체적으로 짙은 밤색이 될 때까지 20~30분 더 굽는다. 뚜껑을 열고 15분 정도 지나면 혹시 빵이 너무 심하게 타지 않는지 확인한다.

빵이 다 구워지면 오븐에서 더치오븐을 꺼내서 살짝 기울여 빵을 꺼낸 후, 식힘망이나 바람이 잘 통하는 곳에 두고 식힌다. 적어도 20분 정도 식힌 다음에 빵을 자르는 게 좋다.

응용_ 평일 저녁에 만드는 화이트 브레드

「오버나이트 화이트 브레드」의 레시피에 있는 스케줄 예시는 직장생활로 주중의 낮시간에는 빵을 만들기 어려운 경우에 활용하기 좋다. 우선 저녁시간에 「오버나이트 화이트 브레드」의 레시피를 3단계까지 마친다. 다음 날 아침, 출근하기 전에 5~10분 시간을 내서 전날 저녁부터 오버나이트한 반죽을 분할, 성형한다. 그리고 성형한 반죽을 발효바구니에 담아 비닐백에 밀봉한 후, 냉장고에 넣어 직장에서 근무하는 동안 저온 숙성 발효가 되게 한다.

직장에서 집에 돌아오면 냉장고에서 반죽을 꺼내 싱크대에 놓고, 더치오븐이 예열되는 동안 발효가 마무리되게 한다. 오후 6시에 집에 도착한다고 가정했을 때, 7시 30분이면 갓 구운 빵을 맛볼 수 있다. 여기서 기억할 것은 1차발효가 12~14시간이고, 2차발효는 집에 몇 시에 도착하는지에 따라 약간의 차이는 있겠지만 대략 10시간 정도 된다.

40% 통밀 오버나이트 브레드 OVERNIGHT 40% WHOLE WHEAT BREAD

나는 흰 밀가루에 30~40%의 통밀가루를 섞어 브라운색 빵을 만들기를 좋아한다. 그러나 가끔은 식이섬유가 좀 더 많이 들어간 빵을 원해서 75% 통밀 브레드를 만드는데, 순수하게 미각 측면에서 보면 30~40% 통밀 브레드가 풍미나 식감이 가장 좋다. 이 비율로 빵을 만들면, 통밀 특유의 구수하고 깊은 풍미와 함께 적당히 볼륨 있고 기공이 가볍게 열려 있는 텍스처를 얻을 수 있다.

이 레시피에서는 성형한 반죽을 냉장고에서 오랜 시간 천천히 숙성 발효시킨다. 그 동안 반죽이 천천히 발효되면서 빵의 풍미가 더 복합적으로 축적된다. 켄즈 아티장 베이커리에서 많은 빵에 이 기술을 적용시키고 있다. 특히 르뱅 브레드에 이 기술을 사용하고 있지만, 스트레이트법으로 만드는 빵에도 이와 같은 기술을 사용하고 있다. 이 레시피의 스케줄대로라면 다음날 아침 일찍 빵을 구울 수 있다. 더구나 그날이 빵 내음이 가득한 일요일 아침이라면 아주 멋질 것이다. 단, 당신이 유진(Eugene)에서 살지 않는다면.

이 빵은 다양하게 사용할 수 있어서 더욱 좋다. 샌드위치나 크루통, 또는 그릴에 굽거나 토스트를 해도 좋고, 식사에 곁들이는 빵으로도 안성맞춤이다. 먹다가 남은 빵은 푸딩이나 판자넬라(panzanella, 오래된 빵과 토마토, 적양파, 오이 등에 올리브오일을 넣어 만드는 이탈리아 토스카나식 브레드 샐러드)를 만들어도 좋다.

이 레시피를 다른 곡물가루를 사용하거나 배합비율을 달리하여 만들고 싶다면, 이스트의 양과 스케줄을 적절히 조정한다. 만들려는 빵의 통밀가루와 흰 밀가루의 비율을 결정했다면 우선적으로 기억할 점이 통밀가루를 많이 사용할수록 물의 양을 늘려야 한다는 것이다.

1개 680g의 빵 2개, 포카치아에도 적합
1차발효 약 5시간
2차발효 12~14시간
스케줄 예시 오후 1:00 믹싱 ➔ 오후 6:00 성형 ➔ 냉장고에서 오버나이트 ➔ 다음 날, 오전 8:00 굽기 ➔ 오전 8:45 이후 완성

재료	양		베이커스 퍼센티지
흰 밀가루	600g	4⅔C	60%
통밀가루	400g	3C+2Ts	40%
물	800g, 32~35℃(90~95℉)	3½C	80%
고운 소금	22g	1Ts+1ts	2.2%
인스턴트 드라이 이스트	3g	¾ts	0.3%

<< 40% 통밀 오버나이트 브레드

01 오토리즈 흰 밀가루 600g과 통밀가루 400g을 12ℓ의 원형 반죽통이나 그와 비슷한 통에 넣고 손으로 휘저어 잘 섞는다. 32~35℃(90~95℉)의 물 800g을 붓고 마른 가루가 보이지 않을 때까지 손으로 섞은 후, 뚜껑을 덮어서 20~30분 휴지시킨다.

02 믹싱 소금 22g과 이스트 3g(¾ts)을 오토리즈가 끝난 반죽 위에 골고루 흩뿌리고, 반죽이 손에 들러붙지 않도록 손에 물을 묻혀가며 반죽한다.

반죽 밑에 손을 넣어 반죽의 ¼을 잡고 위로 부드럽게 잡아당겨서 반죽 위를 덮듯이 폴딩한다. 소금과 이스트가 골고루 섞일 때까지 반죽의 나머지 부분도 돌아가며 같은 방법으로 폴딩을 3번 이상 반복한다.

재료가 완전히 섞이도록 집게손 자르기를 사용한다. 다시 말해, 엄지와 검지를 이용해 집게처럼 반죽덩어리를 집어서 5~6개의 덩어리로 나눈 다음 다시 뭉쳐서 폴딩하기를 여러 번 반복하여 재료들이 완전히 섞이고 반죽에 탄력이 생기게 한다. 반죽을 몇 분간 휴지시켰다가 폴딩을 다시 30초 하거나, 반죽에 탄력이 생길 때까지 한다.

최종반죽의 온도는 25~26℃(77~78℉)가 되도록 맞추고, 뚜껑을 덮어서 휴지시킨다.

03 폴딩 이 반죽은 폴딩을 3~4번(p.75~76 참조) 한다. 믹싱 후 2시간 안에 폴딩을 모두 마치는 게 좋다.

믹싱 후 5시간 정도 지나서 반죽의 부피가 원래의 3배 정도 되었을 때 분할한다.

04 분할 분할에 적합한 작업대의 공간은 보통 폭 60㎝ 정도이다. 손에 밀가루를 묻히고, 반죽통 가장자리에도 덧가루를

살짝 뿌린다. 통을 살짝 기울여서 밀가루를 묻힌 손으로 반죽이 심하게 당겨지거나 찢어지지 않도록 조심스럽게 반죽통 바닥에서 떼어내 작업대 위로 옮겨놓는다.

밀가루를 묻힌 손으로 작업대에서 반죽을 뒤집어 편평하게 만든다. 반죽을 분할할 ½ 지점에 덧가루를 조금 뿌리고, 반죽칼이나 플라스틱 스크레이퍼로 2등분하여 자른다.

05 성형 2개의 발효바구니에 덧가루를 뿌려놓는다. 분할한 각각의 반죽을 p.77~79의 설명대로 중간 정도의 탄력을 가진 공모양으로 성형한다. 성형한 반죽은 이음매 부분이 발효바구니의 바닥과 만나게 넣는다.

06 2차발효 각각의 발효바구니를 비닐백에 넣고 밀봉하여 냉장고에서 오버나이트한다.

다음 날 아침 냉장고에 넣은 지 12~14시간 된 반죽은 아직 과발효되지 않은 상태로, 좀 더 발효될 여지가 있으므로 2시간 정도 시간을 두고 지켜보는 것도 좋다. 그리고 냉장고에서 반죽을 꺼내 곧바로 오븐에 넣고 구울 수도 있다. 굳이 미리 꺼내서 실온에 둘 필요도 이점도 없다.

07 예열 적어도 빵을 굽기 45분 전에 오븐의 중간 단에 선반을 놓고, 2개의 더치오븐을 뚜껑을 덮은 채 넣어서 245℃(475℉)로 예열한다. 2차발효된 성형 반죽은 냉장고에서 꺼내 실온에서 반죽의 온도를 올릴 필요 없이 곧바로 오븐에 넣으면 된다.

만약 더치오븐이 1개밖에 없다면 두 번째 구울 반죽은 첫 번째 반죽을 굽기 20분 전에 냉장고에 넣어두고 차례로 굽는다. 두 번째 반죽을 구울 때는 첫 번째 구운 빵을 꺼낸 후 더치오븐을 5분간 다시 예열하고 굽는다.

08 굽기   이 단계에서는 아주 뜨거운 더치오븐에 손, 손가락, 팔뚝 등이 데지 않도록 조심해야 한다.

반죽이 발효바구니의 바닥에 닿아 있던 이음매 부분이 위쪽으로 올라가고, 윗면은 작업대의 바닥과 만나게 된다는 걸 기억한다. 그리고 2차발효된 성형 반죽을 꺼내 덧가루를 뿌린 작업대 위에 뒤집어놓는다. 오븐용 장갑을 착용하고 오븐에 예열한 더치오븐을 꺼내 뚜껑을 연 후, 작업대에 있는 성형 반죽을 이음매 부분이 위로 가도록 조심스럽게 더치오븐에 넣는다. 오븐용 장갑을 착용하고 뚜껑을 덮은 후, 더치오븐을 오븐에 넣고 오븐온도를 245℃(475℉)로 유지한다.

30분 동안 구운 후 조심스럽게 더치오븐의 뚜껑을 연다. 뚜껑을 열어놓은 상태로 빵이 전체적으로 짙은 밤색이 될 때까지 20~25분 더 굽는다. 뚜껑을 열고 15분 정도 지나면 혹시 빵이 너무 심하게 타지 않는지 확인한다.

빵이 다 구워지면 오븐에서 더치오븐을 꺼내서 살짝 기울여 빵을 꺼낸 후, 식힘망이나 바람이 잘 통하는 곳에 두고 식힌다. 적어도 20분 정도 식힌 다음에 빵을 자르는 게 좋다.

CHAPTER 06

사전발효반죽을 사용한 반죽

DOUGHS MADE WITH PRE-FERMENTS

왼쪽 : 80% 비가를 사용한 화이트 브레드(p.112)
오른쪽 : 필드 블렌드 #2(p.164)

풀리시를 사용한 화이트 브레드 WHITE BREAD WITH POOLISH

이 레시피는 풍부한 버터의 향과 얇고 바삭한 크러스트가 미각을 자극한다. 또한 활용도가 굉장히 다양해서 샌드위치, 토스트, 저녁식사용 빵 등 어디에나 사용할 수 있으며, 바게트, 포카치아, 부드러운 피자반죽으로도 활용이 가능하다. 그러므로 베이킹스톤을 가지고 있거나, 바게트를 집에서 만들 수 있다면 이 레시피를 활용해도 좋다.

이 빵을 만들려면 빵을 굽기 전날 저녁 밀가루와 물에 이스트를 아주 조금만 넣고 간단하게 섞어서 풀리시를 만드는 것으로 시작한다. 풀리시는 만드는 데 고작 몇 분밖에 안 걸린다. 다음 날 아침, 전날 만들어둔 풀리시에 가스가 생겨서 표면에 기포들이 올라온 모습(나는 이 보글보글한 상태의 풀리시가 너무 사랑스럽다)으로 본반죽을 위해 나머지 밀가루, 물, 이스트, 소금과 섞을 준비가 되어 있다. 오토리즈는 생략하는데, 그 이유는 레시피 총량 중에 풀리시를 제외하고 본반죽에 쓰이는 남은 밀가루의 양에 들어가는 물의 양이 손으로 뭉치기도 어려울 정도로 너무 적기 때문이다.

나는 이 빵을 팡뒤(fendue, 반죽의 가운데를 눌러 구운 길지 않은 빵) 모양으로 성형하길 좋아한다. 완전히 2차발효된 반죽 표면에 덧가루를 충분히 뿌리고, 긴 막대로 이음매가 있는 반죽의 ½ 지점을 가로질러 누른다(p.105 사진 참조). 이렇게 하면 2개의 빵이 중간의 바삭한 부분으로 연결되어 있는 듯한 모양이 되어 마치 콩팥모양과 비슷하다.

1개 680g의 빵 2개. 포카치아나 피자에도 적합

풀리시 발효 12~14시간

1차발효 2~3시간

2차발효 약 1시간

스케줄 예시 오후 6:00 풀리시 믹스 ➡ 다음 날, 오전 8:00 본반죽 믹싱 ➡ 오전 11:00 성형 ➡ 오후 12:00 굽기

풀리시

재료	양	
흰 밀가루	500g	3¾C+2Ts
물	500g, 27℃(80℉)	2¼C
인스턴트 드라이 이스트	0.4g	⅛ts 조금 안 되게

＊ 풀리시의 베이커스 퍼센티지는 풀리시의 밀가루 양을 레시피에서 사용한 밀가루 총량에 대한 비율로 표시한 것이다.

본반죽

재료	양	
흰 밀가루	500g	3¾C+2Ts
물	250g, 41℃(105℉)	1⅛C
고운 소금	21g	1Ts+1ts 조금 안 되게
인스턴트 드라이 이스트	3g	¾ts
풀리시	1,000g	풀리시 전체

제빵배합률

풀리시 속 함유량	총량	베이커스 퍼센티지
500g	1,000g	100%
500g	750g	75%
0	21g	2.1%
0.4g	3.4g	0.34%
		50%＊

<< 풀리시를 사용한 화이트 브레드

본반죽에 풀리시를 붓는 모습

01 풀리시 믹스 빵을 굽기 전날 저녁, 6ℓ의 원형통에 밀가루 500g과 이스트 0.4g(⅛ts 조금 안 되게)을 넣고 손으로 휘저어 대충 섞은 후, 27℃(80℉)의 물 500g을 붓고 마른 가루가 안 보일 때까지 손으로 섞는다. 뚜껑을 덮고 실온 상태로 오버나이트한다. 이때 실내온도는 18~21℃(65~70℉)를 전제로 한다.

12~14시간 후 충분히 발효되면 반죽이 3배 정도 부풀고 기포들이 생기며, 표면에서 군데군데 몇 초에 한 번씩 기포가 부풀어 올라 터지는 모습이 보일 것이다. 풀리시는 이런 최적의 발효 상태가 적어도 2시간 정도는 지속된다. 그러나 실내온도가 24℃(76℉) 이상이라면 지속 시간이 1시간 정도로 줄게 된다. 이 상태에서 본반죽을 하는 것이 가장 좋다.

02 본반죽 믹싱 12ℓ의 원형통에 밀가루 500g과 소금 21g, 이스트 3g(¾ts)을 계량하여 넣고 손으로 대충 휘저어 섞는다.

풀리시가 통에서 최대한 깨끗하게 떨어져 나올 수 있도록 41℃(105℉)의 물 250g을 풀리시가 담겨 있는 통의 가장자리에 부은 후 밀가루, 소금, 이스트를 계량하여 담아놓은 12ℓ의 원형통에 붓는다.

손반죽을 할 때 가능하면 반죽이 손에 들러붙지 않게 하기 위해 반죽을 하는 동안 3~4번 정도 손에 물을 묻힌다. 집게손 자르기(p.74 참조)로 자르기와 폴딩을 번갈아 하며 재료들을 골고루 잘 섞는다. 본반죽 대부분이 실온의 풀리시로 이루어져 있기 때문에 본반죽의 온도는 대체로 실내온도에 맞춰진다. 풀리시가 약 19℃(67℉)에서 오버나이트 되었다면 아마 본반죽의 온도가 23~24℃(74~75℉) 정도 될 것이다.

03 폴딩 이 반죽은 폴딩을 2~3번(p.75~76 참조) 하는 것이 적당하며, 본반죽이 끝나고 1시간 이내에 하는 것이 가장 좋다.

믹싱하고 2~3시간이 지나 반죽이 원래 크기의 2.5배로 부풀면 분할한다.

04 분할 손에 밀가루를 묻히고, 반죽통에 있는 반죽을 덧가루를 뿌린 작업대에 조심스럽게 꺼내놓는다. 밀가루를 묻힌 손바닥으로 반죽 윗부분을 가볍게 두드려서 편평하게 정돈한다.

반죽 표면의 분할할 지점을 따라 덧가루를 조금 뿌리고, 반죽칼이나 플라스틱 스크레이퍼로 2등분하여 자른다.

05 성형 2개의 발효바구니에 덧가루를 뿌려놓는다. 분할한 2개의 반죽덩어리를 p.77~79의 설명대로 중간 정도의 탄력을 가진 공모양으로 성형한 후, 반죽의 이음매 부분이 바구니의 바닥에 닿도록 발효바구니에 각각 담는다.

06 2차발효 발효바구니의 반죽 위에 가볍게 덧가루를 뿌린다. 2개의 발효바구니를 나란히 놓고 키친타월로 덮어두거나, 각각 비닐백에 넣어 밀봉한다. 이 빵은 2차발효가 1시간이므로 시간 맞춰 늦지 않게 오븐을 예열한다. 그리고 발효가 되어 오븐에 구워도 되는 시점이 언제인지 손가락 테스트(p.80 참조)로 확인한다.

07 예열 적어도 빵을 굽기 45분 전에 오븐의 중간 단에 선반을 놓고, 2개의 더치오븐을 뚜껑을 덮은 채 넣어 245℃(475℉)로 예열한다.

만약 더치오븐이 1개밖에 없다면 두 번째 구울 반죽은 첫 번째 구울 반죽을 굽기 20분 전에 냉장고에 넣어두고 차례로 굽는다. 두 번째 반죽을 구울 때는 첫 번째 구운 빵을 꺼낸 후 더치오븐을 5분간 다시 예열하고 굽는다.

08 굽기 이 단계에서는 아주 뜨거운 더치오븐에 손, 손가락, 팔뚝 등이 데지 않도록 조심해야 한다.

발효바구니에서 발효된 반죽을 꺼내 덧가루를 뿌린 작업대 위에 뒤집어놓는데, 팡뒤 모양을 만들 때는 작업대에 덧가루를 평상시보다 조금 넉넉하게 뿌린다. 반죽의 이음매 부분이 위에 있는 상태로 그대로 오븐에 넣어 굽는다. 팡뒤 모양(이것은 선택사항이므로 굳이 이 방법대로 하지 않아도 된다)을 만들기 위해 반죽 표면에 중간을 가로질러 덧가루를 넉넉하게 뿌린 후, 그 위에 지름 2.5㎝ 굵기의 원통모양의 막대를 놓고 작업대의 바닥 쪽으로 누른다. 막대를 누른 상태에서 앞뒤로 조금씩 굴려서 반죽 중간에 2.5㎝ 정도의 편평한 공간을 만든다.

오븐에서 예열한 더치오븐을 꺼내 뚜껑을 열고, 작업대 위의 성형 반죽을 이음매 부분이 위로 가도록 조심스럽게 더치오븐에 넣고 뚜껑을 덮는다. 그대로 오븐에 넣어 30분 굽고, 뚜껑을 열고 빵이 전체적으로 중간 정도의 진한 밤색이 될 때까지 20~30분 굽는다. 혹시 오븐온도가 높아서 빵 색깔이 더 빨리 날 수도 있으므로 15분 정도 지나면서부터 확인한다.

다 구워지면 더치오븐을 꺼내서 조심스럽게 기울여 빵을 꺼낸 후, 식힘망에 올려놓거나 바람이 잘 통하는 곳에 두고 적어도 20분 정도 식힌 다음에 자른다.

풀리시를 사용한 하비스트 브레드 HARVEST BREAD WITH POOLISH

이 레시피는 밀배아, 밀기울과 함께 10%의 통밀가루를 사용한다. 이렇게 만든 빵에는 수확이 한창인 밀밭이 생각나게 하는 향이 있다. 취향에 따라서는 성형한 반죽을 발효바구니에 넣기 전 바구니에 덧가루용으로 밀기울을 뿌리고 반죽을 담아도 된다. 그러면 반죽 표면에 밀기울이 붙은 상태로 오븐에서 구워져 바삭하게 씹히는 식감이 더해진다. 이 레시피는 또한 반죽에 밀기울을 넣지 않아도 된다. 밀기울을 넣든 넣지 않든, 풀리시가 다른 재료들과 잘 어우러지면서 버터 풍미를 더해준다.

1개 680g의 빵 2개. 포카치아에도 적합

풀리시 발효 12~14시간

1차발효 2~3시간

2차발효 약 1시간

스케줄 예시 오후 6:00 풀리시 믹스 ➡ 다음 날, 오전 8:00 본반죽 믹싱 ➡ 오전 11:00 성형 ➡ 오후 12:00 굽기

풀리시

재료	양	
흰 밀가루	500g	3¾C + 2Ts
물	500g, 27℃(80℉)	2¼C
인스턴트 드라이 이스트	0.4g	⅛ts 조금 안 되게

본반죽

제빵배합률

재료	양		풀리시 속 함유량	총량	베이커스 퍼센티지
흰 밀가루	400g	3C+2Ts	500g	900g	90%
통밀가루	100g	¾C+½Ts	0	100g	10%
물	280g, 41℃(105℉)	1¼C	500g	780g	78%
고운 소금	21g	1Ts+1ts 조금 안 되게	0	21g	2.1%
인스턴트 드라이 이스트	3g	¾ts	0.4g	3.4g	0.34%
밀배아	50g	⅔C 조금 안 되게	0	50g	5%
밀기울	20g	⅓C+1Ts	0	20g	2%
풀리시	1,000g	풀리시 전체			50%*

✳ 풀리시의 베이커스 퍼센티지는 풀리시의 밀가루 양을 레시피에서 사용한 밀가루 총량에 대한 비율로 표시한 것이다.

<< 풀리시를 사용한 하비스트 브레드

01 풀리시 믹스 빵을 만드는 전날 저녁, 6ℓ의 원형 통에 흰 밀가루 500g과 이스트 0.4g(⅛ts 조금 안 되게)을 넣고 손으로 휘저어 대충 섞은 후, 27℃(80℉)의 물 500g을 붓고 마른 가루가 안 보일 때까지 손으로 섞는다. 뚜껑을 덮고 실온 상태로 오버나이트한다. 이때 실내온도는 18~21℃(65~70℉)를 전제로 한다.

12~14시간 후 충분히 발효되면 반죽이 3배 정도 부풀고 기포들이 생기며, 표면에서 군데군데 몇 초에 한 번씩 기포가 부풀어 올라 터지는 모습이 보일 것이다. 풀리시는 이런 최적의 상태가 적어도 2시간 정도는 지속된다. 그러나 실내온도가 24℃(76℉) 이상이라면 지속 시간이 1시간 정도로 줄게 된다. 이 상태에서 본반죽을 하는 것이 가장 좋다.

02 본반죽 믹싱 12ℓ 원형통에 흰 밀가루 400g, 통밀가루 100g, 밀배아 50g, 밀기울 20g, 소금 21g, 이스트 3g(¾ts)를 각각 계량하여 넣고 손으로 대충 휘저어 섞는다.

41℃의 물 250g을 풀리시가 담겨 있는 통의 가장자리에 부어서 풀리시가 통에서 최대한 깨끗하게 떨어져 나올 수 있도록 하여 밀가루, 소금, 이스트를 계량해놓은 12ℓ의 원형통에 붓는다.

반죽이 손에 너무 들러붙지 않도록 먼저 손을 물에 담갔다가 반죽한다. 그래도 밀배아와 밀기울이 들어가서 다른 반죽들보다 손에 더 많이 들러붙는다고 느낄 것이다. 그럴 경우, 너무 스트레스 받지 말고 다른 한 손으로 손에 붙은 반죽을 짜내듯이 제거하면서 반죽한다. 반죽을 하는 동안 손에 물을 3~4번 묻히면서 반죽한다.

집게손 자르기(p.74 참조)와 폴딩을 번갈아 하여 재료들을 골고루 잘 섞는다. 본반죽 대부분이 실온의 비가로 이루어져 있기 때문에 본반죽의 온도도 실내온도에 맞춰진다. 풀리시가 약 19℃(67℉)에서 오버나이트되었다면 아마 본반죽의 온도가 23~24℃(74~75℉) 정도 될 것이다.

03 폴딩 이 반죽은 폴딩을 2번(p.75~76 참조)만 하는 것이 적당하며, 반죽이 끝나고 1시간 이내에 하는 것이 가장 좋다. 믹싱 후 2~3시간이 지나 반죽이 원래 크기의 2.5배로 부풀었을 때 분할한다.

04 분할 손에 밀가루를 묻히고, 반죽통에 있는 반죽을 조심스럽게 덧가루를 뿌린 작업대에 꺼내놓는다. 밀가루를 묻힌 손바닥으로 반죽을 가볍게 두드려 편평하게 만든다.

반죽 표면의 분할할 지점을 따라 덧가루를 조금 뿌리고, 반죽칼이나 플라스틱 스크레이퍼를 사용하여 같은 크기로 2등분한다.

05 성형 2개의 발효바구니에 덧가루를 뿌려놓는다. 분할한 2개의 반죽덩어리를 p.77~79의 설명대로 중간 정도의 탄력을 가진 공모양으로 성형한 후, 이음매 부분이 바구니의 바닥에 닿도록 각각 발효바구니에 담는다.

06 2차발효 발효바구니에 담긴 성형 반죽 위에 가볍게 덧가루를 뿌린다. 2개의 발효바구니를 나란히 놓고 키친타월로 덮거나, 각각 비닐백에 넣어 밀봉한다.

이 빵은 2차발효가 1시간이므로 늦지 않게 시간 맞춰서 오븐을 예열해놓고, 발효가 되어 오븐에 구워도 되는 시점인지 손가락 테스트(p.80 참조)로 확인한다.

07 예열 적어도 빵을 굽기 45분 전에 오븐의 중간 단에 선반을 놓고, 2개의 더치오븐을 뚜껑을 덮은 상태로 넣어 245℃(475℉)로 예열한다.

만약 더치오븐이 1개밖에 없다면 두 번째 구울 반죽은 첫 번째 빵을 굽기 20분 전에 냉장고에 넣어두고 차례로 굽는다. 두 번째 반죽을 구울 때는 첫 번째 구운 빵을 꺼낸 후 더치오븐을 5분간 다시 예열하고 굽는다.

만약 빵 표면에 밀기울을 묻혀 굽고 싶다면 빵 1개당 10g 정도(그보다 많아도 더 이상 잘 붙지 않는다)를 사용한다. 묻히는 방법은, 발효바구니에 반죽을 담기 전에 덧가루를 뿌리고 밀기울을 골고루 뿌리며, 반죽의 이음매 부분에 스프레이로 물을 조금 뿌려서 밀기울이 잘 붙게 한다. 물을 뿌릴 도구가 없으면 손에 물을 묻혀서 반죽의 이음매 부분에 전체적으로 얇게 발라주고, 이음매가 바닥으로 가도록 발효바구니에 담는다. 그러면 발효되는 동안 밀기울이 반죽에 잘 붙는다.

08 굽기 이 단계에서는 아주 뜨거운 더치오븐에 손, 손가락, 팔뚝 등이 데지 않도록 조심해야 한다.

2차발효가 되는 동안 발효바구니의 바닥과 맞닿아 있던 이음매 부분이 빵의 윗면이 된다는 것을 기억한다. 그리고 발효바구니의 반죽을 덧가루를 뿌린 작업대 위에 뒤집어놓는다.

오븐에서 예열한 더치오븐을 꺼내 뚜껑을 열고, 작업대 위에 있는 반죽을 이음매 부분이 위로 가도록 조심스럽게 더치오븐에 넣고 뚜껑을 덮는다. 그대로 오븐에 넣어 30분 굽고, 뚜껑을 열어서 빵이 전체적으로 중간 정도의 짙은 밤색이 될 때까지 20분 굽는다. 만약 빵 표면에 밀기울을 묻혀서 굽는다면 빵 색깔이 좀 더 진하게 나와도 되므로, 바삭한 크러스트가 느껴질 정도로 최대한 오래 굽는다. 혹시 오븐의 온도가 더 높아서 색이 빨리 나올 수도 있으므로 15분 정도 지나면서부터 확인한다.

다 구워지면 더치오븐을 꺼내서 조심스럽게 기울여 빵을 꺼낸다. 그리고 식힘망 위에 올려놓거나 바람이 잘 통하는 곳에 두고 20분 정도 식힌 다음에 자른다.

80% 비가를 사용한 화이트 브레드 WHITE BREAD WITH 80% BIGA

이 레시피는 전체 밀가루의 80%가 사전발효반죽이다. 아침에 일어나서 빵을 만들기 위해 하는 일은, 발효 향으로 가득한 가스를 품고 있는 비가에 고작 200g의 밀가루와 약간의 물, 소금, 이스트를 추가해서 반죽하는 것이다. "이게 정말 제대로 반죽이 될까?" 생각할 수도 있다. 그러나 이것은 빵을 만들면서 맛보게 될 재미의 시작일 뿐이다.

비가를 사용한 빵에서는 자연의 흙내음을 느낄 수 있으므로 빵에서 이런 풍미를 진하게 느끼고 싶다면 이 레시피가 답이 될 수 있다. 그리고 이 레시피는 사전발효반죽으로 빵의 풍미를 최대한 살리기 위해 과연 얼마나 많은 사전발효반죽을 사용해도 되는지 그 한계치를 보여주고 맛도 있는 레시피의 사례가 될 것이다. 비가는 된반죽에 속하기 때문에 물에 섞을 때 다른 반죽보다 좀 더 힘들겠지만 그래도 단 몇 분이면 끝낼 수 있다.

이 레시피로 만든 반죽덩어리 2개 중 1개는 빵을 만들고, 나머지 1개로는 피자나 포카치아를 만들어본다. 사전발효반죽이 많이 들어가서 풍부하고 진한 풍미를 가진 이 반죽은 토핑을 해서 플랫 브레드(flat bread, 굽거나 튀긴 납작한 모양의 빵)를 만들기에 아주 적합하다. 피자를 만들려면 남은 반죽을 적당한 크기로 나눠서 chap.14에 있는 어떤 피자를 만들어도 좋다. 포카치아 반죽의 양은 〈빵 반죽으로 포카치아 만들기〉(p.221)에 설명되어 있는데, 반죽을 동그랗게 성형한 후 냉장고에서 짧게는 몇 시간, 길게는 이틀까지 숙성이 가능하다.

1개 680g의 빵 2개. 피자나 포카치아에도 적합

비가 발효 12~14시간

1차발효 2시간 30분~3시간 30분

2차발효 약 1시간

스케줄 예시 오후 6:00 비가 믹스 ➔ 다음 날, 오전 8:00 본반죽 믹싱 ➔ 오전 11:00 성형 ➔ 오후 12:00 굽기

비가

재료	양	
흰 밀가루	800g	6¼C
물	544g, 27℃(80℉)	2⅓C
인스턴트 드라이 이스트	0.64g	3/16ts

✱ 비가의 베이커스 퍼센티지는 비가의 밀가루 양을 레시피에서 사용한 밀가루 총량에 대한 비율로 표시한 것이다.

본반죽

재료	양	
흰 밀가루	200g	1½C+1Ts
물	206g, 41℃(105℉)	⅞C
고운 소금	22g	1Ts+1ts
인스턴트 드라이 이스트	2g	½ts
비가	1,345g	비가 전체

제빵배합률

	비가 속 함유량	총량	베이커스 퍼센티지
	800g	1,000g	100%
	544g	750g	75%
	0	22g	2.2%
	0.64g	2.64g	0.26%
			80%✱

01 비가 믹스 빵을 만드는 전날 저녁 6ℓ 반죽통에 밀가루 800g을 계량해 넣고, 다른 통에 27℃(80℉)의 물 544g을 계량해서 담는다. 다른 작은 그릇에는 이스트 0.64g(¾₆ts)을 계량해 넣고, 27℃(80℉)의 물 3큰술을 떠서 이스트가 담긴 작은 그릇에 붓고 몇 분간 두었다가 손가락으로 이스트가 잘 녹도록 살살 휘젓는다. 이스트가 물에 완전히 녹지 않는 것 같아도 걱정할 필요 없다.

물에 녹은 이스트를 밀가루가 있는 통에 붓는다. 계량해 놓은 544g의 물에서 다시 3~4큰술 떠서 이스트 그릇을 헹군 물까지 모두 붓고, 544g에서 남은 물도 모두 붓는다.

손으로 반죽할 때는 집게손 자르기(p.74 참조)로 자르기와 폴딩을 번갈아 하여 재료들을 골고루 잘 섞은 후, 뚜껑을 덮어 실온에서 오버나이트한다. 이때 실내온도는 18~21℃(65~70℉)를 전제로 한다.

12~14시간 후 비가가 충분히 숙성 발효되면 반죽이 원래 크기보다 3배 정도 부풀고 강한 알코올향이 배어 나오며, 가스가 생겨 작은 구멍들이 생긴다. 이 정도면 본반죽에 사용해도 좋다.

02 본반죽 믹싱 12ℓ의 반죽통에 밀가루 200g, 소금 22g, 이스트 2g(½ts)을 계량하여 넣고 손으로 대충 섞는다. 여기에 41℃(105℉)의 물 206g을 붓고 재료가 모두 섞일 때까지 손으로 반죽한다. 비가를 통에서 조심스럽게 손으로 꺼내 전체를 본반죽에 더한다.

손으로 반죽할 때 가능하면 손에 반죽이 들러붙지 않도록 처음에 손을 물에 담갔다가 반죽을 시작하고, 반죽하는 도중에도 3~4번 정도 필요에 따라 손에 물을 묻혀도 괜찮다. 집게손 자르기(p.74 참조)로 자르기와 폴딩을 번갈아 하여 재료들을 골고루 완전히 섞는다. 본반죽 대부분이 실온의 비가로 이루어져 있기 때문에 본반죽의 온도는 대체로 실내온도에 맞춰진다. 실내온도가 19℃(67℉)인 곳에서 오버나이트했다면 본반죽의 온도는 아마도 23℃(74℉)를 넘지 않을 것이다. 본반죽의 목표온도가 26~27℃(78~80℉)이지만, 그럴더라도 크게 문제

되지 않는다. 본반죽의 온도가 23℃(74℉)라면 1차발효에 아마도 3시간 30분 정도가 필요하고, 본반죽온도가 26~27℃(78~80℉)라면 아마도 2시간 30분~3시간 정도가 필요할 것이다.

03 폴딩 이 반죽은 폴딩을 2~3번(p.75~76 참조) 하는 것이 적당하며, 본반죽이 끝나고 1시간 30분 이내에 하는 것이 가장 좋다. 믹싱하고 2시간 30분~3시간이 지나 반죽이 원래 크기의 약 3배로 부풀었을 때 분할한다.

04 분할 손에 밀가루를 묻히고, 조심스럽게 반죽통에 있는 반죽을 꺼내 덧가루를 조금 뿌린 작업대에 올려놓는다. 손에 밀가루가 묻어 있는 상태로 반죽 윗부분을 손바닥으로 가볍게 두드려 편평하게 만든다.

반죽 표면의 분할할 지점을 따라 덧가루를 조금 뿌리고, 반죽칼이나 플라스틱 스크레이퍼로 2등분하여 자른다.

05 성형 2개의 발효바구니에 덧가루를 뿌려놓는다. 분할한 2개의 반죽덩어리를 p.77~79의 설명대로 중간 정도의 탄력을 가진 공모양으로 성형한 후, 반죽의 이음매 부분이 바구니의 바닥과 만나게 각각 발효바구니에 담는다.

06 2차발효 발효바구니의 반죽 위에 가볍게 덧가루를 뿌린다. 2개의 발효바구니를 나란히 놓고 키친타월로 덮어두거나, 각각 비닐백에 넣어 밀봉한다.

이 빵은 2차발효가 1시간이므로 시간 맞춰 늦지 않게 오븐을 예열한다. 그리고 반죽이 충분히 발효되어 오븐에 구울 때인지 손가락 테스트(p.80 참조)로 확인한다.

07 예열 적어도 빵을 굽기 45분 전에 오븐의 중간 단에 선반을 놓고, 2개의 더치오븐을 뚜껑을 덮은 채 넣어 245℃(475℉)로 예열한다.

만약 더치오븐이 1개밖에 없다면, 두 번째 구울 반죽은

<< 80 % 비가를 사용한 화이트 브레드

첫 번째 구울 반죽을 굽기 20분 전에 냉장고에 넣어두고 차례로 굽는다. 두 번째 반죽을 구울 때는 첫 번째 구운 빵을 꺼낸 후 더치오븐을 5분간 다시 예열하고 굽는다.

08 굽기 이 단계에서는 아주 뜨거운 더치오븐에 손, 손가락, 팔뚝 등이 데지 않도록 조심해야 한다.

2차발효가 되는 동안 발효바구니에서 바닥과 맞닿아 있던 이음매 부분이 빵의 윗면이 된다는 것을 기억하면서 발효바구니의 반죽을 덧가루를 뿌린 작업대 위에 뒤집어놓는다.

오븐에서 예열한 더치오븐을 꺼내 뚜껑을 열고, 작업대 위의 반죽을 이음매 부분이 위로 가도록 조심스럽게 더치오븐에 넣고 뚜껑을 덮는다. 그대로 오븐에 넣어 30분 굽고, 뚜껑을 열어서 빵이 전체적으로 중간 정도의 짙은 밤색이 될 때까지 20분 굽는다. 혹시 오븐의 온도가 더 높아서 색이 빨리 나올 수도 있으므로 15분 정도 지나면서부터 확인한다.

다 구워지면 더치오븐을 꺼내서 조심스럽게 기울여 빵을 꺼낸다. 그리고 식힘망 위에 올려놓거나 바람이 잘 통하는 곳에 두고 20분 정도 식힌 다음에 자른다.

비가를 사용한 50% 통밀 브레드 50% WHOLE WHEAT BREAD WITH BIGA

이것은 비가를 사용해서 통밀빵을 만드는 레시피다. 통밀가루에 들어 있는 밀배아와 밀기울의 풍미에 자연의 그윽한 흙내음이 나는 비가의 풍미가 어우러져 너무 좋다. 그리고 식이섬유도 풍부하다. 이 빵은 샌드위치용으로도 훌륭하고 토스트나 크루통을 만들어도 좋은데, 나는 이 통밀빵에 신선한 치즈나 버터와 꿀을 곁들여 먹는 걸 좋아한다. 간 무스(liver mousses, 가금류 중에 주로 닭의 간을 갈아서 양념한 것)나 파테(pâtés, 고기나 생선 등의 육류를 갈아서 양념한 것)를 바르고, 살구잼을 사이드로 곁들여 먹으면 더욱 맛있다. 그 위에 잘게 다진 피스타치오까지 살짝 뿌려 먹는다면 금상첨화!

1개 680g의 빵 2개. 포카치아에도 적합

비가 발효 12~14시간

1차발효 3~4시간

2차발효 약 1시간

스케줄 예시 오후 6:00 비가 믹스 ➡ 다음 날, 오전 8:00 본반죽 믹싱 ➡ 오전 11:00 성형 ➡ 오후 12:00 굽기

비가

재료	양	
흰 밀가루	500g	3¾C+2Ts
물	340g, 27℃(80℉)	1½C
인스턴트 드라이 이스트	0.4g	⅛ts 조금 안 되게

본반죽 / 제빵배합률

재료	양		비가 속 함유량	총량	베이커스 퍼센티지
흰 밀가루	0	0	500g	500g	50%
통밀가루	500g	3¾C+2Ts	0	500g	50%
물	460g, 38℃(100℉)	2C	340g	800g	80%
고운 소금	22g	1Ts+1ts	0	22g	2.2%
인스턴트 드라이 이스트	3g	¾ts	0.4g	3.4g	0.34%
비가	840g	비가 전체			50%*

＊ 비가의 베이커스 퍼센티지는 비가의 밀가루 양을 전체 레시피에서 사용한 밀가루 총량에 대한 비율로 표시한 것이다.

<< 비가를 사용한 50% 통밀 브레드

01 비가 믹스 빵을 만드는 전날 저녁 6ℓ의 반죽통에 밀가루 500g을 계량해서 넣고, 다른 통에 27℃(80℉)의 물 340g을 계량하여 담아놓는다. 그리고 다른 작은 그릇에 이스트 0.4g(⅛ts 조금 안 되게)을 계량해서 담고, 340g의 물에서 물을 3큰술 떠서 이스트 그릇에 부어 몇 분간 두었다가 손가락으로 살살 휘저어 이스트를 녹인다. 이스트가 물에 완전히 잘 안녹는 것 같아도 걱정할 필요 없다.

물에 녹인 이스트를 밀가루가 담겨 있는 통에 붓는다. 27℃(80℉)의 물을 3~4큰술 정도 떠서 이스트 그릇을 헹군 물까지 붓고, 340g에서 남은 물도 모두 붓는다.

집게손 자르기(p.74 참조)로 자르기와 폴딩을 번갈아 하여 재료들을 골고루 섞은 후, 뚜껑을 덮어 실온에서 오버나이트한다. 이때 실내온도는 18~21℃(65~70℉)를 전제로 한다.

12~14시간이 지나 비가가 충분히 숙성 발효되면 원래 크기보다 3배 정도 부풀고 강한 알코올향이 배어나오며, 가스가 생겨 작은 구멍들이 생긴다. 이런 상태가 되면 본반죽에 넣어도 좋다.

02 본반죽 믹싱 12ℓ의 반죽통에 밀가루 500g, 소금 22g, 이스트 3g(¾ts)을 계량하여 넣고 손으로 대충 섞는다. 38℃(100℉)의 물 460g을 붓고 재료가 모두 섞일 때까지 손으로 섞은 후, 통에서 비가를 조심스럽게 손으로 꺼내 본반죽에 모두 넣는다.

손으로 반죽할 때 가능하면 손에 반죽이 들러붙지 않도록 손을 물에 담갔다가 반죽을 시작하고, 반죽하는 도중에도 3~4번 정도 필요에 따라 물을 묻혀도 괜찮다. 집게손 자르기(p.74 참조)로 자르기와 폴딩을 번갈아 하여 재료들을 골고루 섞는다. 반죽의 최종온도는 27℃(80℉)가 이상적이다.

03 폴딩 이 반죽은 폴딩을 3~4번(p.75~76 참조) 정도 하는 것이 적당하며, 본반죽이 끝나고 1시간 30분 이내에 하는 것이 가장 좋다.

믹싱하고 3~4시간이 지나 반죽이 원래 크기의 3배로 부풀었을 때가 분할할 때다.

04 분할 손에 밀가루를 묻히고, 조심스럽게 반죽통에 있는 반죽을 꺼내 덧가루를 뿌린 작업대 위에 놓는다. 손에 밀가루가 묻어 있는 상태에서 반죽의 윗부분을 손바닥으로 가볍게 두드려 편평하게 만든다. 반죽 표면의 분할할 지점을 따라 덧가루를 조금 뿌리고, 반죽칼이나 플라스틱 스크레이퍼를 사용하여 같은 크기로 2등분한다.

05 성형 2개의 발효바구니에 덧가루를 뿌려놓는다. 분할한 2개의 반죽덩어리를 p.77~79의 설명대로 중간 정도의 탄력을 가진 공모양으로 성형한 후, 반죽의 이음매 부분이 바구니 바닥에 닿도록 각각 발효바구니에 담는다.

06 2차발효 발효바구니의 반죽 위에 가볍게 덧가루를 뿌린다. 2개의 발효바구니를 나란히 놓고 키친타월로 덮어두거나, 각각 비닐백에 넣어 밀봉한다.

이 빵은 2차발효가 1시간이므로 시간 맞춰 늦지 않게 오븐을 예열하고, 반죽이 충분히 발효되어 구울 때인지 손가락 테스트(p.80 참조)로 확인한다.

07 예열 적어도 빵을 굽기 45분 전에 오븐의 중간 단에 선반을 놓고, 2개의 더치오븐을 뚜껑을 덮은 채 넣어서 245℃(475℉)로 예열한다.

만약 더치오븐이 1개밖에 없다면, 두 번째 구울 반죽은 첫 번째 반죽을 굽기 20분 전에 냉장고에 넣어두고 차례로 굽는다. 두 번째 반죽을 구울 때는 첫 번째 구운 빵을 꺼낸 후 더치오븐을 5분간 다시 예열하고 굽는다.

08 굽기 이 단계에서는 아주 뜨거운 더치오븐에 손, 손가락, 팔뚝 등이 데지 않도록 조심해야 한다.

2차발효 때 발효바구니의 바닥과 맞닿아 있던 이음매 부분이 빵의 윗부분이 된다는 것을 기억하면서 발효바구니의 반죽을 덧가루를 뿌린 작업대 위에 뒤집어놓는다.

오븐에서 예열한 더치오븐을 꺼내 뚜껑을 열고, 작업대 위의 반죽을 이음매 부분이 위로 가도록 조심스럽게 더치오븐에 옮겨 담고 뚜껑을 덮는다. 그대로 오븐에 넣어 30분간 구운 후, 뚜껑을 열고 빵이 전체적으로 중간 정도의 짙은 밤색이 될 때까지 20~25분 더 굽는다. 혹시 오븐의 온도가 더 높아서 색이 빨리 나올 수도 있으므로 15분 정도 지나면 확인해본다.

다 구워지면 더치오븐을 꺼내서 조심스럽게 기울여 빵을 꺼낸다. 그리고 식힘망 위에 올려놓거나 바람이 잘 통하는 곳에 두고 20분 정도 빵을 식힌 다음에 자른다.

새벽부터 빵을 만드는 베이커의 하루

베이커리를 열고 처음 몇 년 동안, 나는 일주일에 3~4일은 새벽 당번이었고 다른 날들은 오후 당번이었다. 내가 오후 당번일 때 하는 일은 르뱅 만들기, 오후에 판매할 바게트와 브리오슈 굽기, 다음날 아침에 구울 르뱅 브레드의 분할과 성형하기, 다음 날 만들 바게트와 치아바타에 사용할 사전발효반죽(풀리시, 비가) 만들기, 늦은 오후에 르뱅 만들기, 주방과 매장 청소하기, 그리고 가게 문단속을 하는 것까지 모두 내 책임 하에 해야 할 일들이었다. 게다가 아침에 일을 하든 오후에 일을 하든 상관없이 일요일과 월요일에 빵 배달을 하는 것도 내 일이었다. 모든 전화업무도 내가 직접 해야 했고, 어떤 날은 페이스트리나 크루아상도 만들어야 했으며, 손님들이 카운터에 줄지어 있을 때는 카운터에서 판매도 해야 했다. 그런 가운데 틈틈이 베이커리 운영을 위한 빵의 생산 스케줄 관리, 거래처 관리, 회계 관리, 직원 인사 관리 등의 사무를 처리할 시간도 내야 했다. 한 달에 한 번 시내에 있는 헤어 오브 더 도그(Hair of the Dog) 맥주회사에 가서 사장이자 브루어(brewer, 맥주 양조업자)인 앨런 스프린츠(Alan Sprints)를 만나 내가 좋아하는 프레드(Fred) 맥주도 서둘러 한잔 마시고, 맥주를 만들 때 사용하고 남은 맥아 찌꺼기를 한 양동이씩 얻어왔다. 맥아 찌꺼기는 베이커리에서 호밀빵을 만들 때 사용한다. 쉬지 않고 살아 숨쉬는 반죽은 급한 용무를 위해 미친 듯이 달리면서도 단 20~30분의 여유조차 만들어 내기 어렵게 만든다. "도대체 '쉼' 버튼은 어디 있는 거야?!"

　베이커리가 점점 커지면서 베이커를 더 많이 채용할 수 있었고, 매일매일의 생산공정 임무에서 단계적으로 조금씩 빠져 나올 수 있게 되었다. 전체 생산공정을 관리하고, 베이커리의 품질 향상을 위해 노력할 수 있도록 도와준 동료들에게 감사한다. 대부분의 직원들은 식사시간과 가끔 흡연하는 시간을 제외하고는 쉬는 시간 없이 연속해서 8시간 동안 일을 한다.

　다음은 최근에 내가 새벽 당번으로 일했던 시간표이다. 읽어보면 알겠지만 빵을 만드는 작업은 끊이지 않고 계속 교대로 진행된다.

A.M. 3:30 베이커리에 도착해서 오븐을 켜고 260℃(500℉)로 맞춘다. 그날 아침 반죽에 사용할 풀리시와 비가가 적당히 발효되어 있는지 확인한다. 냉장고와 저온숙성발효기에서 크루아상과 비엔누아즈리가 담겨 있는 팬을 꺼내 랙에 꽂아둔다. 이렇게 두면 아침 6시에 페이스트리 팀이 이것들을 구울 때까지 실온 발효가 된다. 베이커리의 실내온도가 낮은 경우엔 랙을 오븐 가까이로 옮겨놓는다. 저온숙성발효기 안에 있던 약 23kg(50파운드) 단위의 밀가루 포대들을 꺼내놓는다. 저온숙성발효기는 내부 온도가 낮으므로 다음 날 사용할 밀가루를 밤새 넣어두었다가 아침에 꺼내서 반죽을 하면 베이커리의 높은 실내온도로 인해 본반죽의 온도가 올라가는 것을 막을 수 있다. 본반죽의 온도는 믹서의 마찰열로 올라간다.

A.M. 4:00 바게트 반죽을 오토리즈하고, 약 60~80kg의 밀가루를 계량해서(밀가루의 양은 그날 어떤 빵을 만들지에 따라 조금씩 달라진다) 믹서에 넣는다. 찬물이 들어 있는 커다란 양동이를 냉장고에서 믹서 쪽으로 가지고 온다. 실내온도가 너무 높으면 칼로 잘게 부순 얼음을 넣어서 반죽온도가 올라가지 않게 한다. 그리고 물과 얼음을 같이 계량해서 그날 만들 반죽양에 맞춰 믹서에 붓는데, 20kg 남짓의 물을 담을 수 있는 반죽통을 물 양동이로 사용하다보면 고된 일에 지친 베이커는 날마다 같은 양의 물을 담아서 사용하는 요령을 터득하게 된다. 예를 들어 바게트 믹싱에 42.4kg의 물이 필요할 경우, 나는 20kg 용량의 통에 물을 가득 채워서 2번 붓고 2.4kg의 물을 추가로 붓는다. 이제 믹서를 저속에서 1분 정도 돌리고, 5~10초간 믹서를 반대방향으로 돌려 바닥과 주변에 붙어 있는 마른 밀가루를 반죽덩어리에 섞는다. 오토리즈하기 위해 믹서를 끄고 타이머를 20분으로 맞춘 후, 사무실로 가서 음악을 틀고 커피를 준비한다.

A.M. 4:15 바게트와 치아바타에 들어갈 이스트와 소금을 계량한다. 전날 오후에 만들어둔 풀리시를 믹서에 옮겨 담는다. 날마다 조금씩 다르지만 평균 3~6개 반죽통 분량의 풀리시가 믹싱에 사용된다. 풀리시는 매일 아침 이 시간, 표면에 동글동글한 수백 개의 작은 방울들이 보이는 최상의 상태로 만들어져야 한다. 풀리시를 가만히 들여다보면 가끔 표면에서 방울들이 거품 터지듯이 터지는 모습을 볼 수 있다. 프랑스 전통 제빵법에서는 풀리시를 옮길 때 최대한 손상되지 않도록 하기 위해서 풀리시가 담겨 있는 통의 가장자리에 물을 부어 통에서 풀리시를 분리해낸다. 그러나 실제로 해보니 풀리시를 옮길 때 손이나 플라스틱 스크레이퍼를 사용해서 덜어내도 크게 문제가 되지 않는다는 걸 알게 되었다. 생이스트와 소금을 믹서에 넣는다.

A.M. 4:25 바게트 믹싱은 1단계부터 시작한다. 믹서 타이머를 5분으로 맞춰서 작동시키고, 그 동안 풀리시가 담겨 있던 통을 깨끗이 설거지한다. 빈 반죽통과 타월들을 작업대에 갖다 놓고, 바게트 반죽이 끝나면 담을 7개 또는 그 이상의 반죽통에 오일을 바른다.

A.M. 4:30 타이머가 꺼지면 믹서를 2단으로 올리고, 타이머를 4분에 맞춘다.

A.M. 4:35 바게트 믹싱이 끝나면 탐침온도계로 본반죽의 온도를 잰다. 이때 반죽온도는 약 24℃(75℉)가 적당하다. 오일을 바른 각 통에 바게트 반죽을 14kg씩 나누어 담고, 오후에 구울 바게트 반죽은 그날의 작업 스케줄에 따라 저온숙성발효기에 넣는다. 본반죽의 온도와 반죽이 끝난 시간을 작업 스케줄표에 적고, 아침

6시 15분경 오전에 구울 바게트를 분할해야 한다는 것도 메모한다.

A.M. 4:45 르뱅 발효종에 먹이주기를 한다. 전날 오후에 마지막으로 사용하고 남은 르뱅 발효종은 시큼한 가죽냄새 비슷하게 그다지 향기롭지 못한 냄새를 풍기고, 거품이 많이 생긴 상태일 것이다. 먼저, 르뱅 발효종을 조금만 남기고 전부 쓰레기통에 버린다. 르뱅 발효종은 산성(pH)이 강해서 피부가 연한 부분에 자극이 될 수 있으므로 이 작업을 할 때는 위생장갑을 끼는 게 좋다. 내 경우엔 손가락 끝이 조금 헐거나 갈라지곤 하였다. 한 움큼밖에 남아 있지 않은 적은 양의 르뱅 발효종을 보면 과연 이것으로 몇 백 개의 빵을 만들 만큼 발효를 시킬 수 있을까 의심스러울 수 있다. 그러나 가능하다. 이스트의 번식 속도는 토끼가 뛰는 속도보다 빠르다. 단지 몇kg의 밀가루와 따뜻한 물을 통에 넣고 손으로 르뱅을 섞기만 하면 된다.

A.M. 4:55 치아바타 반죽을 오토리즈한다. 다시 한 번 더 뒤뚱거리며 찬물이 담긴 무거운 양동이와 차가운 23kg의 밀가루 포대를 각각 냉장고와 저온숙성발효기에서 믹서까지 가져온다. 이 시간 즈음이면 우유 배달부 롤리(Rollie)가 와서 내게 말을 걸기 시작한다. 피로에 지친 상태에서도 내 일에 집중하기 위해 그의 이야기를 건성으로 들으며 속으로 생각한다. "정말 대단해. 그만 좀 하면 안 되겠니?" 전날 준비해둔 배합표대로 밀가루와 물을 계량해 넣고, 믹서를 1단으로 하여 물과 밀가루가 섞일 정도로만 믹싱한다.

A.M. 5:00 르뱅 브레드를 굽는다. 컨트리 블론드, 컨트리 브라운, 빅 불, 월넛 브레드. 이것들은 모두 전날 오후에 분할, 성형하여 저온숙성발효기에서 밤새 숙성 발효시킨 것들이다. 다음은 20분 동안 중간 크기의 반죽 144개를 오븐에 굽는다.

A.M. 5:25 치아바타를 반죽하기 시작한다. 믹서에서 오토리즈한 치아바타 반죽에 몇 개의 반죽통으로 나뉘어 담겨 있던 비가(치아바타에 훌륭한 풍미를 주는 사전발효반죽이다)를 넣는다. 인스턴트 드라이 이스트와 소금을 넣은 후 믹서를 1단에 놓고 타이머를 맞춘다. 우리 베이커리에서는 바게트를 만들 때는 생이스트를 사용하고, 치아바타를 만들 때는 사프 레드(SAF Red) 인스턴트 드라이 이스트를 사용한다. 그 이유는 아침에 빵을 굽는 직원들이 미리 계량해둔 재료들을 믹싱하다가 바게트와 치아바타에 들어갈 이스트와 소금이 담긴 그릇을 혼동하지 않게 하기 위해서다. 아침 일찍 일어나 정신이 몽롱한 상태에서 실수할 것을 크게 걱정한다기보다 현장에서 그만큼 깊이 생각할 수 있는 시간적 여유조차 없기 때문이다.
오븐 속 빵들을 확인하고, 오븐온도를 250℃(480℉)로 낮춘다.

건포도와 피칸이 들어간 반죽을 저온숙성발효기에서 꺼내 1개가 475g이 되도록 24개로 분할한다. 타원형으로 성형하여 나무로 된 발효판에 올리고, 표면이 마르지 않도록 비닐 커튼이 내려져 있는 랙에 넣어둔다.

치아바타 반죽이 들어 있는 믹서를 2단으로 올리고 타이머를 맞춘다. 1차발효를 마친 치아바타 반죽을 담기 위해 반죽통 7~8개를 가져와서 안에 오일을 바른다. 여기에 담을 치아바타 반죽은 매우 진반죽이고, 발효되는 동안 반죽의 힘을 키우기 위해 폴딩을 여러 번 해야 한다. 그러므로 반죽통에 오일을 너무 적게 바르면 여러 번 폴딩을 할 때 반죽이 통에 들러붙어 시간이 지연될 수 있다. 오일을 조금 넉넉히 발라둔다.

오븐의 첫 번째와 두 번째 단에서 구운 빵들을 꺼낸다.

A.M. 5:45 건포도 피칸 브레드 반죽을 성형한다.

A.M. 6:00 오븐에 남아 있는 빵들을 살펴본다. 치아바타 반죽을 끝내고 본반죽의 온도를 확인한다.

오븐의 세 번째와 네 번째 단에서 굽고 있는 빵들이 좀 더 기다렸다가 꺼내도 좋을 상황이라면 그 동안 믹서볼에 있는 치아바타 반죽을 꺼내서 각각 계량하여 오일을 바른 반죽통에 담는다. 이 작업은 처음부터 끝까지 쉬지 않고 했을 때 한 치의 여유도 없이 딱 10분이 걸린다. 오븐 작업으로 돌아가기 전에 5분의 시간이라도 주어진다면 쉴 수 있을 텐데 말이다. 이 엄청난 양의 치아바타 반죽을 믹서볼에서 반죽통으로 옮기다보면 내 왼팔은 완전히 젖어 버린다. (개수대가 바로 옆에 있다.) 왼손을 믹서볼에 깊이 넣고 커다란 반죽덩어리를 들어 올려 다른 한 손으로는 빵칼을 휘두르며 반죽이 찢어지지 않고 절단면이 깨끗하게 잘리도록 애를 쓰다보면 그렇게 될 수밖에 없다. 반죽은 각각의 반죽통에 7kg씩 나눠 담는데, 이보다 많이 담으면 반죽이 3배까지 부풀어 오를 경우 통에서 넘칠 우려가 있기 때문이다. 반죽이 담긴 반죽통들은 작업대 옆에 있는 이동식 카트 위에 쌓아놓는다. 대개 나는 믹서볼에서 반죽을 꺼내 반죽통에 담다가 타이머가 울리는 소리에 하던 일을 멈추고 오븐으로 가서 굽고 있는 빵들을 확인한다. 그리고 알맞게 구워진 빵을 꺼내기 위해 믹서와 오븐 사이를 반복해서 왔다 갔다 하며 일을 마치곤 한다.

잡곡빵을 만들기 위해 믹서에 치아바타 반죽을 여유 있게 남긴다. 여기에 여러 가지 잡곡이 섞인 곡물가루를 넣고 믹싱한다. 이 반죽 역시 오일을 바른 반죽통에 담고, 믹싱볼에 붙어 있는 반죽도 스크레이퍼로 깨끗이 긁어낸다. 오븐 전체에 다시 반죽을 채워 넣는다. 잠시 후 6시 15분에 바게트 반죽을 분할해야 하기 때문에 이때 못 하면 적당한 시기를 놓쳐 나중에 급히 서둘러야 하는 상황이 생기기도 한다. 빨리 움직여야 할 때는 무조건 빨리 움직인다.

A.M. 6:15 바게트 분할을 시작한다. 우리는 이 작업을 손으로 한다. 작업대 위에 덧가루를 뿌리고 반죽통을 뒤집은 후, 스크레이퍼로 안에 있는 반죽을 통에서 분리하여 작업대에 꺼내놓는다. 저울을 가까이에 가져다 놓는다. 반죽 표면에 오일이 너무 많이 묻어 있으면 타월로 표면을 가볍게 눌러서 오일을 닦고 덧가

루를 살짝 뿌린다. 반죽칼로 반죽을 분할하여 각각의 무게를 계량한다. 많은 베이커리에서는 이 단계에서 분할기(divider)라는 자동화 기계를 사용하기 때문에 아주 편리하고 효과적이겠지만, 나는 늘 옛날 전통 방법을 선호하다 보니 손으로 직접 분할하고 성형한다.

A.M. 6:45 각 반죽통에 담겨 있는 치아바타 반죽을 폴딩한다. 오븐에서 구워지고 있는 빵들을 확인하여 꺼내야 할 빵들을 꺼낸다. 르뱅 브레드는 이 시간에 꺼내야 한다. 빵 종류로는 3kg 컨트리 블론드 불, 푸알란(Poilâne)이 생각나는 2kg 컨트리 브라운 불, 바타르(batard, 바게트보다 두껍고 짧은 원통형 빵) 모양의 컨트리 블론드와 컨트리 브라운, 한 레스트랑에서 주문한 컨트리 블론드 반죽으로 만든 드미 바게트(demi-baguettes, 일반 바게트 길이의 반 정도의 바게트), 월넛 브레드, 작은 크기의 월넛 브레드, 컨트리 블론드, 컨트리 브라운 등이 있다.

A.M. 6:55 바게트 성형을 한다. 숙련된 베이커는 100개의 바게트 반죽을 분할, 휴지, 성형하는 데 1시간 정도면 된다. 이 과정은 쉬지 않고 움직이면서 동시에 빠른 손놀림을 필요로 하지만, 반면에 아침에 잠깐이나마 편안한 느낌을 갖게 해준다. 아침에 해야 할 믹싱 작업을 모두 끝내고, 반죽들이 각기 반죽통에서 발효가 되고 있는 동안 오븐에서 르뱅 브레드가 구워져 나오고 있으면 모든 일이 순조로운 느낌이다. 앞으로 한동안은 특별히 할 일이 없기 때문에, 일이 동시에 겹쳐서 다급하게 하던 작업을 멈출 일 없이 여유 있게 바게트를 성형할 수 있다는 생각에 기분이 매우 좋다. 물론, 바게트를 100개 이상 성형해야 할 일이 앞에 놓여 있음에도 말이다.

A.M. 7:45 르뱅 발효종을 다시 먹이주기 한다. 그날 만들 반죽에 필요한 르뱅 발효종의 양을 확인하고, 새벽에 먹이주기 했던 르뱅 발효종에서 오늘 본반죽에 필요한 르뱅 발효종의 양을 제외하고 나머지를 버린 후 먹이주기를 한다. 각 반죽통의 치아바타 반죽에 두 번째 폴딩을 한다.

A.M. 7:55 바게트를 굽기 시작한다. 우리 베이커리에서는 오전에 굽는 바게트를 되도록 빨리 구우려고 한다. 그 이유는, 아침에 일찍 오는 손님들과 베이커리에서 판매하는 잠봉(jambon) 샌드위치를 만들기 위해서다. 이 샌드위치는 버터를 바른 피셀(ficelle, 일반 바게트와 길이나 모양은 비슷하지만 굵기가 가늘다)에 슬라이스한 햄과 치즈를 넣고 만드는데, 모든 재료의 맛이 조화롭게 어우러져 만들어서 금방 먹으면 매우 신선하고 훌륭한 맛이라 인기가 좋다. 이때 나에게 가장 큰 스트레스는 아침에 구운 바게트를 포장해서 판매하기 전에 오븐에서 갓 나온 뜨거운 바게트를 식힐 시간이 필요하다는 것이다. 뜨거운 빵을 포장하면 빵 속 수분이 밖으로 나오지 못하고 크러스트에 갇혀서 눅눅해지기 때문에 우리는 뜨거운 빵을 포장할 수 없다.

A.M. 8:45 바게트 굽는 작업을 마무리한다. 오븐 주변과 랙을 청소하고, 쿠셰(couches)를 털어서 말린다. 쿠셰는 바게트, 불, 바타르 등을 만들기 위해 성형한 반죽 모양을 유지하기 위해 사용하는 리넨 천이다. 성형한 반죽의 수분을 흡수하기 때문에 다시 사용하기 전에 말리는 것이 좋다.

A.M. 9:00 치아바타를 분할, 성형한나(이것은 내가 손반죽 중 가장 좋아하는 반죽이다). 각각의 반죽통에 7㎏씩 담아놓은 치아바타는 이제 3배 크기로 부풀어서 심지어 뚜껑에까지 반죽이 붙어 있다. 새벽 5시 40분, 오일을 바르고 치아바타 반죽을 담아 발효시킨 반죽통 위에 넉넉하게 덧가루를 뿌려서 작업대 위에 뒤집어놓으면 반죽통에서 폴딩한 모양을 그대로 유지하고 있다. 가스로 가득 차 있는 말랑말랑한 반죽을 15㎝ 너비로 길게 잘라서 36~41㎝ 길이는 매장에서 판매할 용도로, 76㎝ 길이는 레스토랑에서 사용할 용도로 분할, 성형한다. 그런 다음 덧가루를 넉넉히 뿌린 쿠셰에 올려놓고 2차발효시킨다.

A.M. 9:30 작업대 주변을 정리하고 브리오슈 반죽을 믹싱한다.

A.M. 10:15 260℃(500℉) 오븐에 치아바타를 굽기 시작한다. 윗면에 칼집을 내지 않고 자연적으로 균열이 가도록 해서 자연스럽게 멋스러운 모양이 나오게 한다.

A.M. 11:15 오븐에 구워서 식힘망 위에 올려놓은 치아바타들에서는 마치 나무로 만든 북치는 소년의 드럼소리처럼 탁탁 소리가 크게 스타카토로 들린다.

오븐 주변을 청소하는 것으로 그날의 작업을 마무리하면 이제 휴식시간이다.

켄즈 아티장 베이커리의 시설과 집기들

켄즈 아티장 베이커리는 111㎡(약 34평)의 오픈 키친, 카운터, 10개의 작은 테이블과 1개의 대형 테이블이 있는 70㎡(약 21평) 규모의 매장, 가로×세로=1.8×2.4m 크기의 사무실, 라커룸, 창고, 그리고 입체 음향시설로 이루어져 있다. 사무실에는 책상, 의자, 금고, 약 40켤레의 신발, 배낭, 재킷, 모자, 머플러, 책장, 해열 진통제가 담긴 큰 병, 구급상자, 엄청난 양의 일회용 반창고, 사물함, 컴퓨터와 모니터, 프린터, 아이팟 거치대와 앰프, 복사용지, 여분의 백열전구, 휴지통, 약 5가지의 와인 상자 그리고 온수기 등이 있다.

주가 되는 베이커리 공간에는 작업대, 믹서, 개수대, 밀가루포대 저장창고, 벽에 걸려 있는 르뱅 섞는 반죽기 등의 각종 소도구들, 작업 스케줄표, 크루아상과 브리오슈 배합표 등이 있다. 작동 중인 믹서를 보고 있으면 너무 멋지다는 느낌이다. 나는 믹서로 한 번에 135㎏(약 300파운드) 정도 반죽을 한다. 믹서 옆에는 저울과 믹서에서 나온 반죽을 자르는 용도로 쓰이는 기다란 반죽칼, 작업대에서 반죽을 자르는 일자형 스크레이퍼, 믹서볼에서 반죽을 깨끗하게 꺼낼 수 있는 둥근 모양의 스크레이퍼 등이 올려져 있는 카트가 있다.

오븐은 여기서 15걸음 정도 떨어진 다른 한 편에 설치되어 있다. 우리는 아침마다 오븐에 굽고 있는 빵 관리, 믹서에 들어 있는 반죽 관리, 르뱅 먹이주기, 폴딩 작업, 배달된 우유와 달걀 등을 받기 위해 주방 바닥에 수없이 많은 밀가루 발자국을 남기며 동분서주한다.

PART 3
LEVAIN BREAD RECIPES

르뱅 브레드 레시피

CHAPTER 07

르뱅 이해하기

천연효모는 우리가 생활하는 모든 곳에 다양한 종(種, species)으로 존재한다. 예를 들어 우리가 매일 숨을 쉬며 들이마시는 공기 중에도 있고, 토양이나 식물 등에도 존재하며, 특히 이산화탄소가 많은 환경에 노출되어 있는 과일이나 곡물의 껍질 부분에 많다. 이미 성장이 끝나고 가루로 만들어진 밀가루에도 천연효모는 존재한다. 상업용 이스트는 '사카로미세스 세레비시아(Saccharomyces cerevisiae, 맥주효모균)'라는 단일종의 효모를 배양하여 케이크 형태나 건조시킨 과립 형태로 판매하는 것이다.

현대에는 대부분 단일종으로 배양한 상업용 이스트를 사용하고 있지만, 그 전까지는 모든 빵이 자연 발생적인 이스트의 발효로 만들어졌다. 오늘날 이런 빵들을 미국에서는 '사워도우'라고 한다. 이런 천연발효빵은 오천년 가까운 역사 속에서 빵이 어떻게 발효되었는지를 보여준다.

프랑스어 르뱅(levain)은 라틴어 'levare'가 어원이고, 뜻은 '부풀다'는 뜻이다. 베이커들은 발효의 근간으로 사용하는 자연 발생적인 발효종의 명칭을 마더(mother), 셰프(chef), 르뱅 등으로 다양하게 표현한다. 일부 베이커들이나 교재는 발효종의 이름을 단계에 따라서 각기 다르게 부르거나 한 가지 이상의 발효종을 사용하기도 한다. 대체로 '셰프'는 따로 꾸준하게 먹이주기를 하면서 관리하고 있는 발효원종을 말한다. 반면에 '스타터(starter)'는 '셰프'의 일부를 따로 덜어내서 한 번이나 그 이상의 먹이주기 단계를 거친 다음 본반죽에 첨가하는 발효종을 말한다. 나는 발효종의 먹이를 주는 일과 그것을 유지하는 일이 분리되어 있는 상태의 단일 발효종을 사용하고 있다. 즉, 내가 만드는 르뱅 브레드의 본반죽에 들어갈 르뱅의 일부를 남기고, 다시 그 르뱅에 먹이주기하여 배양하는 방식으로 발효종을 유지한다. 나는 모든 단계에서 내가 사용하는 발효종을 르뱅이라고 표현하고, 이 책에도 모두 그렇게 사용하고 있다. 그리고 영어의 레븐(leaven, 발효시키다)을 동사로 사용한다.

나는 내가 만든 천연발효빵을 사워도우라고 표현하기를 꺼린다. 그 이유는 많은 사람들이 사워도우빵의 풍미가 너무 시큼하며, 심지어 먹고 난 후에도 입속에 계속 신맛이 남는다고 하기 때문이다. 프랑스에서는 시큼한 빵을 잘못 발효된 빵이라고 여기는데, 샌프란시스코에서는 앞으로 바뀔 수도 있겠지만 지금은 좋은 맛으로 평가된다. 나는 곡물의 발효로 생기는 시큼하기만 한 것이 아니라 좀 더 복합적이고 미세하게 균형 잡힌 빵의 풍미를 선호한다.

르뱅은 다양한 효모균을 배양하여 새롭고 좀 더 복합적인 향과 풍미를 가진 빵을 만들 수 있게 한다. 또한 이런 빵들은 일반 상업용 이스트로 만든 빵들보다 보존기간도 길다. 르뱅 안에 있는 효모균은 빠른 번식을 통해 많은 양의 가스를 생성하는 수십 억의 단세포 생물로 수십 억 마리가 존재한다. 나는 효모균들을 내가 원하는 대로 만들 수 있다는 것이 너무 좋다.

베이커들은 어디서나 하루에 한 번, 또는 몇 시간에 한 번씩 자신의 르뱅에 먹이주기를 한다. 다음에서는 간단하게 물과 밀가루만으로 하루에 한 번씩 먹기주기를 해서 새로운 르뱅을 만드는 것이 얼마나 쉬운지 알려준다. 그리고 르뱅을 유지하기 위해 먹이주기를 하는 방법과, 매일 빵을 만들지 않을 경우에는 냉장고에 어떻게 보관하는지 설명하며, 다음에 사용하기 위해 어떻게 리프레시를 해야 할지도 알려준다.

빵의 풍미를 조절하는 방법

르뱅으로 빵을 만드는 것은 포도와 포도에 들어 있는 천연효모를 이용하여 와인을 만드는 발효기술과 비슷하다. 이 발효기술을 활용하여 궁극적으로 추구하고자 하는 특유의 다양한 풍미를 가진 빵을 만든다.

천연발효빵의 특성은 여러 가지 변수에 따라 달라진다. 즉, 르뱅에 물을 얼마나 사용하는지, 먹이주기를 할 때 물의 온도는 어떤지, 밀가루의 단백질 함량은 얼마나 되는지, 매번 먹이주기할 때나 리프레시를 할 때 밀가루 양의 비율은 어떤지, 르뱅에 먹이를 주는 간격은 어느 정도인지, 르뱅을 발효시키는 곳의 실내온도는 몇 도인지, 르뱅이 얼마나 숙성발효가 되었는지, 본반죽에 사용하는 르뱅의 양은 어느 정도인지 등에 따라 완성된 빵의 맛과 풍미가 달라진다. 완성된 르뱅 브레드의 맛, 풍미, 모양 그리고 품질의 일관성은 베이커의 기술을 보여주며, 어떤 의미에서는 베이커의 시그니처가 된다. 진정한 아티장 베이커는 자신이 활용할 수 있는 몇 가지 변수(이 변수들로 무한하게 다른 결과를 만들어낼 수 있다)를 응용하여 어떻게 하면 원하는 빵을 정확하게 만들 수 있는지를 아는 사람이다. 나는 이 책에서 르뱅을 만들고 사용하는 나만의 방법을 제시하고, 그것을 어떤 방법으로 각자에게 맞게 적용할 것인지를 설명할 것이다. 르뱅 브레드는 베이커의 개성과 능력을 가장 많이 표현할 수 있는 잠재성을 가지고 있다.

르뱅 브레드의 복합적인 맛과 풍미는 르뱅 발효종에 들어 있는 천연효모와 박테리아에 의해 만들어진다. 발효종에 들어 있는 수많은 박테리아 중에서도 특히 젖산균(유산균)과 초산균(아세트산균)이 활성화되면서 발생하는 발효 가스들이 시간이 흐를수록 축적된다. 이 사실은 곧 '이스트의 양은 적게 하고, 발효시간은 길게 하라'는 나의 주장을 뒷받침한다. 르뱅을 사용해 만드는 반죽은 저온숙성 발효로 오랜 시간 발효하는 것이 빵의 풍미를 크게 향상시킬 수 있는 좋은 방법이다. 그래서 나는 적은 양의 르뱅을 사용한 반죽을 실온에서 오랫동안 발효시킨다. 단지 발효시간을 충분히 주는 것만으로도 반죽 속의 박테리아가 복합적인 생화학반응을 일으켜 빵의 산미와 향이 향상된다.

산(acids)은 사워도우빵에서 시큼한 맛을 낸다. 우리가 느끼는 식초의 맛은 주로 초산(Acetic acid, 아세

트산)에서 온다. 젖산(Lactic acid, 락트산)은 주로 우유에 많으며, 빵에서 우유의 부드럽고 고소한 맛을 느끼게 해준다. 이 2가지 박테리아의 신맛은 아주 강하고 뚜렷하지 않으면 주로 뒷맛에서 많이 느껴지며, 많은 천연발효빵이 젖산보다 초산의 맛이 더 강하게 느껴진다. 샌프란시스코의 사워도우빵은 식초를 연상시킬 정도로 신맛이 강하게 느껴지며, 동시에 맛도 아주 훌륭한 대표적인 빵이다. 르뱅 발효종을 저온에 보관하거나 르뱅 발효종의 수분율이 낮은 경우, 끝맛에서 초산의 신맛이 더 많이 난다. 반면에 같은 양의 물과 밀가루를 사용한 수프 같은 농도의 묽은 리퀴드(liquid) 르뱅의 끝맛에서는 젖산의 신맛이 나고, 르뱅을 따뜻한 온도에서 보관할 경우 젖산이 더 활성화된다. 이것은 마치 맥주제조회사가 상온에서 상면발효(top-fermented, 효모가 위로 떠서 진행되는 발효)로 만든 에일(ales)처럼 숙성이 잘 되었을 때는 과일향도 느껴진다.

좀 더 자세하게 알아보기 전에 오리건(Oregon) 주 던디(Dundee)에 있는 캐머런(Cameron) 와인농장의 테리 워즈워스(Teri Wadsworth)와 존 폴(John Paul)에게 안부를 전한다. 르뱅은 젖산균(유산균) 박테리아와 효모균이 공생하는 발효종이라고 할 수 있다. 무수히 많은 박테리아 종류 중 하나인 젖산균은 활성화 과정 중에 젖산, 이산화탄소, 소량의 에탄올, 그리고 탄수화물 발효로 인한 여러 휘발성 성분들을 만들어낸다. 특정 환경에서는 젖산균 박테리아가 초산을 생성하기도 한다. 또한 르뱅 발효종 안의 젖산균은 천연효모가 활동하면서 만드는 부산물을 먹이로 삼는다. 따라서 시간(time)은 천연효모의 발효와 동시에 박테리아가 성장하면서 산을 생성하고 빵의 다양한 풍미를 만들어내기 위해 꼭 필요한 요소이다. 젖산균 박테리아는 요구르트, 맥주, 피클, 사우어크라우트(Sauerkraut, 양배추를 소금에 절여 발효시킨 독일식 김치), 치즈 같은 발효식품에도 풍부하게 들어 있다. 그리고 이들이 만드는 신맛은 식품을 부패시키는 미생물의 성장을 억제한다.

사실, 르뱅 발효종을 과발효시켰을 때 알코올이 어떻게 초산으로 전환되는지 알아볼 수는 있다. 그러나 나는 어떻게 하면 (주방에서) 르뱅을 다양하게 응용하고 훌륭한 르뱅 브레드를 만들 수 있을지 그 방법을 찾으려는 내 원래 목적에 충실하고 싶다. 이 챕터의 마지막에는 르뱅 발효종에 영향을 주는 요소들이 맛에 어떤 효과를 주는지에 대해 간단하게 정리하였다.

르뱅 발효종의 배양

새로 르뱅 발효종을 배양하면 시작부터 완성까지 며칠 동안의 변화를 그때그때 직접 눈으로 보고 느끼고 또 냄새도 맡을 수 있다. 밀가루와 물을 섞어서 배양을 시작하는 초기 단계에는 수분율에 따라 단순히 묽은 튀김반죽이나 일반 빵 반죽처럼 보일 수 있다. 매일 2번가량 먹이주기를 하면 48시간 정도 지나면서부터 르뱅 발효종이 가스를 품은 반죽이 되고, 처음 크기의 4배로 부풀어 올라 작은 기포들이 보이며, 반죽을 살짝 잡아당겼을 때 글루텐의 그물조직이 보이기 시작한다. 르뱅이 충분히 숙성 발효되면 향긋한 향과 함께 때로는 자극적인 알코올의 향과 시큼한 향이 느껴진다. 우리 베이커리에서는 르뱅 발효종에 약간의 통밀가루를 사용한다. 이 책의 레시피에서도 같은 방법을 사용하고 있다. 통밀가루를 사용한 르뱅이 충분히 숙성 발효가 되면 가죽에서 나는 듯한 매우 독특하고 자극적인 에탄올향이 난다. 이 냄새는 나로 하여금 아무 생각 없이 미지의 세계에 와 있는 듯한 멍한 기분을 느끼게 한다.

단세포 생물인 효모균은 출아법(몸의 일부에서 혹처럼 눈이 생겨 새로운 개체가 되는 생식법)으로 번식하며, 번식력이 강해서 세포 1개당 12번 이상 분열한다. 알맞은 환경이 되면 자기복제하여 개체가 기하급수적으로 늘어 무려 수십 억 마리의 효모균 세포를 만들며, 이 과정에서 발생하는 가스로 인해 빵이 부풀고 풍미가 생긴다. 물과 밀가루를 사용하여 르뱅에 먹이주기를 할 때마다 새로운 주기로 효모균 복제와 발효를 다시 시작하게 되며, 그 결과 잠재력이 더욱 왕성해지고 더 많은 빵을 만들 수 있는 준비가 된다.

어떤 재료로 어떻게 만드느냐가 중요

사람들은 흔히 특정 장소에서 르뱅 발효종을 만들었거나, 또는 과거부터 오랫동안 유지되어오는 르뱅 발효종을 무척 의미 있게 여긴다. 예를 들어, 많은 사람들은 샌프란시스코 사워도우 빵의 맛은 샌프란시스코에서만 만들 수 있다고 말한다. 비슷한 이야기로, 어떤 사람은 자신이 만든 르뱅 발효종은 수십 년 동안 유지되어왔기 때문에 특별하다고 한다. 또는 특별한 르뱅 발효종을 누군가로부터 분양을 받았거나 메일로 주문해서 받았다고도 한다. 그러나 르뱅 발효종 속에 있는 수많은 종류의 효모균과 박테리아 중에 특정 지역에서만 한정적으로 생존하는 토착종은 극히 소수이고, 나머지 대부분은 어디에나 기본적으로 존재하는 것들이다. 이 사실은 결국 르뱅 발효종이 어디에서 왔느냐가 중요한 것이 아니라, 어떻게 만들어졌고 어떤 재료를 사용했는지가 빵맛을 좌우한다는 것을 의미한다.

과일을 사용한 르뱅 발효종

많은 사람들이 르뱅 발효종이 처음에 어떻게 만들어졌는지에 따라 르뱅 발효종의 특성이 결정된다고 생각한다. 예를 들어, 포도송이를 으깨서 밀가루와 물에 섞는다고 가정해보자. 나는 이 방법에 동의하지 않는다. 포도송이에 존재하는 효모균은 그들의 생존에 적합한 포도 안에서만 생존할 수 있기 때문이다. 포도에 있는 이스트는 밀가루 안에서 번식할 수 없다. 다시 말해서, 르뱅 발효종의 특성을 결정하기 위해 르뱅 발효종을 '어떻게 시작할 것인가'보다 더 중요한 것은 '어떻게 계속 유지 관리할 것인가'이다. '자연도태설'은 이처럼 포도에 있는 효모균과 밀가루 환경에도 적용이 된다. 스타터에 포도나 사과 같은 재료를 첨가하면 발효에 필요한 당과 첨가한 과일의 향이 단기적으로 제공이 된다. 몰트(Malt, 엿기름)도 마찬가지로 이스트의 먹이로 제공된다. 초기에 르뱅 발효종에 들어 있던 많은 종류의 미생물이 르뱅 발효종이 성장하는 환경을 견디지 못하고 대부분 도태되어 일부만 살아남는다. 레이몽 칼벨(Raymond Calvel)의 책《르 구 드 팽(Le Goût du Pain, 빵의 맛)》에 이런 글이 있다.

"포도주스, 감자, 건포도, 요구르트, 꿀 등을 사용해서 만든 발효종 레시피는 그 자체로 제법 재미있다. …… 나는 그냥 알맞은 타입의 강력분을 사용한다."

그렇지만 나는 숙성된 르뱅에 일회성으로 좋은 과일을 넣는 것에 대해 반대하지는 않는다. 내가 아는 어느 베이커도 자신이 만드는 르뱅에 꿀을 사용하기도 한다. 내가 전하고자 하는 요점은, 여러 다양한 재료들의 유전학적 특성이 르뱅 발효종 안에서 여러 세대를 거치며 계속 이어진다는 믿음을 버려야 한다는 것이다. 사실, 나 역시 르뱅에 과일을 첨가해서 색다른 빵을 만들기도 한다. 우리 베이커리에서는 사과 사이다를 넣은 르뱅으로 사과 브레드를 만들었던 적도 있다. 가장 효과적이고 최고였던 것은, 클리어 크리크(Clear Creek) 양조장의 스티브 매카시(Steve McCarthy)에게 으깬 사과 한 양동이를 받아와 우리 베이커리에서 사용하는 르뱅 일부에 첨가한 후 이 르뱅을 바바(baba) 반죽에 사용했을 때다. 그때 먹었던 애플 바바(baba au pomme)는 내가 평생 먹어본 최고 중의 하나이다.

베이커의 노력으로 얻은 맛의 균형

내가 만드는 천연발효빵(르뱅 브레드)은 그냥 먹어도 좋고 식사나 와인과 곁들여도 좋을 만큼의 그윽한 풍미를 위해 너무 강하지도 약하지도 않은 중간 정도의 젖산 발효를 기대하며 만든다. 이런 빵은 어디에 곁들여도 손색이 없을 정도로 맛도 아주 훌륭하다. 바삭한 크러스트와 풍부한 풍미를 갖는 이런 종류의 빵은 매일 먹어도 질리지 않을 정도로 만족스럽다.

이 책의 〈르뱅 브레드 레시피〉에서는 수분율 80%의 르뱅 발효종을 사용한다. 즉, 발효종에 밀가루 무게의 80%의 물을 사용한다는 의미다. 르뱅은 공모양으로 잘 뭉쳐지는 수분율 60~65%의 더 된 스티프 반죽을 만들 수도 있고, 수분율 100%의 더 진반죽을 만들 수도 있다. 실제로 르뱅 발효종은 수분율을 다양하게 할 수 있지만, 수분율 60~100%로 만드는 것이 일반적이다.

우리 베이커리에서는 르뱅 발효종의 수분율을 본반죽의 수분율에 가깝게 맞춰서 사용한다. 일반적으로 본반죽과 수분율이 많이 차이나는 르뱅을 본반죽에 넣고 믹싱하는 것보다 이 방법이 훨씬 안정적이고 균형 잡힌 맛이 나온다는 것을 알게 되었다. 결과적으로, 밀과 발효 그리고 뒷맛의 여운이 어느 하나 특별히 두드러지지 않고 잘 어우러지는 맛을 경험할 수 있다.

르뱅 발효종의 재료

켄즈 아티장 베이커리에서는 르뱅 발효종을 만들 때 통밀가루와 흰 밀가루를 섞어서 사용하며, 그것은 이 책에서도 마찬가지다. 이것은 프랑스의 일부 아티장 제분소에서 생산하는 좋은 품질의 스톤 그라운드(stone ground) 밀가루를 사용하는 것과 비슷한 결과를 얻고 싶어서이다. 이 모든 것이 내가 존경하는 프랑스 파리의 베이커들처럼 짙은 밤색의 컨트리 브레드를 이곳 미국에서 재현하고 싶다는 생각에서 비롯되었다.

베이커들은 그들의 르뱅 발효종을 사용해서 본반죽을 만들 때 제빵용 이스트를 보충하기도 한다(르뱅 발효종에 직접 넣는다는 뜻이 아니다). 이런 경우 이 책에서는 레시피에 상업용 이스트를 추가하라고 설명이 되어 있다. 이 방법은 순수하게 천연발효를 통해서 빵을 만들겠다는 취지에 어긋나 보일 수 있다. 누구보다

청결을 위한 극단의 조치

베이커리를 시작하고 나서 2년 동안, 우리는 프랑스의 유명한 게랑드(Guérande) 소금을 사용하였다. 20kg(44.1파운드) 단위로 포장된 소금 포대의 아랫부분엔 간수가 축축하게 스며나와 있었다. 우리는 매일 아침마다 사용할 소금을 일일이 살펴보고 가끔씩 보이는 불순물이나 해초(부디 소금작업을 하던 일꾼들의 장화에 붙어 있던 것들이 아니길 바라면서)들을 골라버리곤 하였다. 그때마다 "그래, 난 진정한 아티장(Artisan)이잖아!"라고 스스로를 위안했지만, 매일 아침마다 소금의 불순물을 제거하는 일에 지치다보니 문득 "꼭 이렇게 해야만 하는 거야?"라는 생각이 들었다. 한 번은 손님 중에 한 분이 샀던 빵을 반품한 적도 있었다. 그 이유는 빵 속에 작은 이물질이 있었기 때문이다. 하지만 그건 프랑스 브르타뉴(Bretagne) 해변에서 온 이물질이라고! 이제는 르뱅 브레드에 이탈리아의 시칠리아(Sicilia)에서 온 깨끗하고 순도 높은 바닷소금을 사용한다.

나 역시 그렇게 생각했었다. 처음 베이커리를 시작했을 때 나는 상업용 이스트를 전혀 사용하지 않고 프랑스 브르타뉴 해변의 천일염을 사용하여 순수하게 천연 발효종만으로 가장 이상적인 르뱅 브레드를 만들겠다고 결심했었다.

그때 당시의 빵들은 너무나 훌륭했다. 지금도 베이커리 초기에 만들었던 빵들을 다시 먹고 싶다. 그러나 시간이 지나면서 좀 더 가벼운 빵의 속살과 볼륨, 그리고 빵의 풍미를 좀 더 섬세하고 조화롭게 살리고 싶은 마음이 생겼다. 그리고 상업용 이스트를 첨가하여 내가 원하는 결과를 얻을 수 있었다. 결과적으로 더 많은 가스가 생성되면서 빵의 볼륨이 좋아졌고 산미도 부드러워졌다. 이처럼 보완하기 위해 상업용 이스트를 넣는 방법은 아침에 르뱅 발효종에 먹이주기를 하는 시간에 풀리시를 만드는 것이다. 그리고 나중에 본반죽을 할 때 이 두 가지를 섞어서 반죽하면 된다. 2003년 여름, 나는 베이커리에서 처음 이 방법으로 빵을 만들기 시작하였다. 르뱅 브레드의 본반죽(컨트리 브라운과 컨트리 블론드)을 믹싱하기 5시간 전에 풀리시를 만들어두었다가 본반죽을 할 때 르뱅과 풀리시를 같이 넣고 믹싱해서 좀 더 잘 부풀게 한다. 이렇게 만들면 빵이 잘 만들어진다. 그러나 사실 이렇게 만든 빵과 본반죽에 직접 소량의 상업용 이스트를 넣은 것과의 차이가 잘 구분되지 않는다. 뿐만 아니라 본반죽에 상업용 이스트를 직접 넣는 방법은 이미 100년 훨씬 이전부터 프랑스에서 일반적으로 사용하고 있는 방법이다. chap.9 〈하이브리드 르뱅반죽〉에는 르뱅 발효종에 소량의 상업용 이스트를 보충하여 발효시킨 빵들이 있다. 반면에 chap.10 〈100% 르뱅반죽〉에는 르뱅 발효종으로만 발효시킨 빵들이 있다.

르뱅 발효종의 먹이주기 스케줄

켄즈 아티장 베이커리에서는 하루에 3번씩 르뱅에 먹이를 준다. 이 책의 설명대로 하지 않는 이유는 2가지다. 첫째, 우리 베이커리는 일반 가정집의 주방보다 실내온도가 훨씬 높기 때문에 르뱅의 빠른 발효 속도로 인해 산도(pH)가 올라가는 걸 방지하기 위해 좀 더 자주 먹이를 주어야 할 필요가 있다. 둘째, 우리 베이커리에는 베이커들이 종일 근무를 하기 때문에 하루 3번 먹이주기가 가능하다. 그러나 나는 홈베이커가 먹이주기를 그만두고 싶을 정도의 반복적인 스케줄에 얽매이지 않으면서 훌륭한 빵을 많이 만들 수 있게 해주고 싶다. 그리고 이 책은 한 번 보고 덮어둘 책이 아니라 두고두고 반복해서 보면서 유용하게 쓰이길 바라며 만든 책이다.

그래서 이 책에 있는 먹이주기 스케줄은 본반죽을 하기 6~9시간 전인 아침에 한 번 먹이를 주도록 만들었다. 매일 아침마다 한 번의 먹이주기로 르뱅을 유지하거나, 그렇지 않으면 빵을 만들 본반죽에 사용하고 남은 일부를 나중에 리프레시해서 사용할 수 있도록 냉장고에 보관한다. 이에 관한 자세한 내용은 chap.8에 설명되어 있다.

르뱅 발효종에 영향을 주는 요소

수분율

르뱅 발효종의 수분율이 높으면 높을수록 젖산균이 활성화되고, 수분율이 낮으면 초산균의 활성에 의한 특성이 많이 나타난다.

온도

젖산균이 좋아하는 온도는 비교적 따뜻한 26~32℃(78~90℉) 정도이고, 초산균은 비교적 서늘한 13~18℃(55~65℉) 정도를 좋아한다. 그리고 르뱅 발효종의 온도가 따뜻하면 발효가 빠르게 진행된다.

곡물가루

곡식의 낱알 전체를 제분한 통밀가루나 통호밀가루, 그리고 회분 함량이 높은 곡물가루(미네랄 성분이 많다는 의미와도 같다.)들은 발효가 훨씬 더 왕성하다. 그렇기 때문에 발효 속도가 안정적이지 못하므로 먹이를 자주 주는 것이 좋다. 흰 밀가루, 통밀가루, 호밀가루 등은 각기 고유의 특성을 가지고 있어, 그 혼합비율에 따라서도 또 다른 특성들이 나타난다.

소금

소금은 발효 속도를 늦출 수 있다. 그래서 일부 베이커들은 르뱅 발효종에 소금을 사용하기도 하지만, 나는 발효가 최대한으로 활성화되기를 바라기 때문에 소금 사용을 선호하지 않는다. 그러나 특정 환경이나 스케줄 때문에 필요에 따라 소금을 조금 사용할 때도 있다.

이스트

상업용 이스트는 천연효모보다 훨씬 활성화 속도가 빠르다. 그래서 르뱅 발효종을 처음 만들거나 좀 더 활성화시키려고 할 때 상업용 이스트를 조금 넣으면 그 안에 있던 천연효모는 사멸하고 결국 상업용 이스트만 남게 된다.

그러므로 여기서 꼭 기억해야 할 것이 있다. 르뱅 발효종을 처음 만들 때 또는 유지 관리하려고 할 때, 절대 상업용 이스트를 사용하지 말아야 한다. 그러나 르뱅 브레드를 만들려고 할 때, 본반죽에 사용할 르뱅이 충분히 발효되어 있지 않은 상태라면 상업용 이스트를 조금 보충해서 사용할 수도 있다.

CHAPTER 08
르뱅 만들기
LEVAIN METHOD

내가 베이커리에서 사용하는 르뱅은 1999년 내가 샌프란시스코 베이킹 인스티튜트(SFBI, San Francisco Baking Institute)의 베이킹 클래스에 등록했을 때 만들어서 지금까지 살아있는 상태로 계속 유지해오고 있는 것이다. 그 클래스에서 우리는 통호밀가루와 물을 사용하여 르뱅 발효종을 만들었다. 처음 르뱅 발효종을 만드는 초기의 몇 번은 29~35℃(85~95℉)의 따뜻한 물과 통호밀가루를 같은 양으로 섞었다. 이렇게 섞은 반죽은 손에 지저분하게 들러붙을 만큼 끈적끈적해서 믹싱 후에 손을 깨끗이 씻기도 어려울 정도였다. 하루에 2번 우리는 르뱅의 일부만 남기고 거의 다 덜어내 버린 다음, 남은 르뱅에 다시 따뜻한 물과 가루를 첨가해서 손으로 섞고 뚜껑을 덮어 발효기에 넣었다. 그리고 나서 손에 묻은 르뱅을 제거하기 위해 5분 동안 손을 씻어야 했다. 처음에는 별다른 변화를 찾아볼 수 없지만 4번째 먹이주기가 끝났을 때 우리는 뭔가 변화가 일어나고 있다는 기분 좋은 신호를 자극적인 냄새를 통해 느낄 수 있었다. 그리고 3번째 날에는 르뱅이 눈으로 보기에도 확연하게 느껴질 정도로 부풀어 오르고, 알코올과 초산의 반응으로 인해 약간의 쾨쾨함이 어우러진 독특하고 강한 냄새를 풍기기 시작하였다. 성공!

　잘 될 거라는 확고한 믿음을 가지고 시작하면 누구나 르뱅 발효종이 활성화되는 과정의 변화를 보는 기쁨을 누릴 수 있다.

　르뱅 발효종을 만들어 사용할 때 신경 써야 할 두 가지 단계가 있다. 첫째는 처음 발효종을 시작하는 단계에서 발효종이 활성화되고 안정되기까지 며칠이 걸린다는 점이고, 둘째는 르뱅 발효종을 꾸준히 규칙적으로 먹이를 주어 관리하고 지속적으로 활성화시켜 빵을 만들 때 언제든 사용할 수 있는 상태를 유지해야 한다는 점이다. 매일 빵을 만드는 베이커리에서는 매일 같은 스케줄로 관리하는 것이 간단할 수 있다. 그러나 일주일에 한 번 정도 르뱅 브레드를 만들고자 하는 홈베이커들에게는 그들의 르뱅 발효종을 저장(예를 들어 냉장고 보관)해두었다가 빵을 만들고자 할 때 언제든지 사용하고, 각자 스케줄에 맞게 다시 보관하는 나름의 저장 방식이 필요하다.

르뱅 발효종을 처음 만들 때 가장 좋은 방법은 통곡물가루를 사용하는 것이다. 예를 들어, 통밀가루나 통호밀가루, 또는 이 두 가지를 적절히 섞어도 좋다. 호밀가루로 만든 반죽은 매우 끈적거려서 손으로 반죽할 경우 손을 씻을 때 통밀가루 반죽보다 훨씬 잘 안 씻긴다. 그래서 아마 르뱅 발효종을 처음 만들 때 호밀가루보다 통밀가루로 시작하는 것이 더 수월하겠다는 생각을 하게 될 것이다. 그러나 호밀가루를 가지고 있거나, 아니면 굳이 호밀가루를 사용하고 싶다면 사용해도 상관없다. 통곡물가루를 선호하는 이유는 밀이나 호밀의 낟알에 들어 있는 효모나 미네랄 성분들이 구조적으로 안쪽의 배젖 부분보다 바깥쪽의 껍질층에 훨씬 많이 분포되어 있기 때문이다.

르뱅 발효종 만들기의 단계별 가이드

만일 르뱅을 만들면서 변화 과정을 좀 더 관심 있게 지켜보기를 원한다면, 풀리시나 비가를 만들기 위해 준비한 6ℓ의 투명한 원형 통을 1개 더 준비하는 게 좋다. 아마도 나중에는 뚜껑이 있는 이와 같은 통을 르뱅 발효종을 계속 담아두는 용도로 하나 더 필요하다고 생각하게 될 것이다. 이 통은 르뱅 발효종이 가스를 생성하여 충분히 부풀어 올라도 괜찮을 만큼 넉넉한 크기다. 매번 본반죽에 사용할 르뱅을 덜어낸 후에도 다시 설거지하지 않고 사용할 수 있다. 통 속은 미생물이 번식하기에 안전하고, 르뱅 발효종이 활성화되기 아주 좋은 환경이다. 르뱅 발효종을 만들기 전에 가장 먼저 해야 할 일은 저울에 빈 통의 무게를 달아 기록해두는 것이다. 이 기록은 규칙적으로 먹이주기를 하기 위해 르뱅을 100g만 남기기 시작하는 4일째 되는 날부터 필요하다. 빈 통의 무게를 알아두는 것은 많은 양의 르뱅을 덜어두거나, 먹이주기를 하며 배양하기 위해 필요한 만큼의 르뱅을 통에 남겨두어야 할 때 유용하다.

르뱅 발효종을 배양하기 시작해서 며칠 동안은 정확하게 계량하는 것이 그다지 중요하지 않다. 500g의 가루와 500g의 물을 사용하라고 했을 때, 그 양이 조금 더 많거나 적다고 해서 크게 문제가 되지 않는다. 예를 들어, 실수로 물을 넣으려고 했던 양보다 좀 더 많이 550g을 통에 부었다고 해도 굳이 그에 상응하게 밀가루의 양을 맞출 필요가 없다. 그러나 일단 르뱅 발효종이 완성되고 나서 규칙적으로 먹이주기를 하면서 르뱅 발효종을 유지 관리해야 하는 단계가 되면 이때부터는 반드시 알맞은 온도의 물과 가루를 정확하게 계량하여 사용해야 한다. 그래야만 늘 같은 품질의 빵을 일관성 있게 만들 수 있다. 이렇게 르뱅 발효종이 완성되기 위해서는 다음의 설명과 같이 5일이 걸린다.

1 일 째

오전 500g(3¾C + 2Ts)의 통밀가루와 32℃(90℉)의 물 500g(2¼C)을 6ℓ의 원형 통에 담고, 마른 가루가 보이지 않을 때까지 손으로 섞는다. 묽은 진흙 같은 반죽을 뚜껑을 열고 1~2시간 두었다가 뚜껑을 덮어서 따뜻한 곳에 둔다. 온도는 24~32℃(75~90℉)가 적당하지만, 이 정도의 따뜻한 곳이 없더라도 너무 걱정할 필요는 없다.

p.137 : 르뱅 발효종 만들기 시작
1행 사진_ 1일째 믹싱 후→24시간 후→2일째 눈대중으로 ¼만 남기고 버린다.
2행 사진_ 3일째 아침(시작한 지 48시간 경과)→3일째 아침 위에서 본 모습→3일째 르뱅 텍스처
3행 사진_ 4일째 아침(기포가 더 많아짐)→4일째 아침 옆에서 본 모습→4일째 아침 르뱅 텍스처

2일 째

오전 첫날 만든 분량의 ¾ 정도를 버린다(대략의 부피로 가늠해도 좋다). ¼ 분량이 남아 있는 통에 통밀가루 500g(3¾C + 2Ts)과 32℃(90°F)의 물 500g(2¼C)을 넣고 손으로 마른 가루가 보이지 않을 정도로 섞는다. 뚜껑을 덮지 않고 1~2시간 두었다가 뚜껑을 덮어서 따뜻한 곳에 둔다.

두 번째 날이 끝나갈 때쯤이면 6ℓ 통의 2ℓ 눈금까지 반죽이 부풀어 오르고, 통의 옆면에 작은 기포들이 보이기 시작한다.

3일 째

오전 뚜렷한 변화가 보이기 시작! 전날 만든 르뱅에 기포가 보이기 시작하고, 약간의 가죽냄새 비슷한 알코올 향도 나면서 부피가 전날 만든 르뱅의 2배 가까이 부풀어 올라 있을 것이다. 전날과 같이 ¾ 분량의 르뱅을 덜어내고 남은 ¼ 분량에 통밀가루 500g(3¾C + 2Ts)과 32℃(90°F)의 물 500g(2¼C)을 넣은 후, 마른 가루가 보이지 않을 때까지 손으로 섞는다. 뚜껑을 덮지 않고 1~2시간 두었다가 뚜껑을 덮어서 따뜻한 곳에 둔다. 저녁때 숨을 들이키면 상한 죽처럼 톡 쏘는 듯한 르뱅의 향이 확실히 느껴질 것이다.

4일 째

오전 르뱅 전체에 기포가 생기고, 다시 6ℓ 통의 2ℓ 눈금까지 기포를 많이 품고 올라와 있을 것이다. 4일째 되는 날, 통에 있는 르뱅 발효종에서 200g(¾C)만 남기고 나머지는 모두 덜어낸다. 통을 저울 위에 놓고, 국자나 숟가락으로 초과되는 무게의 르뱅을 덜어내서 지난번에 기록해둔 빈 통의 무게에 200g을 더한 무게를 맞춘다. 그 다음, 200g의 르뱅만 남아 있는 통에 통밀가루 500g(3¾C + 2Ts)과 32℃(90°F)의 물 500g(2¼C)을 넣고 마른 가루가 안 보일 때까지 손으로 섞은 후, 뚜껑을 덮어서 따뜻한 곳에 둔다.

빈 발효통의 무게를 알아둔다

르뱅 발효종을 담아둘 통의 무게를 재서 기록해둔다. 색 테이프나 견출지에 빈 통의 무게를 써서 통 바깥쪽에 붙여놔도 좋다. 이 방법은 르뱅 발효종에 먹이주기를 하거나 리프레시를 할 때, 저울 위에 발효통을 올려놓고 빈 통의 무게를 빼는 방법으로 르뱅의 무게를 쉽게 알 수 있다.

내가 사용하는 르뱅 발효종 통의 무게는 410g이라서 100g의 르뱅만 통에 남긴 채 영점으로 맞춘 저울에 올려놓으면 총무게가 510g이 된다.

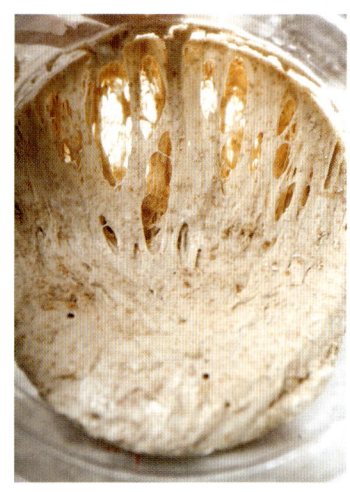

왼쪽부터 오른쪽으로 : 아침에 먹이주기 전의 숙성 발효된 르뱅 발효종 모습→숙성 발효된 르뱅을 100g만 남기고 모두 덜어내기 전 모습→다음 먹이주기 전의 통에 남아 있는 100g의 르뱅→아침에 먹이주기를 한 후의 르뱅 모습.

5일째

이제 르뱅 발효종은 당장 이 책에 있는 어떤 르뱅 브레드나 피자도우를 만들어도 될 만큼 충분히 숙성 발효가 되어 있을 것이다. 오전에 먹이주기를 하고 7~8시간 후가 빵을 만들기 가장 좋은 때다. 이때의 르뱅 발효종은 적당히 자극적인 냄새가 있으며, 손에 물을 묻히고 르뱅의 일부를 잡아당겼을 때 가스로 가득 차 있는 느낌과 그물구조의 반죽 내부 모습을 확인할 수 있다. 그리고 손으로 만졌을 때 다소 끈적이는 점성이 느껴질 것이다. 어쨌든 5일째가 되면 르뱅 발효종을 규칙적으로 먹이주기를 하면서 유지 관리하는 스케줄로 바꿀 수 있다. 이때부터는 흰 밀가루와 통밀가루를 섞은 것에 조금 시원한 물을 사용하여 수분율 80%의 르뱅 발효종을 만든다.

오전 7~9시 르뱅 발효종을 150g(½C+1Ts)만 남기고 나머지는 덜어낸다. 저울을 이용해서 빈 통의 무게와 150g의 르뱅을 합한 무게가 될 때까지 숟가락으로 덜어내면 된다. 흰 밀가루 400g(3C+2Ts)과 통밀가루 100g(¾C+½Ts), 그리고 29℃(85℉)의 물 400g(1¼C)을 통에 넣고 손으로 마른 가루가 안 보일 때까지 섞어서 뚜껑을 덮고 따뜻한 곳에 둔다.

오후가 되면 르뱅이 본반죽을 만들 수 있는 상태가 될 것이다. 이제 다음의 '르뱅의 사용'에서는 르뱅 발효종을 유지하는 방법, 르뱅의 숙성 발효 상태를 알아보는 법, 그리고 르뱅을 저장하는 방법과 매일 사용하지 않을 경우에 리프레시하는 방법 등에 대해 알아본다.

르뱅의 사용

아침에 르뱅 발효종에 먹이를 줄 때마다 전날 아침에 먹이를 주고 그대로 둔 르뱅 발효종에 가스가 가득 생겨 3~4배로 부풀어 있는 모습을 보면 기분이 좋다. 뚜껑을 여는 순간 훅하는 열기와 함께 진한 알코올 향이 느껴진다. 열기가 날아가면 통 안의 르뱅 발효종에 코를 가까이 대고 숨을 들이마셔 본다. 이 단계의 르뱅의 향과 볼륨 상태를 알아두면 빵을 만들고 완성하기까지의 과정에서 많은 참고가 된다. 시간이 흐르면서 경험이 쌓이고 여러 과정을 겪게 되면 스스로의 판단에 대한 신뢰도 쌓일 것이다.

　　chap.9~11의 레시피는 책에 나와 있는 시간과 물의 온도를 지키고 계량만 정확히 해도 만족스런 결과를 얻을 수 있다. 가장 큰 변수는 실내온도다. 내 주방은 대개 실내온도가 21℃(70℉) 정도이고 밤에는 18℃(65℉)까지 내려가는데, 자신의 주방이 이보다 춥거나 덥다면 레시피를 조정할 필요가 있다. 그리고 본반죽에 사용하기 바로 전의 르뱅 냄새를 기억해두도록 하는데, 그 향이 곧바로 앞으로 만들 르뱅 브레드의 풍미가 될 것이다. 그 다음에 만들고 싶은 빵의 풍미에 대해 생각해본다. 만약 르뱅이 너무 자극적이고 시큼한 향이 강하다고 느껴지면 다음 날 아침에 먹이주기를 할 때 약간 찬물을 사용하거나, 르뱅이 충분히 숙성 발효되지 않은 조금 이른 오후 시간에 본반죽을 한다. 또한, 내 주방보다 더 따뜻하고 습해서 가령 27℃(80℉)라면 본반죽을 원래 레시피보다 1~2시간 정도 일찍 해도 된다. 한편 자신의 주방이 덥다면 이처럼 내가 제시한 방법대로 할 수도 있지만, 좀 더 자극적이고 시큼한 맛이 나는 과발효된 르뱅으로 자신이 좋아하는 빵 맛을 찾아낼 수도 있다. 이와 달리 자신의 주방이 내 주방보다 훨씬 더 춥다면 우선 스웨터부터 입고, 아침에 먹이주기를 할 때 물 온도를 35℃(95℉)로 조정해서 사용하여 르뱅 발효종의 온도가 26~27℃(78~80℉)

계절에 따른 조절

나는 이 책의 모든 레시피를 내 주방에서 발효시키고, 계절별로 테스트하였다. 내가 사는 포틀랜드(Portland)의 겨울은 미네소타(Minnesota)나 매니토바(Manitoba)처럼 기온이 영하로 내려가지는 않아도 꽤 춥다. 그리고 내 주방은 실내온도가 일 년 내내 큰 차이는 없지만 그래도 겨울엔 여전히 조금 더 쌀쌀하다는 걸 알게 되었다. 그래서 겨울엔 내 르뱅 발효종의 활성속도도 느리고, 르뱅을 사용한 반죽의 발효도 여름보다 훨씬 느리다. 결국 각자의 경험은 사는 지역의 기후에 영향을 받을 수밖에 없다. 그래서 나는 겨울철에는 여름철보다 본반죽에 르뱅의 양을 좀 더 늘려서 그 차이를 줄이곤 하는데, 약 50g(3Ts) 정도를 추가하곤 한다. 그래서 이 책의 100% 르뱅반죽에도 이에 관해 설명하였다. 왜냐하면 이 부분이 반죽에 많은 영향을 주기 때문이다.

온도가 낮은 겨울철에 르뱅 발효가 느린 현상을 보완하기 위한 또 다른 방법 중 하나는, 먹이주기용 밀가루와 물의 양은 레시피에 주어진 양대로 하되 르뱅 발효종의 양은 30~50g(2~3Ts)을 늘려서 섞는 것이다. 그리고 여름철에 빵이 너무 시큼하게 나오면, 나는 가끔 아침에 르뱅에 먹이주기를 할 때 반대로 르뱅 발효종의 양을 조금 줄인다. 상업용 이스트는 천연효모보다 발효 과정에서 활성도가 높기 때문에 본반죽에 상업용 이스트를 첨가하는 하이브리드 르뱅반죽(chap.9)은 100% 르뱅반죽보다 계절적인 영향을 덜 받는다.

가 되게 한다.

이 책에 있는 르뱅 브레드의 레시피는 스케줄이 각기 다르다. 그러나 chap.9의 하이브리드 르뱅반죽은 모두 같은 스케줄로 아침에 르뱅 먹이주기, 오후에 본반죽, 5시간 후에 분할과 성형, 그리고 다음날 아침 오븐에 굽기 전까지 냉장고에서 저온숙성 발효의 과정을 거친다. 또한 chap.9의 레시피는 빵의 속살을 좀 더 가볍게 만들고 볼륨도 늘리기 위해 소량의 상업용 이스트를 사용한다(르뱅이 아닌 본반죽에 사용). 그러나 빵의 풍미나 특성은 기본적으로 르뱅의 영향을 받는다. chap.10에서는 상업용 이스트를 전혀 사용하지 않는 100% 르뱅반죽을 만드는 법을 소개하는데, 이것들은 스케줄이 다르다. 아침에 르뱅을 먹이주기하고, 초저녁에 본반죽을 하여 밤새 1차발효를 하며, 다음 날 아침에 일어나서 분할과 성형을 하여 4시간 후 오븐에 굽는다. 두 가지 방법 모두 르뱅을 먹이주기하고 보관하고 리프레시하는 스케줄은 같다. 그러므로 자신의 스케줄에 맞춰 취향대로 빵을 만들 수 있다.

이렇게 만든 빵들은 모두 수고한 만큼 맛들이 훌륭하다. 일단 만드는 법을 익히고 나면 크게 어렵지 않으며, 무엇보다 시간 조절이 가장 중요하다.

르뱅 브레드를 만들 때 상업용 이스트를 넣어서 만드는 것과 그렇지 않은 것은 다르다. 상업용 이스트를 넣어 만드는 하이브리드 르뱅 브레드는 속살이 가볍고 볼륨도 충분하며 크러스트도 얇다. 반면에 100% 르뱅 브레드는 적당히 투박하면서 볼륨과 밀도가 조금 작게 나오고, 자른 단면을 보면 기공이 크고 불규칙하며 크러스트를 씹는 식감이 쫄깃하고 아주 좋다. 100% 르뱅 브레드를 완전히 짙은 암갈색으로 구우면 크러스트의 풍미가 빵 속까지 스며들어 구수한 향을 느끼게 된다. 100% 르뱅 브레드는 조금 톡 쏘는 시큼함이 싫지 않을 정도로 미각을 자극하는데, 하이브리드 르뱅 브레드는 그보다 덜 자극적인 풍미를 갖고 있다. 나는 되도록 이 두 가지 방법의 레시피를 모두 만들어 각기 다른 르뱅의 차이를 경험하는 즐거움을 맛보고, 자신의 취향에 맞는 맛을 찾기 바란다.

르뱅 발효종의 먹이주기

이 책의 르뱅 레시피는 충분히 숙성된 르뱅 발효종을 가지고 있는 경우를 전제로 한다. 매주 며칠씩 르뱅으로 빵을 만들기를 원한다면 먹이주기를 매일 하는 것이 좋다. 그리고 매일 아침 같은 시간에 먹이를 주는 것이 좋지만, 상황에 따라 한두 시간 정도의 차이는 크게 문제가 되지 않는다. 먹이주기할 시간이 되면 다음의 공식에 따라 먹이를 준다.

- 르뱅 발효종 100g(⅓C + 1½Ts. 또는 p.140를 참조하여 겨울에는 양을 조금 늘린다.)
- 통밀가루 100g(¾C + ½Ts)
- 흰 밀가루 400g(3C + 2Ts)
- 계절에 따라(겨울엔 따뜻하게, 여름엔 시원하게) 29~32℃(85~90℉)의 물 400g(1¾C)

먹이주기가 끝난 르뱅 발효종의 믹싱을 마쳤을 때 바람직한 온도는 26~27℃(78~80℉)이다. 사용하는 물의 온도를 몇 도로 해야 할지 확신이 없으면 믹싱 후에 온도를 재보고, 물의 온도가 그보다 더 높아야 할지 낮아야 할지 가늠해서 다음 번 먹이주기를 할 때 적용한다. 먹이주기를 한 후에는 다음 번 먹이주기를 할 때까지 뚜껑을 덮어 실온에 둔다.

먹이주기용 밀가루와 물 양의 비율만 맞추면 전체 르뱅 발효종의 양을 줄일 수도 있다. 다음은 위의 르뱅 발효종의 양을 반으로 줄이는 배합비율이다.

- 르뱅 발효종 50g(3Ts)
- 통밀가루 50g(⅓C + 1Ts)
- 흰 밀가루 200g(1½C + 1Ts)
- 계절에 따라 29~32℃(85~90℉)의 물 200g(⅞Ts)

발효통에 르뱅 발효종을 50g(3Ts)만 남기고 나머지를 모두 덜어내면 마치 설거지를 해야 할 것 같은 정도의 르뱅 발효종만 남았다고 생각할 것이다. 분명히 양이 많지는 않다. 그러나 남아 있는 르뱅 발효종의 잠재력은 엄청나다!

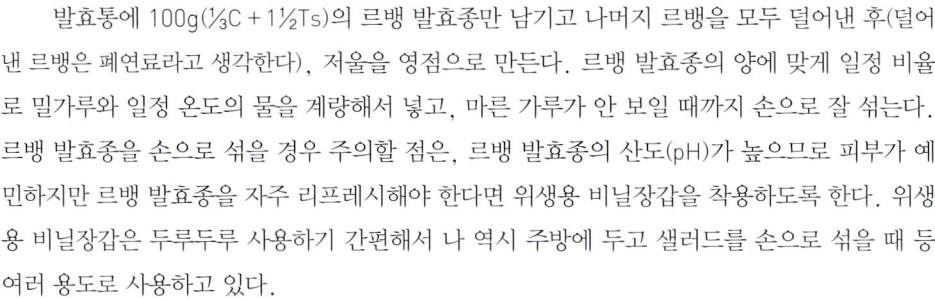

발효통에 100g(⅓C + 1½Ts)의 르뱅 발효종만 남기고 나머지 르뱅을 모두 덜어낸 후(덜어낸 르뱅은 폐연료라고 생각한다), 저울을 영점으로 만든다. 르뱅 발효종의 양에 맞게 일정 비율로 밀가루와 일정 온도의 물을 계량해서 넣고, 마른 가루가 안 보일 때까지 손으로 잘 섞는다. 르뱅 발효종을 손으로 섞을 경우 주의할 점은, 르뱅 발효종의 산도(pH)가 높으므로 피부가 예민하지만 르뱅 발효종을 자주 리프레시해야 한다면 위생용 비닐장갑을 착용하도록 한다. 위생용 비닐장갑은 두루두루 사용하기 간편해서 나 역시 주방에 두고 샐러드를 손으로 섞을 때 등 여러 용도로 사용하고 있다.

르뱅 브레드를 만들기 위해 레시피의 설명대로 르뱅을 필요한 만큼 본반죽에 넣고 난 후, 통에 남아 있는 르뱅 발효종은 실온에 그대로 두었다가 다음날 아침 정기적으로 먹이주기 할 때 평소처럼 리프레시하면 된다.

르뱅 발효종의 저장과 복원

만일 르뱅 발효종으로 매일 빵을 만들기를 원치 않거나 먹이주기를 매일 하고 싶지 않을 경우에는 르뱅 발효종을 어떻게 저장해야 할지, 그리고 필요한 경우에 어떻게 복원해야 할지 계획을 세워야 한다. 저장 공간으로는 냉장고가 가장 좋다.

마지막으로 본반죽에 사용하고 남은 르뱅 발효종 300g(1C + 3Ts) 정도를 표면을 물로 코팅한 후 위생 비닐백에 넣고 밀봉하여 냉장고에 넣어두면 1개월까지 보관이 가능하다. 다시 사용할 때는 미리 꺼내서 발효력을 최대한 살릴 수 있도록 사전작업을 해야 한다. 다음은 내가 추천하는 방법이다.

1단계 빵을 굽기 이틀 전　냉장고에서 르뱅 발효종을 꺼내 200g(¾C)을 르뱅용 빈 통에 넣고 나머지는 버린다. 가능하면 실온에 30분~1시간 정도 그냥 두어서 르뱅 발효종의 온도를 높인다. 통밀가루 100g(¾C + ½Ts)과 흰 밀가루 400g(3C + 2Ts), 그리고 35℃(95℉)의 물 400g(1¾C)을 르뱅 발효종이 들어 있는 통에 같이 넣은 후, 마른 가루가 안 보일 때까지 손으로 섞어서 뚜껑을 덮고 따뜻한 곳에서 오버나이트한다.

2단계 빵 굽기 전날 아침 르뱅 발효종에 늘 하던 방법대로 먹이주기를 한다. 르뱅 통에 있는 전체 르뱅 발효종에서 100g(⅓C + 1½Ts)만 남기고 통밀가루 100g(¾C + ½Ts), 흰 밀가루 400g(3C + 2Ts), 그리고 계절에 따라 29~32℃(85~90℉)의 물 400g(1¾컵)을 넣은 후 마른 가루가 안 보일 때까지 손으로 섞는다.

이제 르뱅 레시피의 첫 번째 단계가 완성된 것이다. 뚜껑을 덮고, 그날 늦게 본반죽을 만들 때까지 따뜻한 곳에 둔다. 레시피에 따라 밤새 1차발효를 하거나 2차발효를 하면 다음날 빵을 구울 수 있다.

스케줄 예시

처음부터 르뱅을 새로 만들어서 일요일 오전에 빵을 굽기를 원한다면 '르뱅 발효종 만들기의 단계별 가이드'(p.136)의 1일째부터 시작해야 하므로 전주 화요일부터 시작한다. 새로운 르뱅 발효종을 만드는 데 5일이 걸리지만, 5일 동안 매일 할애하는 시간은 단지 몇 분 정도이다.

만약 냉장고에 저장되어 있는 르뱅 발효종이 있다면, 다음의 리프레시와 먹이주기 스케줄에 따라 일요일 오전에 빵을 굽기 위한 준비를 한다.

1. 금요일 오전, 냉장고에 보관되어 있는 르뱅 발효종을 꺼내서 '르뱅 발효종을 저장하거나 복원하는 방법'의 1단계 방법으로 리프레시를 한다.

2. 다음 날인 토요일 오전, 통에 있는 르뱅 발효종을 100g(⅓C + 1½Ts)만 남기고 2단계의 방법으로 리프레시를 한다.

3. 토요일 오후, 만들려는 레시피대로 본반죽을 믹싱한다.

4. 하이브리드 르뱅반죽(chap.9)은 토요일 저녁에 분할과 성형을 한 후, 냉장고에서 오버나이트로 저온숙성 발효시킨다. 100% 르뱅반죽(chap.10, 11)은 1차발효를 실온에서 오버나이트로 하고, 다음 날 아침에 분할과 성형을 한다.

5. 하이브리드 르뱅 브레드는 일요일 오전에 구울 수 있고, 100% 르뱅 브레드는 오후쯤 구울 수 있다.

CHAPTER 09
하이브리드 르뱅반죽
HYBRID LEAVENING DOUGHS

월넛 르뱅 브레드(p.157)

팽 드 캉파뉴 PAIN DE CAMPAGNE

팽 드 캉파뉴는 황금빛 속살에 발효로 만들어진 독특한 풍미가 있고, 여기에 쫄깃쫄깃한 식감을 가진 맛있는 크러스트까지 더해져서 더욱 일품인 거친 시골빵이다. 구운 후 이틀 정도까지 맛의 숙성이 진행되며, 1주일간 보관이 가능하다. 이 빵은 통밀가루를 본반죽과 르뱅에 모두 사용한다. 통밀가루는 반죽의 발효력을 높이고, 동시에 완성된 빵에 깊은 맛과 산미를 더해준다. 냉장고에서 오랜 시간 저온으로 숙성 발효시켜 복합적이고 깊이 있는 빵맛을 만들어내는 것이다. 일단 르뱅이 충분히 발효되면, 모양이나 맛과 텍스처가 좋은 빵을 만들기 위한 필요 요건은 충분하다.

많은 프랑스 베이커들이 '팽 드 캉파뉴'라고 부르는 이 빵에 소량의 호밀가루를 넣어서 조금 회색빛이 돌면서 호밀의 향도 나게 하는 반면, 나는 통밀가루를 사용한다. 곡물가루를 혼합하는 방법에는 정해진 것이 없으므로 편하게 생각한다. 여기 소개한 레시피와 다르지만 내가 좋아하는 또 한 가지 방법은 70% 흰 밀가루와 20% 통밀가루, 10%의 통호밀가루를 섞는 것이다. 곡물가루를 혼합하는 방법에 대해서는 〈자신만의 브랜드라고 할 수 있는 빵 또는 피자를 만든다〉(p.196)에서 설명하고 있다. 단, 이 레시피에서 본반죽으로 사용하는 곡물가루의 양 800g은 반드

시 지킨다. 나머지 200g의 곡물가루는 르뱅에 들어 있다.

이 빵은 개인적으로 크루통을 만드는 용도로 자주 사용한다. 이 빵을 2장 정도 슬라이스하고 잘게 뜯어서 조금 바삭하게 구운 후 겨자향이 도는 식초를 살짝 뿌리면, 크루통에 식초가 스며들어 싱싱한 상추나 삶아서 잘게 다진 달걀과 잘 어울린다. 그리고 이 빵은 양파 수프 그라탱이나 리볼리타(ribollita, 이탈리아 토스카나의 빵과 채소 등으로 진하게 끓인 수프)를 만들어 먹기에도 아주 적당한 빵이다. 샌드위치나 잼과 버터를 곁들인 아침 토스트용으로는 말할 것도 없고, 파테(pâté, 고기나 생선 등의 육류를 갈아서 양념한 것)를 발라먹거나 소스에 찍어 먹어도 아주 좋다. 나는 가끔 이 빵을 살짝 토스트해서 햄버거빵 대신 사용하기도 한다.

1개 680g의 빵 2개
1차발효 약 5시간
2차발효 12~14시간
스케줄 예시 오전 8:00 르뱅 먹이주기 ➡ 오후 3:00 본반죽 ➡ 오후 8:00 성형 ➡ 냉장고에서 오버나이트 ➡ 다음 날, 오전 8:00~10:00 굽기

르뱅

재료	양	
르뱅 발효종	100g	⅓C + 1½Ts
흰 밀가루	400g	3C + 2Ts
통밀가루	100g	¾C + ½Ts
물	400g, 29~32℃ (85~90℉)	1¾C

본반죽 / 제빵배합률

재료	양		르뱅 속 함유량	총량	베이커스 퍼센티지
흰 밀가루	740g	5¾C	160g	900g	90%
통밀가루	60g	½C + ½Ts	40g	100g	10%
물	620g, 32~35℃ (90~95℉)	2¾C	160g	780g	78%
고운 소금	21g	1Ts + 1ts 조금 안 되게	0	21g	2.1%
인스턴트 드라이 이스트	2g	½ts	0	2g	0.2%
르뱅	360g	1⅓C			20%＊

＊ 르뱅의 베이커스 퍼센티지는 르뱅의 밀가루 양을 레시피에서 사용한 밀가루 총량에 대한 비율로 표시한 것이다.

01a 르뱅 먹이주기 마지막으로 르뱅 발효종의 먹이주기를 하고 24시간이 지나면 6ℓ 통에 있는 르뱅 중 100g만 남기고 버린다. 남은 르뱅 100g에 흰 밀가루 400g, 통밀가루 100g, 29~32℃(85~90℉)의 물 400g을 넣고, 손으로 마른 가루가 안 보일 때까지 섞는다. 뚜껑을 덮고, 본반죽을 하기 전 6~8시간 실온에 둔다.

01b 오토리즈 6~8시간이 지나면 12ℓ의 반죽 통에 흰 밀가루 740g, 통밀가루 60g을 계량해서 넣고 손으로 섞는다. 여기에 32~35℃(90~95℉)의 물 620g을 넣고 손으로 마른 가루가 안 보일 때까지 섞은 후, 뚜껑을 덮고 20~30분 둔다.

02 본반죽 소금 21g과 이스트 2g(½ts)을 오토리즈한 반죽 표면에 골고루 뿌린다. 빈 통에 따뜻한 물을 손가락 깊이 정도 부어서 저울 위에 올린다. 이것은 르뱅을 계량한 후에 손쉽게 꺼낼 수 있도록 하기 위해서다. 따뜻한 물이 담긴 통을 저울에 올려놓고 저울을 영점으로 맞춘 후, 손에 물을 적시고 르뱅 360g을 계량하여 따뜻한 물이 담긴 통에 옮겨 담는다. 그리고 계량한 360g의 르뱅을 12ℓ의 반죽통으로 옮기는데, 이때 르뱅을 계량했던 통에 있는 물은 최대한 옮겨지지 않게 한다. 손으로 반죽할 때는 손에 반죽이 달라붙지 않도록 반죽을 시작하기 전에 손을 물에 적신다. 집게손 자르기(p.74 참조)와 폴딩을 번갈아 하며 재료들을 고루 잘 섞는다. 반죽이 끝났을 때 반죽의 최종온도는 25~26℃(77~78℉)이다.

03 폴딩과 1차발효 이 반죽은 3~4번의 폴딩(p.75~76 참조)이 적당하고, 본반죽을 하고 1시간 30분~2시간 안에 하는 것이 가장 좋다.

본반죽 후 5시간 정도 지나서 반죽이 원래 크기보다 2.5배 정도 부풀어 오르면 분할한다.

04 분할 손에 밀가루를 묻히고, 반죽통에서 1차발효가 된 반죽을 조심스럽게 꺼내 가볍게 덧가루를 뿌린 작업대 위에 놓는다. 반죽을 반으로 분할하기 좋게 적당히 모양을 잡아준다. 반죽을 반으로 분할할 가운데 부분을 따라 덧가루를 조금 뿌리고, 반죽칼이나 플라스틱 스크레이퍼로 2등분하여 자른다.

05 성형 2개의 발효바구니에 덧가루를 뿌려놓는다. 분할한 2개의 반죽을 p.77~79의 설명대로 적당히 탄력 있게 공모양으로 성형한다. 이음매 부분이 아래로 가도록 발효바구니에 각각 담는다.

반죽의 온도가 목표온도와 다르다면

본반죽의 믹싱 후 온도가 25℃(77℉)보다 낮아도 걱정할 필요 없다. 그것은 단지 반죽의 원래 크기에서 2.5배로 부풀기 위해 시간이 좀 더 필요하다는 것을 의미한다. 그러므로 반죽을 따뜻한 곳으로 옮기고, 다음에 같은 반죽을 할 때는 이보다 더 따뜻한 물을 사용한다. 반죽온도가 26℃(78℉) 이상이라면 주방의 실내온도에 따라 예상보다 빨리 발효될 가능성이 높다. 그렇다면 다음에 같은 반죽을 할 때 좀 더 낮은 온도의 물을 사용하도록 한다.

06 2차발효 발효바구니를 위생 비닐백에 각각 넣고 밀봉하여 냉장고에서 오버나이트한다.

다음 날 아침, 냉장고에서 12~14시간 저온숙성 발효시킨 반죽을 꺼내 곧바로 구울 수 있다. 냉장고에서 꺼낸 반죽을 굽기 전에 실온 상태로 만들지 않아도 된다.

07 예열 적어도 빵을 굽기 45분 전에 오븐의 중간 단에 선반을 넣고, 뚜껑을 덮은 더치오븐 2개를 그 위에 올려서 245℃(475℉)로 예열한다.

더치오븐을 1개만 가지고 있다면 첫 번째 반죽을 오븐에서 굽는 동안 나머지 반죽 1개는 냉장고에 넣어두었다가 차례로 굽는다. 두 번째 반죽을 구울 때는 첫 번째 구운 빵을 꺼낸 후 더치오븐을 5분 정도 다시 예열하고 굽는다.

08 굽기 이 단계에서는 아주 뜨거운 더치오븐에 손, 손가락, 팔뚝 등이 데지 않도록 조심해야 한다.

2차발효가 되는 동안 발효바구니에서 바닥과 맞닿아 있던 이음매 부분이 빵의 윗면이 된다는 것을 기억하고 발효바구니의 반죽을 덧가루를 뿌린 작업대 위에 뒤집어놓는다.

예열한 더치오븐을 꺼내서 뚜껑을 열고, 작업대 위의 반죽을 이음매 부분이 위로 가도록 조심스럽게 넣고 뚜껑을 덮는다. 그대로 오븐에 넣어 30분간 굽고, 뚜껑을 열어서 빵이 전체적으로 짙은 밤색이 될 때까지 20분 더 굽는다. 오븐의 온도가 높아서 색이 더 빨리 나올 수도 있으므로 15분 정도 지나면 확인해본다.

다 구워지면 더치오븐을 꺼내서 조심스럽게 기울여 빵을 꺼낸다. 그리고 식힘망 위에 올려놓거나 바람이 잘 통하는 곳에 두고 20분 정도 식힌 다음에 슬라이스한다.

75% 통밀 르뱅 브레드 75% WHOLE WHEAT LEVAIN BREAD

섬유질이 풍부하고 맛있는 빵이며 구운 후에도 이틀 가량 계속 숙성이 진행된다. 이 빵에서는 고소한 버터와 구운 통밀의 향이 진하게 느껴지므로 좋은 품질의 버터를 발라먹거나 그냥 토스트를 해서 먹어도 맛있다. 또한 아주 부드러운 로비올라(Robiola) 치즈(소, 염소, 양의 젖으로 만드는 이탈리아 치즈), 살구잼, 또는 오리 간을 곁들여도 아주 좋다.

이 빵은 chap.9에 있는 다른 레시피들과 비교해볼 때 비슷한 스케줄로 구성이 되어 있으면서도 이스트의 양은 상대적으로 조금 적다는 것을 알게 될 것이다. 왜냐하면 통밀가루에는 이스트의 먹이가 될 영양 성분이 흰 밀가루보다 훨씬 많아서 발효가 빠르게 진행되기 때문이다. 한편 통밀가루에 들어 있는 겨(bran)의 작은 조각들이 반죽 속 글루텐 조직을 끊을 수 있기 때문에 순수한 흰 밀가루로 만든 빵에 비해 빵의 크기나 밀도는 조금 줄어들 수 있다. 하지만 벽돌처럼 단단해지지 않으므로 걱정할 정도는 아니다. 오히려 풍부한 함량의 통밀로 인해 느낄 수 있는 만족감이 이 빵의 볼륨감과 텍스처를 감수할 수 있을 정도로 매우 크다. 그래서 나는 이 빵이 좋다.

1개 680g의 빵 2개
1차발효 약 5시간
2차발효 12~13시간
스케줄 예시 오전 8:00 르뱅 먹이주기 ➜ 오후 3:00 본반죽 ➜ 오후 8:00 성형 ➜ 냉장고에서 오버나이트 ➜ 다음 날, 오전 8:00~9:00 굽기

르뱅

재료	양	
르뱅 발효종	100g	⅓C+1½Ts
흰 밀가루	400g	3C+2Ts
통밀가루	100g	¾C+½Ts
물	400g, 29~32℃ (85~90℉)	1¾C

＊ 르뱅의 베이커스 퍼센티지는 르뱅의 밀가루 양을 레시피에서 사용한 밀가루 총량에 대한 비율로 표시한 것이다.

본반죽

재료	양	
흰 밀가루	90g	½C+3Ts
통밀가루	710g	5½C+½Ts
물	660g, 32~35℃ (90~95℉)	2⅞C
고운 소금	21g	1Ts+1ts 조금 안 되게
인스턴트 드라이 이스트	1.75g	½ts 조금 안 되게
르뱅	360g	1⅓C

제빵배합률

르뱅 속 함유량	총량	베이커스 퍼센티지
160g	250g	25%
40g	750g	75%
160g	820g	82%
0	21g	2.1%
0	1.75g	0.175%
		20%＊

01a 르뱅 먹이주기 마지막으로 르뱅 발효종의 먹이주기를 하고 24시간이 지나면 6ℓ 통에 있는 르뱅 중 100g만 남기고 버린다. 남은 르뱅 100g에 흰 밀가루 400g, 통밀가루 100g, 29~32℃(85~90℉)의 물 400g을 넣고 손으로 마른 가루가 안 보일 때까지 섞는다. 뚜껑을 덮고, 본반죽을 하기 전에 6~8시간 실온에 둔다.

01b 오토리즈 6~8시간이 지나면 12ℓ 반죽통에 흰 밀가루 90g과 통밀가루 710g을 계량해서 넣고 손으로 섞는다. 여기에 32~35℃(90~95℉)의 물 660g을 넣고 손으로 마른 가루가 안 보일 때까지 섞은 후, 뚜껑을 덮고 20~30분 둔다.

02 본반죽 소금 21g과 이스트 1.75g(½ts 조금 안 되게)을 오토리즈한 반죽 표면에 골고루 뿌린다. 빈 통에 따뜻한 물을 손가락 깊이 정도 부어서 저울 위에 올린다. 이것은 르뱅을 계량한 후 손쉽게 꺼낼 수 있도록 하기 위해서다. 따뜻한 물이 담긴 통을 저울 위에 올려놓고 저울을 영점으로 맞춘 후, 손을 물에 적셔서 르뱅 360g을 계량하여 따뜻한 물이 담긴 통에 옮겨 담는다.

그리고 계량한 360g의 르뱅을 12ℓ의 반죽통으로 옮기는데, 이때 르뱅을 계량했던 통에 있는 물은 최대한 옮겨지지 않게 한다. 손으로 반죽할 때는 손에 반죽이 달라붙지 않도록 반죽을 시작하기 전에 손을 물에 적신다. 집게손 자르기(p.74 참조)와 폴딩을 번갈아 하며 재료들을 고루 잘 섞는다. 반죽이 끝났을 때 반죽의 최종온도는 25~26℃(77~78℉)이다.

03 폴딩과 1차발효 이 반죽은 2~3번의 폴딩(p.75~76 참조)이 적당하며, 본반죽을 하고 1시간 30분~2시간 안에 하는 것이 가장 좋다.

본반죽 후 5시간 정도 지나서 반죽이 원래 크기보다 2.5배 정도 부풀어 오르면 분할한다.

04 분할 손에 밀가루를 묻히고, 반죽통에서 1차발효가 된 반죽을 조심스럽게 꺼내 가볍게 덧가루를 뿌린 작업대 위에 놓는다. 반죽을 반으로 분할하기 좋게 적당히 모양을 잡아준다. 반죽을 반으로 분할할 가운데 부분을 따라 덧가루를 조금 뿌리고, 반죽칼이나 플라스틱 스크레이퍼로 2등분하여 자른다.

05 성형 2개의 발효바구니에 덧가루를 뿌려놓는다. 분할한 2개의 반죽을 p.77~79의 설명대로 적당히 탄력 있게 공모양으로 성형한다. 이음매 부분이 아래로 가도록 발효바구니에 각각 담는다.

06 2차발효 발효바구니를 위생 비닐백에 각각 넣고 밀봉하여 냉장고에서 오버나이트한다.

다음 날 아침, 냉장고에서 12~13시간 저온숙성 발효시킨 반죽을 꺼내 곧바로 구울 수 있다. 굽기 전 냉장고에서 꺼낸 반죽을 굳이 실온 상태로 만들지 않아도 된다.

<< 75% 통밀 르뱅 브레드

07 예열 적어도 빵을 굽기 45분 전에 오븐의 중간 단에 선반을 올리고, 뚜껑을 덮은 더치오븐 2개를 그 위에 올려서 245℃ (475℉)로 예열한다.

더치오븐을 1개만 가지고 있다면 첫 번째 반죽을 오븐에 굽는 동안 나머지 반죽 1개는 냉장고에 넣어두었다가 차례로 굽는다. 두 번째 반죽을 구울 때는 첫 번째 구운 빵을 꺼낸 후 더치오븐을 5분 정도 다시 예열하고 굽는다.

08 굽기 이 단계에서는 아주 뜨거운 더치오븐에 손, 손가락, 팔뚝 등이 데지 않도록 조심해야 한다.

2차발효가 되는 동안 발효바구니에서 바닥과 맞닿아 있던 이음매 부분이 빵의 윗면이 된다는 것을 기억하고 발효바구니의 반죽을 덧가루를 뿌린 작업대 위에 뒤집어놓는다.

예열한 더치오븐을 꺼내서 뚜껑을 열고, 작업대 위의 반죽을 이음매 부분이 위로 가도록 조심스럽게 넣고 뚜껑을 덮는다. 그대로 오븐에 넣어 30분 굽고, 뚜껑을 열어서 빵이 전체적으로 짙은 밤색이 될 때까지 20분 더 굽는다. 오븐온도가 높아서 색이 더 빨리 나올 수도 있으므로 15분 정도 시간이 지나면 확인해본다.

다 구워지면 더치오븐을 꺼내서 조심스럽게 기울여 빵을 꺼낸다. 그리고 식힘망 위에 올려놓거나 바람이 잘 통하는 곳에 두고 20분 정도 빵을 식힌 다음에 슬라이스한다.

밀기울을 묻혀 굽는 르뱅 브레드 BRAN-ENCRUSTED LEVAIN BREAD

오늘날의 제분 시스템은 밀알의 겉부분에 있는 밀배아(밀씨눈)와 밀기울(겨)을 제거하고, 속부분인 배젖만 남겨서 흰 밀가루로 제분하는 게 일반적이다. 밀기울은 밀알의 전체 무게에서 14％를 차지하고, 밀배아는 전체 무게의 2.5~3％를 차지한다. 이 레시피는 본반죽에 밀배아를 추가로 보충해서 넣고, 빵의 겉면에 밀기울을 조금 묻혀서 굽는다. 밀배아를 더 넣고 싶다면 약 100g까지 더 넣어도 좋다. 밀배아를 그보다 더 많이 넣은 레시피를 보긴 했지만, 너무 많이 넣으면 빵의 속살이 너무 무거워지는 것 같다. 빵의 겉면에 밀기울을 묻히면 빵을 굽는 시간이 더 오래 걸려서 크러스트가 더 바삭하고 구운 향이 더 고소하다. 또 밀기울을 묻혀서 구운 빵은 슬라이스할 때 부스러기가 많이 떨어지는 경향이 있다. 세라비(c'est la vie, '사는 게 그렇지'라는 뜻의 불어)! 밀기울 한 줌을 발효바구니 표면에 골고루 뿌린 후 성형한 반죽을 넣고 2차발효를 하면, 나중에 오븐에 굽기 위해 발효바구니에서 빵을 꺼냈을 때 표면에 밀기울이 붙어 있다.

1개 680g의 빵 2개
1차발효 약 5시간
2차발효 12~14시간
스케줄 예시 오전 8:00 르뱅 먹이주기 ➡ 오후 3:00 본반죽 ➡ 오후 8:00 성형 ➡ 냉장고에서 오버나이트 ➡ 다음 날, 오전 8:00~10:00 굽기

르뱅

재료	양	
르뱅 발효종	100g	⅓C＋1½Ts
흰 밀가루	400g	3C＋2Ts
통밀가루	100g	¾C＋½Ts
물	400g, 29~32℃ (85~90℉)	1¾C

<< 밀기울을 묻혀 굽는 르뱅 브레드

본반죽			제빵배합률		
재료	양		르뱅 속 함유량	총량	베이커스 퍼센티지
흰 밀가루	800g	6¼C	160g	960g	96%
통밀가루	0	0	40g	40g	4%
물	620g, 32~35℃ (90~95℉)	2¾C	160g	780g	78%
고운 소금	21g	1Ts + 1ts 조금 안 되게	0	21g	2.1%
인스턴트 드라이 이스트	2g	½ts	0	2g	0.2%
밀배아	30g	⅓C + 1Ts	0	30g	3%
밀기울	0	0	0	20g(⅓C + 1Ts)	2%
르뱅	360g	1⅓C			20%*

＊ 르뱅의 베이커스 퍼센티지는 르뱅의 밀가루 양을 레시피에서 사용한 밀가루 총량에 대한 비율로 표시한 것이다.

01a 르뱅 먹이주기 마지막으로 르뱅 발효종의 먹이주기를 하고 24시간이 지나면 6ℓ 통에 있는 르뱅 중 100g만 남기고 버린다. 남은 르뱅 100g에 흰 밀가루 400g, 통밀가루 100g, 29~32℃(85~90℉)의 물 400g을 넣고, 손으로 마른 가루가 안 보일 때까지 섞는다. 뚜껑을 덮고, 본반죽을 하기 전에 6~8시간 실온에 둔다.

01b 오토리즈 6~8시간이 지나면 12ℓ의 원형 통에 흰 밀가루 800g, 밀배아 30g을 계량하여 넣고 손으로 섞는다. 여기에 32~35℃(90~95℉)의 물 620g을 넣고 손으로 마른 가루가 안 보일 때까지 섞은 후, 뚜껑을 덮고 20~30분 그대로 둔다.

02 본반죽 소금 21g과 이스트 2g(½ts)을 오토리즈한 반죽 표면에 골고루 뿌린다. 빈 통에 따뜻한 물을 손가락 깊이 정도 부어서 저울 위에 올린다. 이것은 르뱅을 계량한 후에 손쉽게 꺼낼 수 있도록 하기 위해서다. 따뜻한 물이 담긴 통을 저울 위에 올려놓고 저울을 영점으로 맞춘 후, 손을 물에 적셔서 르뱅 360g을 계량하여 따뜻한 물이 담긴 통에 옮겨 담는다.

그리고 계량한 360g의 르뱅을 12ℓ의 반죽통으로 옮기는데, 이때 르뱅을 계량했던 통에 있는 물은 최대한 옮겨지지 않게 한다. 손으로 반죽할 때는 손에 반죽이 달라붙지 않도록 반죽을 시작하기 전에 손을 물에 적신다. 집게손 자르기(p.74 참조)와 폴딩을 번갈아 하며 재료들을 고루 잘 섞는다. 반죽이 끝났을 때 반죽의 최종온도는 25~26℃(77~78℉)이다.

03 폴딩과 1차발효 이 반죽은 3~4번의 폴딩(p.75~76 참조)이 적당하며, 본반죽을 하고 1시간 30분~2시간 안에 하는 것이 가장 좋다.

본반죽 후 5시간 정도 지나서 반죽이 원래 크기보다 2.5배 정도 부풀어 오르면 분할한다.

04 분할 2개의 발효바구니에 가볍게 덧가루를 뿌린 후, 각각에 밀기울을 10g씩 골고루 뿌려놓는다.

손에 밀가루를 묻히고, 반죽통에서 1차발효가 된 반죽을 조심스럽게 꺼내 가볍게 덧가루를 뿌린 작업대 위에 놓는다. 반죽을 반으로 분할하기 좋게 적당히 모양을 잡아준다. 반죽을 반으로 분할할 가운데 부분을 따라 덧가루를 조금 뿌리고, 반죽칼이나 플라스틱 스크레이퍼로 2등분하여 자른다.

<< 밀기울을 묻혀 굽는 르뱅 브레드

05 성형 2개의 발효바구니에 덧가루를 뿌려놓는다. 분할한 2개의 반죽을 p.77~79의 설명대로 적당히 탄력 있게 공모양으로 성형한다. 이음매 부분이 아래로 가도록 발효바구니에 각각 담는다.

06 2차발효 발효바구니를 위생 비닐백에 각각 넣고 밀봉해서 냉장고에서 오버나이트한다.

　다음 날 아침, 냉장고에서 12~14시간 저온숙성 발효시킨 반죽을 꺼내 곧바로 구울 수 있다. 냉장고에서 꺼낸 반죽을 굽기 전에 굳이 실온 상태로 만들지 않아도 된다.

07 예열 적어도 빵을 굽기 45분 전에 오븐의 중간 단에 선반을 넣고, 뚜껑을 덮은 더치오븐 2개를 그 위에 올려서 245℃(475℉)로 예열한다.

　더치오븐을 1개만 가지고 있다면 첫 번째 반죽을 오븐에 굽는 동안 나머지 반죽 1개는 냉장고에 넣어두었다가 차례로 굽는다. 두 번째 반죽을 구울 때는 첫 번째 구운 빵을 꺼낸 후 더치오븐을 5분 정도 다시 예열하고 굽는다.

08 굽기 이 단계에서는 아주 뜨거운 더치오븐에 손, 손가락, 팔뚝 등이 데지 않도록 조심해야 한다.

　2차발효가 되는 동안 발효바구니에서 바닥과 맞닿아 있던 이음매 부분이 빵의 윗면이 될 것이라는 것을 기억하고, 발효바구니의 반죽을 덧가루를 뿌린 작업대 위에 뒤집어놓는다.

　예열한 더치오븐을 꺼내서 뚜껑을 열고, 작업대 위의 반죽을 이음매 부분이 위로 가도록 조심스럽게 넣고 뚜껑을 덮는다. 그대로 오븐에 넣어 30분 굽고, 뚜껑을 열어서 빵이 전체적으로 짙은 밤색이 될 때까지 20분 더 굽는다. 오븐의 온도가 높아서 색이 더 빨리 나올 수도 있으므로 15분 정도 지나면 확인해본다.

　다 구워지면 더치오븐을 꺼내서 조심스럽게 기울여 빵을 꺼내고, 식힘망 위에 올려놓거나 바람이 잘 통하는 곳에 두고 20분 정도 식힌 다음에 슬라이스한다.

월넛 르뱅 브레드 WALNUT LEVAIN BREAD

켄즈 아티장 베이커리에서는 처음 문을 연 이래로 계속 월넛 르뱅 브레드를 다양한 크기와 모양으로 만들어 판매하고 있다. 크게 원형으로 만들기도 하고 롤빵 크기로 작게 만들기도 했는데, 롤빵 크기는 사람들이 아침식사용으로 많이 구매한다. 호두는 반죽에 넣기 전 오븐에 살짝 구워서 사용한다. 이 빵은 빵만 먹어도 맛있지만 토스트를 하거나 버터 또는 꿀을 듬뿍 발라서 먹었을 때의 맛이 훌륭하다. 우리 베이커리에서는 타원형의 월넛 르뱅 브레드를 일부 레스토랑에 배달하는데, 그곳에서는 빵을 슬라이스해서 구운 후 치즈를 샌드해서 먹도록 손님들에게 제공한다. 우리 베이커리에서는 프로마주 블랑(fromage blanc, 크림치즈)과 후드 강(Hood River)에서 재배한 신선한 보스크(Bosc) 배로 샌드위치를 만든다. 이곳 포틀랜드에서 치즈바를 운영하는 내 친구 스티브 존스(Steve Jones)는 이 빵에 오리건 블루(Oregon Blue)치즈나 케이브맨 블루(Caveman Blue)치즈를 곁들여 먹는 걸 좋아하는데, 두 치즈 모두 오리건의 로구 크리머리(Rogue Creamery)에서 생산된 것들이다. 이 빵은 또한 염소젖으로 만든 생치즈를 발라 먹어도 아주 좋고, 토스트용으로도 최고이다.

1개 680g의 빵 2개
1차발효 약 5시간
2차발효 12~14시간
스케줄 예시 오전 8:00 르뱅 먹이주기 ➜ 오후 3:00 본반죽 ➜ 오후 8:00 성형 ➜ 냉장고에서 오버나이트 ➜ 다음 날, 오전 8:00~10:00 굽기

르뱅

재료	양	
르뱅 발효종	100g	⅓C + 1½Ts
흰 밀가루	400g	3C + 2Ts
통밀가루	100g	¾C + ½Ts
물	400g, 29~32℃ (85~90℉)	1¾C

＊ 르뱅의 베이커스 퍼센티지는 르뱅의 밀가루 양을 레시피에서 사용한 밀가루 총량에 대한 비율로 표시한 것이다.

본반죽 / 제빵배합률

재료	양		르뱅 속 함유량	총량	베이커스 퍼센티지
흰 밀가루	740g	5¾C	160g	900g	90%
통밀가루	60g	½C + 1Ts	40g	100g	10%
물	620g, 32~35℃ (90~95℉)	2¾C	160g	780g	78%
고운 소금	22g	1Ts + 1ts	0	22g	2.2%
인스턴트 드라이 이스트	2g	½ts	0	2g	0.2%
호두(반쪽 또는 다진 것)	225g	약 2C	0	225g	22.5%
르뱅	360g	1⅓C			20%＊

<< 월넛 르뱅 브레드

01a 르뱅 먹이주기 마지막으로 르뱅 발효종의 먹이주기를 하고 24시간이 지나면 6ℓ 통에 있는 르뱅 중 100g만 남기고 버린다. 남은 르뱅 100g에 흰 밀가루 400g, 통밀가루 100g, 29~32℃(85~90℉)의 물 400g을 넣고, 손으로 마른 가루가 안 보일 때까지 섞는다. 뚜껑을 덮고, 본반죽을 하기 전에 6~8시간 실온에 둔다.

01b 호두 로스팅 적어도 오토리즈하기 1시간 전에 오븐을 205℃(400℉)로 예열해놓는다. 호두를 무쇠팬이나 베이킹팬에 펼쳐서 약 12분간 짙은 밤색이 나게 굽고, 실온에서 식힌다.

01c 오토리즈 6~8시간 후 12ℓ 반죽통에 흰 밀가루 740g과 통밀가루 60g을 계량해서 넣고 손으로 섞은 후, 32~35℃(90~95℉)의 물 620g을 넣고 손으로 마른 가루가 안 보일 때까지 섞는다. 뚜껑을 덮고 20~30분 정도 그대로 둔다.

02 본반죽 소금 22g과 이스트 2g(½ts)을 오토리즈한 반죽 표면에 골고루 뿌린다. 빈 통에 따뜻한 물을 손가락 깊이 정도 부어서 저울 위에 올린다. 이것은 르뱅을 계량한 후에 손쉽게 꺼낼 수 있도록 하기 위해서다. 따뜻한 물이 담긴 통을 저울 위에 올려놓고 저울을 영점으로 맞춘 후, 손을 물에 적셔서 르뱅 360g을 계량하여 따뜻한 물이 담긴 통에 옮겨 담는다.

그리고 계량한 360g의 르뱅을 12ℓ의 반죽통으로 옮기는데, 이때 르뱅을 계량했던 통에 있는 물은 최대한 옮겨지지 않게 한다. 손으로 반죽할 때는 손에 반죽이 달라붙지 않도록 반죽을 시작하기 전에 손을 물에 적신다. 집게손 자르기(p.74 참조)와 폴딩을 번갈아 하며 재료들을 골고루 잘 섞는다. 반죽이 끝났을 때 반죽의 최종온도는 25~26℃(77~78℉)이다.

반죽을 10분 정도 휴지시킨 후, 그 위에 오븐에 구워서 식힌 호두를 골고루 뿌린다. 다시 집게손 자르기(p.74 참조)와 폴딩을 번갈아 하여 호두를 반죽에 골고루 섞는다.

03 폴딩과 1차발효 이 반죽은 3번의 폴딩(p.75~76 참조)이 적당하며, 본반죽을 하고 1시간 30분~2시간 안에 하는 것이 가장 좋다.

본반죽 후 5시간 정도 지나서 반죽이 원래 크기보다 2.5배 정도 부풀어 오르면 분할한다.

04 분할 손에 밀가루를 묻히고, 반죽통에서 1차발효가 된 반죽을 조심스럽게 꺼내 가볍게 덧가루를 뿌린 작업대 위에 놓는다. 반죽을 반으로 분할하기 좋게 적당히 모양을 잡아준다. 반죽을 반으로 분할할 가운데 부분을 따라 덧가루를 조금 뿌리고, 반죽칼이나 플라스틱 스크레이퍼로 2등분하여 자른다.

05 성형 2개의 발효바구니에 덧가루를 뿌려놓는다. 분할한 2개의 반죽을 p.77~79의 설명대로 적당히 탄력 있게 공모양으로 성형한다. 이음매 부분이 아래로 가도록 발효바구니에 각각 담는다.

06 2차발효 발효바구니를 위생 비닐백에 각각 넣고 밀봉하여 냉장고에서 오버나이트한다.

다음 날 아침, 냉장고에서 12~14시간 저온숙성 발효시킨 반죽을 꺼내 곧바로 구울 수 있다. 냉장고에서 꺼낸 반죽을 굽기 전에 굳이 실온 상태로 만들지 않아도 된다.

07 예열 적어도 빵을 굽기 45분 전에 오븐의 중간 단에 선반을 넣고, 뚜껑을 덮은 더치오븐 2개를 그 위에 올려서 245℃(475℉)로 예열한다.

더치오븐을 1개만 가지고 있다면 첫 번째 반죽을 오븐에 굽는 동안 나머지 반죽 1개는 냉장고에 넣어두었다가 차례로 굽는다. 두 번째 반죽을 구울 때는 첫 번째 구운 빵을 꺼낸 후 더치오븐을 5분 정도 다시 예열하고 사용한다.

<< 월넛 르뱅 브레드

08 굽기 이 단계에서는 아주 뜨거운 더치오븐에 손, 손가락, 팔뚝 등이 데지 않도록 조심해야 한다.

2차발효가 되는 동안 발효바구니에서 바닥과 맞닿아 있던 이음매 부분이 빵의 윗면이 된다는 것을 기억하고, 발효바구니의 반죽을 덧가루를 뿌린 작업대 위에 뒤집어놓는다.

예열한 더치오븐을 꺼내서 뚜껑을 열고, 작업대 위의 반죽을 이음매 부분이 위로 가도록 조심스럽게 넣고 뚜껑을 덮는다. 그대로 오븐에 넣어 30분간 굽고, 뚜껑을 열어서 빵이 전체적으로 짙은 밤색이 될 때까지 20분 더 굽는다. 오븐의 온도가 높아서 색이 더 빨리 나올 수도 있으므로 15분 정도 시간이 지나면 확인해본다.

다 구워지면 더치오븐을 꺼내서 조심스럽게 기울여 빵을 꺼낸다. 그리고 식힘망 위에 올려놓거나 바람이 잘 통하는 곳에 두고 20분 정도 식힌 다음에 슬라이스한다.

필드 블렌드 #1 FIELD BLEND #1

나는 이 빵의 이름을 정할 때, 포도주를 생산하는 와이너리에서 한 가지 와인을 만들기 위해 여러 가지 품종을 교배하여 포도를 생산하는 기술인 '필드 블렌드'란 와인 용어에서 가져왔다. 이 기술은 프랑스의 알자스(Alsace) 지방을 비롯한 여러 지역에서 오래전부터 전통적인 와인 생산에 사용되어온 방법이다. 나는 흰 밀가루, 통밀가루, 흰 호밀가루를 적절하게 섞어서 만든 빵에 이 용어를 사용한다. 여기서 흰 호밀가루는 때로 '라이트 호밀가루(light rye flour)'라고도 하는데, 흰 밀가루를 제분하는 방법과 마찬가지로 호밀의 씨눈과 겨 부분을 제외하고 배젖 부분만 제분한 호밀가루를 말한다. 이 빵은 각 재료들의 복합적인 풍미를 뚜렷하게 느낄 수 있다. 주재료인 밀가루로 빵을 만들었을 때의 가벼움을 잃지 않으면서, 동시에 호밀의 너무 무거운 느낌도 없다. 다음에 나오는 필드 블렌드 #2(p.164)는 통밀가루를 좀 더 사용하고, 흰 호밀가루 대신 통호밀가루나 펌퍼니클 호밀가루를 사용하여 좀 더 짙은 색이고 토속적인 향도 강하다.

이 빵도 샌드위치로 아주 훌륭하다. 이 빵의 독특한 향 때문에 왠지 훈제소금부터 훈제생선이나 훈제고기 같은 훈제된 요리와 잘 어울릴 것 같다는 생각을 할 수도 있다. 만약 내가 '뉴욕 파스트라미온라이 샌드위치 엠파이어(New York pastrami-on-rye sandwich empire)'를 만들게 된다면 이 「필드 블렌드 #1」 반죽에 캐러웨이씨를 조금 넣어서 빵을 만들고 싶다.

1개 680g의 빵 2개
1차발효 약 5시간
2차발효 약 12시간
스케줄 예시 오전 8:00 르뱅 먹이주기 ➜ 오후 3:00 본반죽 ➜ 오후 8:00 성형 ➜ 냉장고에서 오버나이트 ➜ 다음 날, 오전 8:00 굽기

르뱅

재료	양	
르뱅 발효종	100g	⅓C + 1½Ts
흰 밀가루	400g	3C + 2Ts
통밀가루	100g	¾C + ½Ts
물	400g, 29~32℃(85~90℉)	1¾C

<< 필드 블렌드 #1

본반죽			제빵배합률		
재료	양		르뱅 속 함유량	총량	베이커스 퍼센티지
흰 밀가루	590g	4½C+2Ts	160g	750g	75%
통밀가루	60g	½C+½Ts	40g	100g	10%
흰 호밀가루	150g	1½C	0	150g	15%
물	590g, 32~35℃ (90~95℉)	2⅔C	160g	750g	75%
고운 소금	21g	1Ts+1ts 조금 안 되게	0	21g	2.1%
인스턴트 드라이 이스트	2g	½ts	0	2g	0.2%
르뱅	360g	1⅓C			20%＊

＊ 르뱅의 베이커스 퍼센티지는 르뱅의 밀가루 양을 레시피에서 사용한 밀가루 총량에 대한 비율로 표시한 것이다.

01a 르뱅 먹이주기 마지막으로 르뱅 발효종의 먹이주기를 하고 24시간이 지나면 6ℓ 통에 있는 르뱅 중 100g만 남기고 버린다. 남은 르뱅 100g에 흰 밀가루 400g, 통밀가루 100g, 29~32℃(85~90℉)의 물 400g을 넣고 손으로 마른 가루가 안 보일 때까지 섞는다. 뚜껑을 덮고, 본반죽을 하기 전에 6~8시간 실온에 둔다.

01b 오토리즈 6~8시간이 지나면 12ℓ의 반죽통에 흰 밀가루 590g, 통밀가루 60g, 흰 호밀가루 150g을 계량하여 넣고 손으로 섞는다. 여기에 32~35℃(90~95℉)의 물 590g을 넣고 손으로 마른 가루가 안 보일 때까지 섞은 후, 뚜껑을 덮고 20~30분 그대로 둔다. 호밀가루를 넣은 반죽은 호밀가루가 안 들어간 반죽보다 좀 더 끈적거리는 느낌이다.

02 본반죽 소금 21g과 이스트 2g(½ts)을 오토리즈한 반죽 표면에 골고루 뿌린다. 빈 통에 따뜻한 물을 손가락 깊이 정도 부어서 저울 위에 올린다. 이것은 르뱅을 계량한 후에 손쉽게 꺼낼 수 있도록 하기 위해서다. 따뜻한 물이 담긴 통을 저울 위에 올려놓고 저울을 영점으로 맞춘 후, 손을 물에 적셔서 르뱅 360g을 계량하여 따뜻한 물이 담긴 통에 옮겨 담는다.

그리고 계량한 360g의 르뱅을 12ℓ의 반죽통으로 옮기는데, 이때 르뱅을 계량했던 통에 있던 물은 최대한 옮겨지지 않게 한다. 손으로 반죽할 때는 손에 반죽이 달라붙지 않도록 반죽을 시작하기 전에 손을 물에 적신다. 집게손 자르기(p.74 참조)와 폴딩을 번갈아 하며 재료들을 골고루 잘 섞는다. 반죽이 끝났을 때 반죽의 최종온도는 25~26℃(77~78℉)이다.

03 폴딩과 1차발효 이 반죽은 3~4번의 폴딩(p.75~76 참조)이 적당하고, 본반죽을 하고 1시간 30분~2시간 안에 하는 것이 가장 좋다.

본반죽 후 5시간 정도 지나 반죽이 원래 크기보다 2.5배 정도 부풀어 오르면 분할한다.

04 분할 손에 밀가루를 묻히고, 반죽통에서 1차발효가 된 반죽을 조심스럽게 꺼내 가볍게 덧가루를 뿌린 작업대 위에 놓는다. 반죽을 반으로 분할하기 좋게 적당히 모양을 잡아준다. 반죽을 반으로 분할할 가운데 부분을 따라 덧가루를 조금 뿌리고, 반죽칼이나 플라스틱 스크레이퍼로 2등분하여 자른다.

05 성형 호밀가루를 넣어 만든 반죽은 그렇지 않은 반죽보다 더 끈적거려서 반죽에 좀 더 힘을 줄 필요가 있다. 이를 보완하는 방법으로 먼저 가성형(사전성형)을 해주는 것이 좋다. 분할한 2개의 반죽 위에 각각 덧가루를 조금 뿌리고, 덧가루 묻은 부분이 작업대 바닥에 닿게 반죽을 뒤집어놓는다. 그리고 폴딩과 같은 방법으로 반죽의 옆면을 한쪽 부분만 잡아당겨 반죽 위에 포개놓고, 반대쪽 옆면도 같은 방법으로 잡아당겨서 포개놓는다. 이렇게 사방으로 같은 작업을 해서 전체적으로 덧가루가 안 묻은 부분은 반죽 안으로 들어가고, 덧가루가 묻은 부분은 표면을 감싸며 둥근 모양이 되게 한다. 그러고 나서 각각의 반죽을 p.77~79의 설명대로 단단하게 공모양으로 성형하여 이음매 부분이 바닥에 닿게 작업대 위에 놓고 15분간 휴지시킨다.

15분이 지나면 2개의 발효바구니에 덧가루를 뿌리고 다시 한 번 반죽을 단단하게 둥글리기로 성형하여 이음매 부분이 바닥으로 가도록 발효바구니에 담는다.

06 2차발효 발효바구니를 위생 비닐백에 각각 넣고 밀봉하여 냉장고에서 오버나이트한다.

다음 날 아침, 냉장고에서 12시간 저온숙성 발효시킨 성형 반죽을 꺼내 곧바로 구울 수 있다. 냉장고에서 꺼낸 반죽을 굽기 전에 굳이 실온 상태로 만들지 않아도 된다.

07 예열 적어도 빵을 굽기 45분 전에 오븐의 중간 단에 선반을 넣고, 뚜껑을 덮은 더치 오븐 2개를 그 위에 올려서 245℃(475℉)로 예열한다.

더치오븐을 1개만 가지고 있다면 첫 번째 반죽을 오븐에 굽는 동안 나머지 반죽 1개는 냉장고에 넣어두었다가 차례로 굽는다. 두 번째 반죽을 구울 때는 첫 번째 구운 빵을 꺼낸 후 더치오븐을 5분 정도 다시 예열하고 사용한다.

08 굽기 이 단계에서는 아주 뜨거운 더치오븐에 손, 손가락, 팔뚝 등이 데지 않도록 조심해야 한다.

2차발효가 되는 동안 발효바구니에서 바닥과 맞닿아 있던 이음매 부분이 빵의 윗면이 된다는 것을 기억하고, 발효바구니의 반죽을 밀가루를 뿌린 작업대 위에 뒤집어놓는다.

예열한 더치오븐을 꺼내서 뚜껑을 열고, 작업대 위의 반죽을 이음매 부분이 위로 가도록 조심스럽게 넣고 뚜껑을 덮는다. 그대로 오븐에 넣어 30분간 굽고, 뚜껑을 열어서 빵이 전체적으로 짙은 밤색이 될 때까지 20분 더 굽는다. 오븐의 온도가 높아서 색이 더 빨리 나올 수도 있으므로 15분 정도 지나면 확인해본다.

다 구워지면 더치오븐을 꺼내서 조심스럽게 기울여 빵을 꺼낸다. 그리고 식힘망 위에 올려놓거나 바람이 잘 통하는 곳에 두고 20분 정도 식힌 다음에 슬라이스한다.

필드 블렌드 #2 FIELD BLEND #2

밀가루와 호밀가루를 섞어서 만드는 두 번째 필드 블렌드빵을 이 책에 소개하는 두 가지 이유가 있다. 이 빵은 「필드 블랜드 #1」에 들어가는 흰 호밀가루 대신 통호밀가루나 펌퍼니클 호밀가루를 사용해서 개성이 아주 다르다. 그리고 이 두 가지의 필드 블렌드빵을 통해 곡물가루를 어떻게 응용하는지를 보여주면 자신이 사용하고자 하는 곡물가루의 비율을 어떻게 적용할지에 대한 방법을 찾는 데도 도움이 될 것이다.

    곡물가루를 구매하러 마트에 가보면 통호밀가루는 대부분 '다크호밀가루(dark rye flour)'로 표기되어 있다. 펌퍼니클(Pumpernickel) 호밀가루는 통호밀을 거칠게 제분한 것이다.

    이 레시피로 빵을 만들면 〈필드 블렌드 #1〉(p.161)보다 색깔이나 풍미가 조금 어둡고 토속적인 향이 더 강하다. 이 두 가지 빵의 곡물가루 총량은 다른 레시피들과 똑같이 1,000g이다. 곡물가루 200g은 르뱅에 들어가고, 나

머지 800g은 각자 원하는 대로 '맞춤형 배합'으로 만들어 본반죽에 사용한다.

특히, 나는 이 레시피의 곡물가루 배합을 좋아한다. 이유는 통밀빵의 텍스처와 볼륨을 크게 해치지 않으면서 반죽을 다루기 좋을 만큼의 호밀가루가 넉넉히 들어가기 때문이다.

1개 680g의 빵 2개. 포카치아에도 적합

1차발효 약 5시간

2차발효 약 11~12시간

스케줄 예시 오전 8:00 르뱅 먹이주기 ➜ 오후 3:00 본반죽 믹싱 ➜ 오후 8:00 성형 ➜ 냉장고에서 오버나이트 ➜ 다음 날, 오전 7:00 또는 8:00 굽기

르뱅

재료	양	
르뱅 발효종	100g	⅓C + 1½Ts
흰 밀가루	400g	3C + 2Ts
통밀가루	100g	¾C + ½Ts
물	400g, 29~32℃ (85~90℉)	1¾C

본반죽 / 제빵 배합률

재료	양		르뱅 속 함유량	총량	베이커스 퍼센티지
흰 밀가루	540g	4C + 3Ts	160g	700g	70%
통호밀가루	175g	1¾C	0	175g	17.5%
통밀가루	85g	⅔C	40g	125g	12.5%
물	620g, 32~35℃ (90~95℉)	2¾C	160g	780g	78%
고운 소금	21g	1Ts+1ts	0	21g	2.1%
인스턴트 드라이 이스트	2g	½ts	0	2g	0.2%
르뱅	360g	1⅓C			20%*

＊ 르뱅의 베이커스 퍼센티지는 르뱅 안의 밀가루 양을 레시피 안에서의 밀가루 총량에 대한 비율로 표시한 것이다.

<< 필드 블렌드 #2

01a 르뱅 먹이주기 마지막으로 르뱅 발효종의 먹이주기를 하고 24시간이 지나면 6ℓ 통에 있는 르뱅 중 100g만 남기고 버린다. 남은 르뱅 100g에 흰 밀가루 400g, 통밀가루 100g, 29~32℃(85~90℉)의 물 400g을 넣고 손으로 마른 가루가 안 보일 때까지 섞는다. 뚜껑을 덮고, 본반죽을 하기 전에 6~8시간 실온에 둔다.

01b 오토리즈 6~8시간이 지나면 12ℓ의 반죽통에 흰 밀가루 540g, 통밀가루 85g, 통호밀가루 175g을 계량해서 넣고 손으로 섞는다. 여기에 32~35℃(90~95℉)의 물 620g을 넣고 손으로 마른 가루가 안 보일 때까지 섞은 후, 뚜껑을 덮고 20~30분 둔다. 호밀가루가 들어간 반죽은 호밀가루가 안 들어간 반죽보다 좀 더 끈적거리는 느낌이다.

02 본반죽 소금 21g과 이스트 2g(½ts)을 오토리즈한 반죽 표면에 골고루 뿌린다. 빈 통에 따뜻한 물을 손가락 깊이 정도 부어서 저울 위에 올린다. 이것은 르뱅을 계량한 후에 손쉽게 꺼낼 수 있도록 하기 위해서다. 따뜻한 물이 담긴 통을 저울 위에 올려놓고 저울을 영점으로 맞춘 후, 손을 물에 적셔서 르뱅 360g을 계량한다.

그리고 계량한 360g의 르뱅을 12ℓ의 반죽통으로 옮기는데, 이때 르뱅을 계량했던 통에 있는 물은 최대한 옮겨지지 않게 한다. 손으로 반죽할 때는 손에 반죽이 달라붙지 않도록 반죽을 시작하기 전에 손을 물에 적신다. 집게손 자르기(p.74 참조)와 폴딩을 번갈아 하며 재료들을 고루 잘 섞는다. 반죽이 끝났을 때 반죽의 최종온도는 25~26℃(77~78℉)이다.

03 폴딩과 1차발효 이 반죽은 3~4번의 폴딩(p.75~76 참조)이 적당하고, 본반죽을 하고 1시간 30분~2시간 안에 하는 것이 가장 좋다.

본반죽 후 5시간 정도 지나서 반죽이 원래 크기보다 2.5배 정도 부풀어 오르면 분할한다.

04 분할 손에 밀가루를 묻히고, 반죽통에서 1차발효가 된 반죽을 조심스럽게 꺼내 가볍게 덧가루를 뿌린 작업대 위에 놓는다. 반죽을 반으로 분할하기 좋게 적당히 모양을 잡아준다. 반죽을 반으로 분할할 가운데 부분을 따라 덧가루를 조금 뿌리고, 반죽칼이나 플라스틱 스크레이퍼로 2등분하여 자른다.

05 성형 호밀가루를 넣어 만든 반죽은 그렇지 않은 반죽보다 더 끈적거려서 반죽에 좀 더 힘을 줄 필요가 있다. 이를 보완하는 방법으로 먼저 가성형(사전성형)을 해주는 것이 좋다. 분할한 2개의 반죽 위에 각각 덧가루를 조금 뿌리고, 덧가루가 묻은 부분이 작업대 바닥에 닿게 반죽을 뒤집어놓는다. 그리고 폴딩과 같은 방법으로 반죽의 옆면을 한쪽 부분만 잡아당겨 반죽 위에 포개놓는다. 이렇게 사방으로 같은 작업을 해서 전체적으로 덧가루가 안 묻은 부분은 반죽 안으로 들어가고, 덧가루가 묻은 부분은 표면을 감싸며 둥근 모양이 되게 한다. 그러고 나서 각각의 반죽을 p.77~79의 설명대로 단단하게 공모양으로 성형하여 이음매 부분이 바닥에 닿게 작업대 위에 놓고 약 15분간 휴지시킨다.

15분이 지나면 2개의 발효바구니에 덧가루를 뿌리고, 다시 한 번 반죽을 단단하게 둥글리기로 성형하여 이음매 부분이 바닥으로 가도록 발효바구니에 담는다.

06 2차발효 발효바구니를 위생 비닐백에 각각 넣고 밀봉하여 냉장고에서 오버나이트한다.

다음 날 아침, 냉장고에서 11~12시간 저온숙성 발효시킨 성형 반죽을 꺼내 곧바로 구울 수 있다. 냉장고에서 꺼낸 성형 반죽을 굽기 전에 굳이 실온상태로 만들지 않아도 된다.

07 예열 적어도 빵을 굽기 45분 전에는 오븐의 중간 단에 선반을 넣고, 뚜껑을 덮은 더치오븐 2개를 그 위에 올려서 245℃ (475℉)로 예열한다.

더치오븐을 1개만 가지고 있다면 첫 번째 반죽을 오븐에 굽는 동안 나머지 반죽 1개는 냉장고에 넣어두었다가 차례로 굽는다. 두 번째 반죽을 구울 때는 첫 번째 구운 빵을 꺼낸 후 더치오븐을 5분 정도 다시 예열하고 사용한다.

08 굽기 이 단계에서는 아주 뜨거운 더치오븐에 손, 손가락, 팔뚝 등이 데지 않도록 조심해야 한다.

2차발효가 되는 동안 발효바구니에서 바닥과 맞닿아 있던 이음매 부분이 빵의 윗면이 된다는 것을 기억하고, 발효바구니의 반죽을 덧가루를 뿌린 작업대 위에 뒤집어놓는다.

예열한 더치오븐을 꺼내서 뚜껑을 열고, 작업대 위의 반죽을 이음매 부분이 위로 가도록 조심스럽게 더치오븐에 넣고 뚜껑을 덮는다. 그대로 오븐에 넣어 30분간 굽고, 뚜껑을 열어서 빵이 전체적으로 짙은 밤색이 될 때까지 20분 더 굽는다. 오븐의 온도가 높아서 색이 더 빨리 나올 수도 있으므로 15분 정도 지나면 확인해본다.

다 구워지면 더치오븐을 꺼내서 조심스럽게 기울여 빵을 꺼낸다. 그리고 식힘망 위에 올려놓거나 바람이 잘 통하는 곳에 두고 20분 정도 식힌 다음에 슬라이스한다.

3kg의 불(Boule)

이 커다랗고 둥근 르뱅 브레드를 오븐에 구운 날은 월요일이었고 오늘은 수요일이다. 이것은 지름이 약 41㎝ (16인치) 정도 되는 약 3kg(6파운드)의 빵으로 오늘 최고의 맛을 내는 것 같다. 내가 만드는 모든 르뱅 브레드가 그렇듯이 이 빵 역시 구운 후에도 계속해서 며칠간 숙성이 된다. 이런 대형빵이 숙성되는 과정에는 뭔가 특별함이 있다. 시간이 지나면서 풍미가 복합적으로 어우러지며 그윽한 향을 만들어내는데, 빵의 속살은 여전히 부드럽고, 겉껍질은 유연하면서도 단단한 형태를 유지한다. 나는 이 거대한 빵의 다양한 텍스처가 너무 좋다. 또한 진하면서 구수하고 때로는 조금 쌉쌀한 맛이 감돌기도 하는 크러스트의 풍미는 이 빵의 근원이 되는 밀밭을 떠오르게 한다. 재료? 당연히 밀가루, 물, 소금, 이스트뿐이다.

이렇게 대형의 큰 빵을 만들게 된 배경을 알아보려면 아마도 시간을 거슬러 올라가야 할 것 같다. 일주일에 하루나 이틀 정도밖에 빵을 구울 수 없는 환경에서 다음에 빵을 구울 때까지 넉넉하게 먹을 수 있을 만큼 큰 빵이 필요했던 시절이 있었을 것이다. 이런 환경은 빵이 주식이었던 유럽 시골마을의 생활과 관련이 깊다. 대부분의 마을에는 일주일 내내 영업을 하는 큰 규모의 베이커리가 없었고, 일부 마을에 일주일에 한 번 불을 지필 수 있는 마을 공동체의 화덕이 있었다. 그래서 한 번 구운 빵을 다음에 새 빵을 구울 때까지 먹어야 하므로 빵을 크게 만들어야만 했다. 말 그대로 정말로 크게 만든다는 뜻이다. 내가 갖고 있는 책들 중에는 지름이 최소 90㎝는 되어 보이는 거대한 빵을 찍은 오래전의 사진들이 소개되어 있는 책들이 있다. 20세기 이전만 해도 빵은 일반 유럽 사람들의 식생활에서 중요한 열량 공급원이었기 때문에 그 당시의 '빵'과 '빵을 굽는 일'은 오늘날 우리가 상상할 수 없을 정도로 중요한 일이었다.

지금까지도 우리 베이커리를 포함하여 많은 베이커리들이 매일 빵을 살 수 없는 사람들이나 경험으로 대형빵의 탁월함을 알고 있는 사람들을 위해 여전히 대형빵을 굽는다. 나 같은 경우엔 대형빵의 거의 전부를 포틀랜드에 있는 소수의 좋은 레스토랑에 배달하고 있다.

오래전부터 전해 내려오는 역사가 있는 이런 큰 빵들은 내 일에 영감을 주어서 너무 좋다. 3kg(6.6파운드)의 컨트리 블론드(Country Blonde) 불은 나만의 브랜드 빵이라고 감히 말할 수 있으며, 우리 베이커리에서 만드는 컨트리 브라운 브레드(Country Brown Bread)의 레시피는 비록 미국과 프랑스의 밀가루에 차이가 있지만, 나에게 영감을 주었던 프랑스의 유명한 푸알란(Poilâne), 푸조랑(Poujauran), 카미르(Kamir), 사브롱(Saibron) 등 파리의 여러 훌륭한 베이커들이 만드는 빵에 견줄만하다고 생각한다. 그리고 컨트리 브라운 브레드는 1.75kg(3.9파운드)의 불로 내가 가장 좋아하는 빵 중에 하나이지만, 3kg의 컨트리 블론드 불이 1.75kg 불보다 나의 창의적인 생각이 훨씬 더 많이 깃들어 있는 빵이기 때문에 누군가의 빵을 내 방식으로 응용한 것이 아니라 나만의 브랜드를 지닌 내 고유의 빵이라고 생각한다.

2004년 켄즈 아티장 베이커리를 시작하고 첫 번째 휴가로 파리를 다시 여행하였다. 이것은 오래전 내가 베이커가 되도록 영향을 주었던 블랑제리들을 다시 방문할 기회였다. 그리고 포틀랜드에서 내가 하고 있는 일에 대해 깊이 생각해보는 시간이 되었다. 세느 강변을 거닐며 내가 만들고 있는 컨트리 블론드에 뭔가 변화를 주고 싶다는 생각이 들어, 내가 늘 생각하는 2가지 원칙을 떠올려보았다. 2가지 원칙이란, 우리가 만드는 대형빵은 베이커리에서 만드는 일반 소형빵보다 더 맛이 좋아야 한다는 것, 그리고 내가 늘 강조하는 '소량의 이스트와 긴 발효시간'을 컨트리 블론드에 적용해서 좀 더 맛있는 복합적 풍미를 끌어내야 한다는 것이다. 나는 또한 프랑스 베이커들이 일반적으로 사용하는 방법인 호밀을 첨가함으로써 좀 더 토속적이면서 복합적인 빵의 풍미를 이끌어내고 싶었다.

집에 돌아오자 나는 컨트리 블론드를 만들 때 사용하는 곡물가루(그때 당시 나는 컨트리 블론드 반죽에 4가지의 곡물가루를 사용하였다)의 혼합 비율, 르뱅과 이스트의 양, 시간 조절, 반죽온도 그리고 수분율을 조금씩 손을 보았다. 그리고 여러 가지 테스트를 거치며 굽기 전 반죽 무게가 무려 4kg이나 되는 빵까지 만들어보았지만, 결국 3kg의 빵이 가장 이상적인 크기라는 결론을 내렸다. 이렇게 결론짓게 만든 결정적인 이유는, 사실 3kg 이상 되는 빵이 들어갈 배달주머니가 없었다는 안타까운 현실!

우리 베이커리에서는 컨트리 블론드 불의 크러스트에 아주 독특한 맛을 갖게 하기 위해 색이 진하게 나올 때까지 굽는다. 더러는 살짝 탄 느낌이 들 정도까지 굽기도 한다. 빵이 알맞게 발효된 상태에서 충분히 구워졌을 때 짙은 암갈색이나 어두운 진홍색을 띠게 되며, 이런 색은 사실 미국에서 판매되는 전형적인 빵의 색깔은 아니다. 그러나 풍미는 정말 최고이다. 2가지 빵의 맛과 텍스처를 비교해봤을 때, 기공이 가볍게 열려 있는 크럼에서부터 크러스트까지 그야말로 뚜렷한 차이를 보인다.

처음에 나는 이 빵을 포틀랜드의 레스토랑에 있는 몇몇 친구들에게만 배달했지만 얼마 지나지 않아 시내에 있는 10~15개의 대형 레스토랑에 매일 배달하게 되었다. 그러나 이렇게 커다란 빵을 일반인에게 직접 판매하는 데는 또 다른 문제가 있었다. 대부분의 사람들은 집에서 빵을 그렇게 많이 먹지 않기 때문이다. 그래서 우리 베이커리에서는 이 3kg의 불을 ¼ 크기로 잘라서 판매한다.

프랑스에서는 이렇게 커다란 빵을 '미슈(miche)' 또는 '불(boule, 블랑제리에서 유래)'이라고 부른다. 이 빵은 시간이 흐르면서 계속 숙성이 되기 때문에 일부 가정집에서는 빵을 구운 지 하루가 지나기 전에는 먹지 않는다. 그래서 1주일간의 식사 메뉴 주기가 이 빵의 숙성도에 의해 결정되기도 한다. 초기에는 플레인 맛으로 그냥 먹거나, 식사 때 다른 요리와 곁들여 먹는다. 숙성 과정 중 어느 순간 크러스트의 바삭함과 부드러움이 절묘하게 일치하는 때가 오는데, 그때는 토스트를 하기에 아주 좋다. 그러나 이런 순간이 지나고 좀 더 숙성이 되면 요리용이나 디저트용으로 브레드 푸딩을 만들기에 아주 적당하다. 싱싱한 베리류와 생크림이나 휘핑크림을 토핑해서 만드는 여름용 푸딩은 내가 가장 좋아하는 것 중에 하나이다. 이밖에 슬라이스하거나 잘게 자른 빵을 살짝 구워서 수프나 스튜에 얹어 먹기도 한다. 그리고 빵의 속살 부분인 크럼은 푸딩을 만들 때 충전물로 채우거나 토핑을 하기도 하고, 부셔서 튀김옷으로 사용하기도 하며, 특히 겨울에는 카술레(cassoulet, 프랑스 랑그도크 지방의 콩 스튜요리)에 토핑해서 먹는다. 그리고 당연히 크루통으로 만들 수도 있고, 우리가 상상할 수 있는 모든 재료의 토핑이 가능한 크로스티니(crostini, 작게 자른 빵 위에 여러 가지 재료를 토핑하여 만든 카나페)도 만들 수 있다. 최근에는 아주 맘에 드는 이탈리아 브레드 볼(bread balls) 레시피를 알게 되었다. 묵은 빵조각을 밤새 우유에 적셔두었다가 꼭 짜서 커스터드 크림과 섞은 후, 볼모양으로 만들어 기름에 튀기는 것이다. 여기서 커스터드 크림은 우유, 달걀, 파르메산치즈가루, 잘게 다진 세이지 등의 재료로 만든다. 음~, 맛있어! 소박한 농부의 빵은 오래된 빵도 낭비하지 않고 훌륭하게 재활용하는 면에서도 탁월하다.

최근에 몬태나(Montana)의 센테니얼 밸리(Centennial Valley)에 있는 농장주택을 빌려서 휴가를 다녀왔다. 그때 2개의 컨트리 블론드 불을 가지고 갔다. 하나는 주택을 빌려준 주인에게 선물로 주고, 다른 하나는 7일간의 휴가기간 동안 내가 식량으로 사용하였다. 빵을 구운 후 7일 동안 나는 계속해서 그 빵으로 토스트하고 크루통도 만들었으며, 그밖에 빵을 기본재료로 하는 음식들을 만들었다. 또한 빵을 조각으로 잘라서 설탕을 넣은 크림에 적시고, 그 위에 베리류를 토핑하여 디저트도 만들었다.

만약 운 좋게 이런 대형빵을 구한다면 어떻게 저장해야 할지 궁금할 것이다. 가장 좋은 방법은 첫날은 그냥 실온에 두고 먹다가 다음 날부터 4조각으로 잘라 위생 비닐백에 담은 후, 실온에 두고 필요할 때마다 꺼내 먹으면 8일 정도까지 두고 먹을 수 있다.

3kg의 불을 집에서 직접 만들고 싶다면 p.174의 「오버나이트 컨트리 블론드」를 응용한 1.8kg(4파운드)의 불(p.178 참조)을 만든다. 또는 p.179의 「오버나이트 컨트리 브라운」을 응용해서 만들 수도 있다.

100% 르뱅반죽

팽 오 베이컨(p.183)

오버나이트 컨트리 블론드 OVERNIGHT COUNTRY BLONDE

이 레시피는 상업용 이스트를 전혀 사용하지 않고, 순수하게 르뱅만으로 천연발효하여 살짝 시큼한 맛이 감돌도록 만든 멋진 빵이다. 소량의 르뱅을 사용해서 밤새도록 오랜 1차발효 시간을 거치면, 아침이 되었을 때 반죽에 가스가 생성되어 원래 크기의 3배까지 멋지게 부풀어 오른 반죽이 된다. 이 반죽을 성형해서 4시간가량 2차발효를 한다. 이 발효시간 동안 만들어진 여러 가지 향들이 빵 속에 스며들어 자신이 키운 르뱅 발효종의 특성을 고스란히 드러내며, 빵을 구운 후 이틀까지도 빵이 품고 있는 향과 산미가 더욱 더 부드럽고 숙성된 맛으로 계속 발전한다.

켄즈 아티장 베이커리(Ken's Artisan Bakery)에서는 이 반죽을 조금 다른 버전으로 만들고 있다. 이 책에 있는 내용과 조금 다르게 먹이주기를 새벽 3시 30분에 하고 있어서 이 책에는 소개하지 않았다. 그러나 이 빵은 p.168의 설명처럼 3kg의 불(boule)에서 1.8kg(4파운드)의 불로 크기를 줄인 버전이다. 이 레시피의 반죽 분량은 일반 가정의 오븐 크기에 맞는 베이킹스톤에 놓고 굽기에 알맞은 분량이다.

이 빵을 완벽하게 굽기 위해서는 오븐에서 살짝 탄 것 같은 느낌이 들 정도까지 구워야 한다. 만약 쫄깃한 크러스트의 식감을 원한다면 오븐을 끄고 곧바로 빵을 꺼내지 말고, 오븐의 문을 조금 열어둔 상태로 몇 분간 두었다가 꺼내도록 한다.

만들어서 일단 한 번 성공하고 나면 곡물가루의 혼합에 자신감을 가지게 되고, 그 다음부터는 자유자재로 다른 종류의 곡물가루들을 혼합하여 본반죽을 만들 수 있게 될 것이다. 단지 꼭 유의해야 할 점은 르뱅에 포함되는 120g의 밀가루를 제외한 880g 안에서 여러 가지 곡물가루를 혼합해야 한다는 것이다. 그리고 「팽 오 베이컨」(p.183)의 경우, 올리브 225g과 견과류 같은 다른 충전용 재료들은 880g에 포함되지 않는 선택사항이므로 무게를 크게 고려하지 않고 임의대로 넣으면 된다.

1개 680g의 빵 2개, 또는 대형빵 1개(p.178의 응용 참조)
1차발효 12~15시간
2차발효 약 4시간
스케줄 예시 오전 9:00 르뱅 먹이주기 ➜ 오후 5:00 본반죽 ➜ 다음 날, 오전 8:00 성형 ➜ 오후 12:00 굽기

르뱅

재료	양	
르뱅 발효종	100g	⅓C+1½Ts
흰 밀가루	400g	3C+2Ts
통밀가루	100g	¾C+½Ts
물	400g, 29~32℃(85~90℉)	1¾C

<< 오버나이트 컨트리 블론드

본반죽			제빵배합률		
재료	양		르뱅 속 함유량	총량	베이커스 퍼센티지
흰 밀가루	804g	6¼C	96g	900g	90%
통밀가루	26g	3Ts	24g	50g	5%
호밀가루	50g	⅓C+1Ts	0	50g	5%
물	684g, 32~35℃ (90~95℉)	3C 조금 안 되게	96g	780g	78%
고운 소금	22g	1Ts+1ts	0	22g	2.2%
르뱅	216g✱✱	¾C+1Ts			12%✱

✱ 르뱅의 베이커스 퍼센티지는 르뱅의 밀가루 양을 레시피에서 사용한 밀가루 총량에 대한 비율로 표시한 것이다.

✱✱ 자신의 주방이 21℃(70℉)보다 낮다면 르뱅의 양을 250~275g까지 늘린다.

01a 르뱅 먹이주기 마지막으로 르뱅 발효종의 먹이주기를 하고 24시간이 지나면 6ℓ 통에 있는 르뱅 중 100g만 남기고 버린다. 남은 르뱅 100g에 흰 밀가루 400g, 통밀가루 100g, 29~32℃(85~90℉)의 물 400g을 넣고 손으로 마른 가루가 안 보일 때까지 섞는다. 뚜껑을 덮고, 본반죽을 하기 전에 7~9시간 정도 실온에 둔다.

01b 오토리즈 7~9시간이 지나면 12ℓ의 반죽통에 흰 밀가루 804g, 호밀가루 50g, 통밀가루 26g을 계량해서 넣고 손으로 섞는다. 여기에 32~35℃(90~95℉)의 물 684g을 넣고 손으로 마른 가루가 안 보일 때까지 섞은 후, 뚜껑을 덮고 20~30분 그대로 둔다.

02 본반죽 소금 22g을 오토리즈한 반죽 표면에 골고루 뿌린다. 빈 통에 따뜻한 물을 손가락 깊이 정도 부어서 저울 위에 올려놓는다. 이것은 르뱅을 계량한 후에 손쉽게 꺼낼 수 있도록 하기 위해서다. 따뜻한 물이 담긴 통을 저울 위에 올려놓고 저울을 영점으로 맞춘 후, 손을 물에 적셔서 르뱅 216g을 계량하여 따뜻한 물이 담긴 통에 옮겨 담는다. p.140의 '계절에 따른 조절'을 참조하여 주방의 실내온도가 낮으면 르뱅의 양을 좀 더 늘린다.

그리고 계량한 216g의 르뱅을 12ℓ의 반죽통으로 옮기는데, 이때 르뱅을 계량한 통에 있는 물은 최대한 옮겨지지 않게 한다. 손으로 반죽할 때는 손에 반죽이 달라붙지 않도록 반죽을 시작하기 전에 손을 물에 적신다. 집게손 자르기(p.74 참조)와 폴딩을 번갈아 하며 재료들을 고루 잘 섞는다. 반죽이 끝났을 때 반죽의 최종온도는 25~26℃(77~78℉)이다.

03 폴딩과 1차발효 이 반죽은 3~4번의 폴딩(p.75~76 참조)이 적당하다. 오버나이트를 하는 반죽은 매우 느리게 발효하므로 잠자리에 들기 전까지 적당히 시간을 배분해서 폴딩한다. 가능하면 반죽 후 1시간 안에 2~3번 폴딩하고, 마지막 1번은 잠자리에 들기 전 편한 시간에 한다.

반죽이 원래 크기보다 3배 정도 부풀거나, 겨울철에는 3배가 조금 안 되게 부풀더라도 믹싱 후 12~15시간이 지나면 분할한다.

04 분할 손에 밀가루를 묻히고, 반죽통에서 1차발효가 된 반죽을 조심스럽게 꺼내서 가볍게 덧가루를 뿌린 작업대 위에 놓는다. 반죽을 반으로 분할하기 좋게 적당히 모양을 잡아준다. 반죽을 반으로 분할할 가운데 부분을 따라 덧가루를 조금 뿌리고, 반죽칼이나 플라스틱 스크레이퍼로 2등분하여 자른다.

05 성형 2개의 발효바구니에 덧가루를 뿌려놓는다. 분할한 2개의 반죽을 p.77~79의 설명대로 적당히 탄력 있게 공모양으로 성형한다. 이음매 부분이 아래로 가도록 발효바구니에 각각 담는다.

06 2차발효 발효바구니 2개를 나란히 놓고, 키친타월로 덮어두거나 위생 비닐백에 각각 넣어 밀봉한다. 2차발효는 실내온도가 약 21℃(70℉)라면 4시간이 적당하다. 알맞게 발효가 되어 오븐에 구워도 되는지 손가락 테스트(p.80 참조)로 확인한다.

07 예열 적어도 빵을 굽기 45분 전에는 오븐의 중간 단에 선반을 넣고, 뚜껑을 덮은 더치오븐 2개를 그 위에 올려서 245℃(475℉)로 예열한다.

더치오븐을 1개만 가지고 있다면 두 번째 구울 반죽은 첫 번째 반죽을 오븐에 굽기 20분 전에 냉장고에 넣어두었다가 차례로 굽는다. 두 번째 반죽을 구울 때는 첫 번째 구운 빵을 꺼낸 후 더치오븐을 5분 정도 다시 예열하고 굽는다.

08 굽기 이 단계에서는 아주 뜨거운 더치오븐에 손, 손가락, 팔뚝 등이 데지 않도록 조심해야 한다.

2차발효가 되는 동안 발효바구니에서 바닥과 맞닿아 있던 이음매 부분이 빵의 윗면이 된다는 것을 기억하고, 발효바

구니의 반죽을 덧가루를 뿌린 작업대 위에 뒤집어놓는다.

예열한 더치오븐을 꺼내서 뚜껑을 열고, 작업대 위의 반죽을 이음매 부분이 위로 가도록 조심스럽게 넣고 뚜껑을 덮는다. 그대로 오븐에 넣어 30분간 굽고, 뚜껑을 열어서 빵이 전체적으로 중간 정도의 짙은 밤색에서 아주 짙은 밤색이 될 때까지 20~25분 더 굽는다. 오븐의 온도가 높아서 색이 더 빨리 나올 수도 있으므로 15분 정도 지나면 혹시 빵이 너무 많이 타지 않는지 확인한다.

더치오븐을 꺼내서 조심스럽게 기울여 빵을 꺼낸다. 그리고 식힘망 위에 올려놓거나 바람이 잘 통하는 곳에 두고 20분 정도 식힌 다음에 슬라이스한다.

100% 르뱅 브레드의 2차발효

손가락 테스트(p.80 참조)는 2차발효를 시작하고 3시간 15분 정도 후부터 어느 정도 발효되었는지를 알아보는 좋은 방법이다. 실내온도가 21℃(70℉)인 우리 집에서는 3시간 30분~4시간 15분 사이에 그런 변화를 볼 수 있다. 처음에는 2차발효를 3시간 했을 때 빵이 아주 잘 구워졌다고 생각했지만, 더 많은 테스트를 거치면서 2차발효를 4시간 한 빵이 주저앉지도 않으면서 풍미가 더 좋다는 걸 알게 되었다.

응용_ 1.8㎏ 불(boule)

3㎏의 불을 작게 만들고 싶다면, 이 레시피의 전체 반죽(약 1.8㎏)을 한 덩어리로 만들어서 작은 원형 빵을 만드는 방법으로 성형한다 (p.77~79 참조). 1.8㎏의 불은 푸알란 미슈와 거의 비슷한 크기일 것이다.

보푸라기 없는 35~40㎝ 폭의 키친타월이나, 경우에 따라서는 2개의 키친타월을 겹쳐서 그 위에 적당히 덧가루를 뿌린다. 성형한 반죽의 이음매 부분이 바닥으로 가도록 키친타월의 한쪽에 놓고 반죽 위에 밀가루를 뿌린 후, 반죽이 놓인 타월의 반대쪽을 들어 반죽을 덮는다. 타월로 반죽 전체를 너무 팽팽하게 당겨서 덮지 말고, 팽창할 수 있도록 옆에 약 2.5㎝ 정도 공간을 두고 느슨하게 덮는다. 그대로 4시간 30분 ~ 5시간 동안 실온에서 2차발효를 한다.

적어도 빵을 굽기 45분 전에는 오븐의 중간 단에 선반을 넣고, 그 아래로 오븐 바닥 가까이에 두 번째 선반을 넣는다. 중간 단에 베이킹스톤을 놓고 260℃(500℉)로 오븐을 예열한다. 두 번째 베이킹스톤은 뜨거운 물에 45분간 담가둔다. 베이킹스톤의 윗면이 물에 충분히 잠기지 않으면 20분 후에 뒤집어준다. 빵을 굽기 5분 전에 물에 담가두었던 베이킹스톤을 오븐의 두 번째 선반 위에 놓는다. 이것은 오븐 안에 스팀효과를 주기 위한 것이다.

반죽 위에 칼집(scoring)을 넣으면 좋지만 안 해도 상관없다. 만일 스코링용 칼이 있으면 빵 위에 칼자국이 겹쳐지게 사각으로 칼집을 넣는다. 덧가루를 뿌린 피자삽(pizza peel) 위에 불을 올려놓고, 건조한 상태로 예열되어 있는 중간 단의 베이킹스톤 위에 이음매가 위로 향하게 하여 넣는다. 5분 후 오븐온도를 245℃(475℉)로 낮추고 35~40분 굽는다. 그러나 30분이 지나면 오븐이 과열되어 있을 수 있으므로 빵의 상태를 한번 확인해본다. 이때 오븐의 문을 열자마자 뜨거운 스팀이 나올 수 있으므로 조심한다. 빵의 색깔이 짙은 암갈색을 띠면 빵이 다 구워진 것이다. 크러스트가 좀 더 바삭해지도록 하기 위해서 오븐을 끄고 오븐 문을 살짝 열어놓은 상태로 몇 분간 기다렸다가 꺼낸다. 평소처럼 빵을 슬라이스하기 전에 식힘망에 올리거나, 공기가 잘 통하는 곳에 비스듬히 세워놓고 식힌다.

오버나이트 컨트리 브라운 OVERNIGHT COUNTRY BROWN

이 레시피는 켄즈 아티장 베이커리(Ken's Artisan Bakery) 초기에 매일 만들던 오리지널「컨트리 브라운 브레드」를 모델로 만들었다. 오랜 시간 발효를 거친 100% 르뱅반죽으로 어떻게 하면 부드러운 풍미와 산미(단지 시기만 하지 않은)가 적절히 어우러지면서 동시에 시골의 정취가 느껴지는 맛있는 빵을 만들 수 있는지를 보여주는 좋은 예다. 빵을 전체적으로 암갈색이 날 때까지 구우면, 크러스트의 씹히는 식감이 주는 특별한 만족감과 함께 크러스트의 구수한 향이 크럼 속으로 적절히 스며든 맛의 진한 감동을 느낄 수 있다.

만약 푸알란 빵(pain Poilâne)과 비슷한 크기와 색깔과 스타일의 빵을 만들기를 원한다면 p.178의「오버나이트 컨트리 블론드」응용에 나오는 설명에 따라 이 레시피의 1.8kg 반죽 전체로 1개의 대형 불을 만든다.

1개 680g의 빵 2개, 또는 대형빵 1개(p.178의 응용 참조)
1차발효 12~15시간
2차발효 약 4시간
스케줄 예시 오전 9:00 르뱅 먹이주기 ➜ 오후 5:00 본반죽 ➜ 다음 날, 오전 8:00 성형 ➜ 오후 12:00 굽기

<< 오버나이트 컨트리 브라운

르뱅

재료	양	
르뱅 발효종	100g	⅓C + 1½Ts
흰 밀가루	400g	3C + 2Ts
통밀가루	100g	¾C + ½Ts
물	400g, 29~32℃ (85~90℉)	1¾C

본반죽

재료	양		르뱅 속 함유량	총량	베이커스 퍼센티지
흰 밀가루	604g	4⅔C	96g	700g	70%
통밀가루	276g	2C + 2Ts	24g	300g	30%
물	684g, 32~35℃ (90~95℉)	3C 조금 안 되게	96g	780g	78%
고운 소금	22g	1Ts + 1ts	0	22g	2.2%
르뱅	216g**	¾C + 1Ts			12%*

제빵배합률

＊ 르뱅의 베이커스 퍼센티지는 르뱅의 밀가루 양을 레시피에서 사용한 밀가루 총량에 대한 비율로 표시한 것이다.
＊＊ 자신의 주방이 21℃(70℉)보다 낮으면 르뱅의 양을 250~275g까지 늘린다.

01a 르뱅 먹이주기 마지막으로 르뱅 발효종의 먹이주기를 하고 24시간이 지나면 6ℓ 통에 있는 르뱅 중 100g만 남기고 버린다. 르뱅 100g에 흰 밀가루 400g, 통밀가루 100g, 29~32℃(85~90℉)의 물 400g을 넣고 손으로 마른 가루가 안 보일 때까지 섞는다. 뚜껑을 덮고, 본반죽을 하기 전에 7~9시간 정도 실온에 둔다.

01b 오토리즈 7~9시간이 지나면 12ℓ의 반죽통에 흰 밀가루 604g, 통밀가루 276g을 계량해서 넣고 손으로 섞는다. 여기에 32~35℃(90~95℉)의 물 684g을 넣고 손으로 마른 가루가 안 보일 때까지 섞은 후, 뚜껑을 덮고 20~30분 둔다.

02 본반죽 소금 22g을 오토리즈한 반죽 표면에 골고루 뿌린다. 빈 통에 따뜻한 물을 손가락 깊이 정도 부어서 저울 위에 올려놓는다. 이것은 르뱅을 계량한 후에 손쉽게 꺼낼 수 있도록 하기 위해서다. 따뜻한 물이 담긴 통을 저울 위에 올려놓고 저울을 영점으로 맞춘 후, 손을 물에 적셔서 르뱅 216g을 계량하여 따뜻한 물이 담긴 통에 옮겨 담는다. p.140의 '계절에 따른 조절'을 참조하여 주방의 실내온도가 낮으면 르뱅의 양을 좀 더 늘린다.

그리고 계량한 216g의 르뱅을 12ℓ의 반죽통으로 옮기는데, 이때 르뱅을 계량했던 통에 있는 물은 최대한 옮겨지지 않게 한다. 손으로 반죽할 때는 손에 반죽이 달라붙지 않도록 반죽을 시작하기 전에 손에 물을 적신다. 집게손 자르기(p.74 참조)와 폴딩을 번갈아 하며 재료들을 골고루 잘 섞는다. 반죽이 끝났을 때 반죽의 최종온도는 25~26℃(77~78℉)이다.

03 폴딩과 1차발효 이 반죽은 3~4번의 폴딩(p.75~76 참조)이 적당하다. 오버나이트를 하는 반죽은 매우 느리게 발효하므로 잠자리에 들기 전까지 적당히 시간을 배분해서 폴딩을 하는데, 가능하면 반죽 후 1시간 안에 2~3번 폴딩을 하고, 마지막 1번은 잠자리에 들기 전 편한 시간에 한다.

반죽이 원래 크기보다 3배 정도 부풀거나, 겨울철엔 3배가 조금 안 되게 부풀더라도 믹싱 후 12~15시간이 지나면 분할한다.

04 분할 손에 밀가루를 묻히고, 반죽통에서 1차발효가 된 반죽을 조심스럽게 꺼내서 가볍게 덧가루를 뿌린 작업대 위에 놓는다. 반죽을 반으로 분할하기 좋게 적당히 모양을 잡아준다. 반죽을 반으로 분할할 가운데 부분을 따라 덧가루를 조금 뿌리고, 반죽칼이나 플라스틱 스크레이퍼로 2등분하여 자른다.

05 성형 2개의 발효바구니에 덧가루를 뿌려놓는다. 분할한 2개의 반죽을 p.77~79의 설명대로 적당히 탄력 있게 공모양으로 성형한다. 이음매 부분이 아래로 가도록 발효바구니에 각각 담는다.

06 2차발효 2개의 발효바구니를 나란히 놓고, 키친타월로 덮어두거나 위생 비닐백에 각각 넣어서 밀봉한다. 실내온도가 21℃(70℉)라면 2차발효는 4시간이 적당하다. 적당히 발효가 되어 오븐에 구워도 되는지 손가락 테스트(p.80 참조)로 확인한다.

07 예열 적어도 빵을 굽기 45분 전에는 오븐의 중간 단에 선반을 넣고, 뚜껑을 덮은 더치오븐 2개를 그 위에 올려서 245℃(475℉)로 예열한다.

더치오븐을 1개만 가지고 있다면 두 번째 구울 반죽은 첫 번째 반죽을 오븐에 굽기 20분 전에 냉장고에 넣어두었다가 차례로 굽는다. 두 번째 반죽을 구울 때는 첫 번째 구운 빵을 꺼낸 후 더치오븐을 5분 정도 다시 예열하고 사용한다.

08 굽기 이 단계에서는 아주 뜨거운 더치오븐에 손, 손가락, 팔뚝 등이 데지 않도록 조심해야 한다.

2차발효가 되는 동안 발효바구니에서 바닥과 맞닿아 있던 이음매 부분이 빵의 윗면이 된다는 것을 기억하고, 발효바구니의 반죽을 덧가루를 뿌린 작업대 위에 뒤집어놓는다.

예열한 더치오븐을 꺼내서 뚜껑을 열고, 작업대 위의 반죽을 이음매 부분이 위로 가도록 조심스럽게 넣고 뚜껑을 덮는다. 그대로 오븐에 넣어 30분간 굽고, 뚜껑을 열어서 빵이 전체적으로 중간 정도의 짙은 밤색이 될 때까지 20~25분 더 굽는다. 오븐의 온도가 높아서 색이 더 빨리 나올 수도 있으므로 15분 정도 지나면 확인해본다.

다 구워지면 더치오븐을 꺼내서 조심스럽게 기울여 빵을 꺼낸다. 그리고 식힘망 위에 올려놓거나 바람이 잘 통하는 곳에 두고 20분 정도 식힌 다음에 슬라이스한다.

팽 오 베이컨 PAIN AU BACON

이 책 앞에서 나는 아티장 베이커의 기술은 단지 밀가루, 물, 소금, 이스트만으로 빵을 만들 때 가장 돋보인다고 강조하였다. 그러나 이것만큼은 예외로 해주면 안 될까? 나는 이 빵을 만들기 위해 오버나이트 르뱅반죽을 사용하기로 하였다. 왜냐하면 이 반죽은 다른 반죽들보다 산미가 뛰어나서 지방이 많은 베이컨과 더 잘 어울릴 것 같기 때문이다. 포틀랜드에 있는 페일리즈 플레이스(Paley's Place) 레스토랑의 오너 셰프 비탈리 페일리(Vitaly Paley)는 그를 위해 매일 이 빵을 만들어주길 원한다. 그리고 이 빵을 프렌치 토스트용으로 주문했다가 취소하며 "이 빵은 요리용으로 사용하기엔 너무 아까우니 그냥 먹겠습니다."라고 말하였다.

　　이 빵은 오븐에서 꺼낸 지 얼마 안 되었을 때나, 살짝 구워서 따뜻한 상태로 먹었을 때가 가장 맛있다. 따뜻하게 살짝 구운 빵에 달걀과 차가운 사이다나 샴페인 한 잔을 곁들여도 금상첨화이며, 따뜻하고 바삭하게 크루통을 만들어 새콤한 샐러드에 넣으면 샐러드의 맛을 살려준다. 또한 이 빵으로 싱싱하게 잘 익은 토마토와 새콤한 마요네즈를 곁들여 BLT 샌드위치(베이컨, 양상추, 토마토를 넣어 만드는 샌드위치)를 만들면 최고이다. 토스트한 팽 오 베이컨에 무지개송어알을 얹으면 어떨까? 메릴랜드의 전통적인 굴 스튜는? 만약 내가 하와이에 있다면 이 빵에 달걀과 함께 싱싱한 파파야나 패션푸르트를 곁들여 먹을 것이다. 이곳 오리건(Oregon)에서는 구운 배를 곁들여 먹으면 아주 좋다. 이 빵에 땅콩버터와 바나나를 샌드하고 베이컨까지 넉넉하게 넣어 엘비스 샌드위치(가수 엘비스 프레슬리가 좋아했던 샌드위치라서 붙인 이름)를 만들면 아마도 궁극의 샌드위치가 될 것이다.

　　이 빵의 반죽은 이 책의 다른 100% 르뱅반죽보다 오버나이트 시간을 조금 짧게 하는 것이 좋다. 왜냐하면 베이컨기름이 이스트가 활동하기에 좋은 환경을 만들어 발효가 더 빨리 되기 때문이다.

1개 680g의 빵 2개
1차발효 약 12시간
2차발효 3시간 30분~4시간
스케줄 예시 오전 9:00 르뱅 먹이주기 ➔ 오후 7:00 본반죽 ➔ 다음 날, 오전 7:00~8:00 성형 ➔ 오전 11:00 굽기

<< 팽 오 베이컨

르뱅

재료	양	
르뱅 발효종	100g	⅓C+1½Ts
흰 밀가루	400g	3C+2Ts
통밀가루	100g	¾C+½Ts
물	400g, 29~32℃(85~90℉)	1¾C

본반죽

재료	양	
흰 밀가루	864g	4½C+2Ts
통밀가루	16g	½C+½Ts
물	684g, 32~35℃ (90~95℉)	2⅔C
고운 소금	20g	1Ts+1ts 조금 안 되게
베이컨(오븐에 구운 것)	500g(굽기 전) +2Ts(베이컨 기름)	약 1파운드(굽기 전) +2Ts(베이컨 기름)
르뱅	216g✲✲	¾C+1Ts

제빵배합률

르뱅 속 함유량	총량	베이커스 퍼센티지
96g	960g	96%
24g	40g	4%
96g	780g	78%
0	20g	2%
0	500g(굽기 전)	50%
		12%✲

✲ 르뱅의 베이커스 퍼센티지는 르뱅의 밀가루 양을 레시피에서 사용한 밀가루 총량에 대한 비율로 표시한 것이다.
✲✲ 자신의 주방이 21℃(70℉)보다 낮으면 르뱅의 양을 250~275g까지 늘린다.

01a 르뱅 먹이주기 마지막으로 르뱅 발효종의 먹이주기를 하고 24시간이 지나면 6ℓ 통에 있는 르뱅 중 100g만 남기고 버린다. 남은 르뱅 100g에 흰 밀가루 400g, 통밀가루 100g, 29~32℃(85~90℉)의 물 400g을 넣고 손으로 마른 가루가 안 보일 때까지 섞는다. 뚜껑을 덮고, 본반죽을 하기 전에 9~10시간 정도 실온에 둔다.

01b 베이컨 준비 오토리즈하기 적어도 20분 전에 베이컨 500g을 오븐팬이나 프라이팬에 넓게 펼쳐서 바삭하게 굽는다. 구운 베이컨은 키친타월에 놓고 기름을 빼고, 베이컨기름을 2큰술만 남겨둔다. 베이컨은 실온에서 식힌 후 잘게 다진다.

01c 오토리즈 먹이주기를 하고 9~10시간이 지나면 12ℓ의 반죽통에 흰 밀가루 864g, 통밀가루 16g을 계량해서 넣고 손으로 섞는다. 여기에 32~35℃(90~95℉)의 물 684g을 넣고 손으로 마른 가루가 안 보일 때까지 섞은 후, 뚜껑을 덮고 20~30분 그대로 둔다.

02 본반죽 소금 20g을 오토리즈한 반죽 표면에 골고루 뿌린다. 빈 통에 따뜻한 물을 손가락 깊이 정도 부어서 저울 위에 올려 놓는다. 이것은 르뱅을 계량한 후에 손쉽게 꺼낼 수 있도록 하기 위해서다. 따뜻한 물이 담긴 통을 저울 위에 올려놓고 저울을 영점으로 맞춘 후, 손을 물에 적셔서 르뱅 216g을 계량하

여 따뜻한 물이 담긴 통에 옮겨 담는다. p.140의 '계절에 따른 조절'을 참조하여 주방의 실내온도가 낮으면 르뱅의 양을 좀 더 늘린다.

그리고 계량한 216g의 르뱅을 12ℓ의 반죽통으로 옮기는데, 이때 르뱅을 계량한 통에 있던 물은 최대한 옮겨지지 않게 한다. 손으로 반죽할 때는 손에 반죽이 달라붙지 않도록 반죽을 시작하기 전에 손을 물에 적신다. 집게손 자르기(p.74 참조)와 폴딩을 번갈아 하며 재료들을 골고루 잘 섞는다. 반죽이 끝났을 때 반죽의 최종온도는 25~26℃(77~78℉)이다.

반죽을 10분 정도 휴지시킨 후 베이컨기름 2큰술과 잘게 다진 베이컨을 골고루 뿌리고, 다시 집게손 자르기와 폴딩을 번갈아 하며 베이컨과 베이컨기름을 반죽과 잘 섞는다.

03 폴딩과 1차발효 이 반죽은 3~4번의 폴딩(p.75~76 참조)이 적당하며, 본반죽 믹싱 후 1시간 30분~2시간 안에 폴딩을 하는 것이 가장 좋다.

믹싱 후 약 12시간이 지나 반죽이 원래 크기보다 3배 정도 부풀었거나, 겨울철인 경우 3배가 조금 안 되게 부풀더라도 분할한다.

04 분할 손에 밀가루를 묻히고, 반죽통에서 1차발효가 된 반죽을 조심스럽게 꺼내서 가볍게 덧가루를 뿌린 작업대 위에 놓는다. 반죽을 반으로 분할하기 좋게 적당히 모양을 잡아준다. 반죽을 반으로 분할할 가운데 부분을 따라 덧가루를 조금 뿌리고, 반죽칼이나 플라스틱 스크레이퍼로 2등분하여 자른다.

05 성형 2개의 발효바구니에 덧가루를 뿌려놓는다. 분할한 2개의 반죽을 p.77~79의 설명대로 적당히 탄력 있게 공모양으로 성형한다. 이음매 부분이 아래로 가도록 발효바구니에 각각 담는다.

06 2차발효 2개의 발효바구니를 나란히 놓고, 키친타월로 덮어두거나 위생 비닐백에 각각 넣어서 밀봉한다. 실내온도가 21℃(70℉)라면 2차발효는 3시간 30분~4시간이 적당하다. 적당히 발효가 되어 오븐에 구워도 되는지 손가락 테스트(p.80 참조)로 확인한다.

07 예열 적어도 빵을 굽기 45분 전에는 오븐의 중간 단에 선반을 넣고, 뚜껑을 덮은 더치오븐 2개를 그 위에 올려서 245℃(475℉)로 예열한다.

더치오븐을 1개만 가지고 있다면 두 번째 구울 반죽은 첫 번째 반죽을 오븐에 굽기 20분 전에 냉장고에 넣어 두었다가 차례로 굽는다. 두 번째 반죽을 구울 때는 첫 번째 구운 빵을 꺼낸 후 더치오븐을 5분 정도 다시 예열하고 사용한다.

08 굽기 이 단계에서는 아주 뜨거운 더치오븐에 손, 손가락, 팔뚝 등이 데지 않도록 조심해야 한다.

2차발효가 되는 동안 발효바구니에서 바닥과 맞닿아 있던 이음매 부분이 빵의 윗면이 된다는 것을 기억하고, 발효바구니의 반죽을 덧가루를 뿌린 작업대 위에 뒤집어놓는다.

예열한 더치오븐을 꺼내서 뚜껑을 열고, 작업대 위의 반죽을 이음매 부분이 위로 가도록 조심스럽게 넣고 뚜껑을 덮는다. 그대로 오븐에 넣어 30분간 굽고, 뚜껑을 열어서 빵이 전체적으로 중간 정도의 짙은 밤색을 띠면서 크러스트 중간 중간 보이는 베이컨이 완전히 바삭하게 될 때까지 가능하면 20분간 더 굽는다. 어쩌면 바삭해진 베이컨이 조금 까맣게 탄 정도까지 구워질 수도 있다.

다 구워지면 더치오븐을 꺼내서 조심스럽게 기울여 빵을 꺼낸다. 그리고 식힘망 위에 올려놓거나 바람이 잘 통하는 곳에 두고 20분 정도 식힌 다음에 슬라이스한다. 슬라이스하기 전에 엘비스(Elvis)를 위해 잠시 묵념을 하고, 그러고 나서 맛있게 드시길.

CHAPTER 11
고급 단계의 르뱅반죽
ADVANCED LEVAIN DOUGHS

고온발효 르뱅 브레드(p.191)

두 번 먹이주기한 스위트 르뱅 브레드 DOUBLE-FED SWEET LEVAIN BREAD

이 빵은 본반죽을 하기 전에 단지 몇 시간 간격으로 르뱅에 2번 먹이주기를 해서 만든다. 이것은 내가 〈타르틴 베이커리(Tartine Bakery)〉의 채드 로버트슨(Chad Robertson)으로부터 베이커 수업을 받을 때 배운 기술이다. 이는 이스트의 활성을 촉진하기 위해 따뜻한 물을 사용하여 2번의 먹이주기를 하는 방법이며, 이렇게 하면 빵의 신맛을 줄일 수 있다. 이 레시피에는 이 책의 다른 레시피보다 훨씬 많은 르뱅이 사용된다는 걸 알게 될 것이다. 그 이유는 이 레시피에서 본반죽에 르뱅을 넣는 시점에 르뱅의 활성도가 그리 높지 않기 때문이다. 그렇지만 이 반죽은 냉장고에서 오랜 시간 느리게 저온숙성 발효하는 과정을 통해 향긋하면서 개성 있는 풍미가 만들어진다. 처음 이 빵을 내 집의 주방에서 구웠을 때 나는 "이야~, 이거 제법인 걸" 하고 생각하였다. 빵의 속살에서는 언뜻 사향의 향이 느껴지면서 내가 기분 좋게 느낄 만큼 적당히 순화된 발효의 풍미가 느껴졌으며, 특히 크러스트에서 더욱 그런 느낌이 강했다.

본반죽을 할 준비가 되었다면 르뱅을 넣기 전에 먼저 르뱅의 향을 깊이 맡아보기 바란다. 아마 나쁘지 않을 것이다. 왠지 맥주에서 맡을 법하거나, 막 상하기 시작하는 밀의 시큼한 향에 가까운 이 향을 한 단어로 표현할 수 있으면 얼마나 좋을까.

1개 680g의 빵 2개

1차발효 약 5시간

2차발효 12~14시간

스케줄 예시 오전 7:00 르뱅 1번째 먹이주기 ➜ 오전 10:00 르뱅 2번째 먹이주기 ➜ 오후 2:00 ~ 3:00 본반죽 믹싱 ➜ 오후 8:00 성형 ➜ 냉장고에서 오버나이트 ➜ 다음 날, 오전 8:00 ~ 10:00 굽기

르뱅 1번째 먹이주기

재료	양	
르뱅 발효종	50g	¼C 조금 안 되게
흰 밀가루	200g	1½C + 1Ts
통밀가루	50g	⅓C + 1Ts
물	200g, 35℃(95℉)	⅞C

르뱅 2번째 먹이주기

재료	양	
1번째 먹이주기한 르뱅	250g	1C 조금 안 되게
흰 밀가루	400g	3C + 2Ts
통밀가루	100g	¾C + ½Ts
물	400g, 29~32℃ (85~90℉)	1¾C

본반죽 / 제빵배합률

재료	양		르뱅 속 함유량	총량	베이커스 퍼센티지
흰 밀가루	660g	5C+2Ts	240g	900g	90%
통밀가루	40g	⅓C	60g	100g	10%
물	540g, 32~35℃ (90~95℉)	2⅓C	240g	780g	78%
고운 소금	20g	1Ts+¾ts	0	20g	2%
인스턴트 드라이 이스트	2g	½ts	0	2g	0.20%
르뱅	540g	2C+1Ts			30%＊

＊ 르뱅의 베이커스 퍼센티지는 르뱅의 밀가루 양을 레시피에서 사용한 밀가루 총량에 대한 비율로 표시한 것이다.

01a 르뱅 먹이주기 마지막으로 르뱅 발효종의 먹이주기를 하고 24시간이 지나면 6ℓ 통에 있는 르뱅 중 50g만 남기고 버린다. (남긴 르뱅의 양이 너무 적어 보이겠지만 레시피를 믿는다.) 남은 50g의 르뱅에 흰 밀가루 200g, 통밀가루 50g, 그리고 35℃(95℉)의 물 200g을 넣고 손으로 마른 가루가 안 보일 때까지 섞는다. 뚜껑을 덮고, 실온에 3시간 동안 둔다.

01b 르뱅 2번째 먹이주기 약 3시간이 지나면 1번째 먹이주기한 르뱅 중 250g만 남기고 모두 버린다. 남은 250g의 르뱅에 흰 밀가루 400g, 통밀가루 100g, 35℃(95℉)의 물 400g을 넣고 손으로 마른 가루가 안 보일 때까지 섞는다. 뚜껑을 덮고, 본반죽을 하기 전에 4~5시간 정도 실온에 둔다.

01c 오토리즈 2번째 먹이주기를 끝내고 3시간 30분~4시간 30분이 지나면 12ℓ의 반죽통에 흰 밀가루 660g, 통밀가루 40g을 계량해서 넣고 손으로 섞는다. 32~35℃(90~95℉)의 물 540g을 넣고 손으로 마른 가루가 안 보일 때까지 섞은 후, 뚜껑을 덮고 20~30분 그대로 둔다.

02 본반죽 소금 20g과 이스트 2g(½ts)을 오토리즈한 반죽 표면에 골고루 뿌린다. 빈 통에 따뜻한 물을 손가락 깊이 정도 부어서 저울 위에 올려놓는다. 이것은 르뱅을 계량한 후에 손쉽게 꺼낼 수 있도록 하기 위해서다. 따뜻한 물이 담긴 통을 저울 위에 올려놓고 저울을 영점으로 맞춘 후, 손을 물에 적셔서 540g의 르뱅을 계량하여 따뜻한 물이 담긴 통에 옮겨 담는다.

그리고 계량한 540g의 르뱅을 12ℓ의 반죽통으로 옮기는데, 이때 르뱅을 계량했던 통에 있는 물은 최대한 옮겨지지 않게 한다. 손으로 반죽할 때는 손에 반죽이 달라붙지 않도록 반죽을 시작하기 전에 손을 물에 적신다. 집게손 자르기(p.74 참조)와 폴딩을 번갈아 하며 재료들을 골고루 잘 섞는다. 반죽이 끝났을 때 반죽의 최종온도는 25~26℃(77~78℉)이다.

03 폴딩과 1차발효 이 반죽은 4번의 폴딩(p.75~76 참조)이 적당하며, 본반죽을 믹싱하고 1시간 30분~2시간 안에 폴딩하는 것이 가장 좋다.

믹싱 후 약 5시간이 지나 반죽이 원래 크기보다 2.5배 정도 부풀면 분할한다.

<< 두 번 먹이주기한 스위트 르뱅 브레드

04 분할 손에 밀가루를 묻히고, 반죽통에서 1차발효가 된 반죽을 조심스럽게 꺼내서 가볍게 덧가루를 뿌린 작업대 위에 놓는다. 반죽을 반으로 분할하기 좋게 적당히 모양을 잡아준다. 반죽을 반으로 분할할 가운데 부분을 따라 덧가루를 조금 뿌리고, 반죽칼이나 플라스틱 스크레이퍼로 2등분하여 자른다.

05 성형 2개의 발효바구니에 덧가루를 뿌려놓는다. 분할한 2개의 반죽을 p.77~79의 설명대로 적당히 탄력 있게 공모양으로 성형한다. 이음매 부분이 아래로 가도록 발효바구니에 각각 담는다.

06 2차발효 2개의 발효바구니를 위생 비닐백에 각각 넣고 밀봉하여 냉장고에서 오버나이트한다.

다음 날 아침, 냉장고에서 12~14시간 저온숙성 발효된 반죽을 꺼내 곧바로 구울 수 있다. 냉장고에서 꺼낸 반죽을 굽기 전에 굳이 실온 상태로 만들지 않아도 된다.

07 예열 적어도 빵을 굽기 45분 전에는 오븐의 중간 단에 선반을 넣고, 뚜껑을 덮은 더치오븐 2개를 그 위에 올려서 245℃(475℉)로 예열한다.

더치오븐을 1개만 가지고 있다면 첫 번째 반죽을 오븐에 굽는 동안 나머지 반죽 1개는 냉장고에 넣어두었다가 차례로 굽는다. 두 번째 반죽을 구울 때는 첫 번째 구운 빵을 꺼낸 후 더치오븐을 5분 정도 다시 예열하고 굽는다.

08 굽기 이 단계에서는 아주 뜨거운 더치오븐에 손, 손가락, 팔뚝 등이 데지 않도록 조심해야 한다.

2차발효가 되는 동안 발효바구니에서 바닥과 맞닿아 있던 이음매 부분이 빵의 윗면이 된다는 것을 기억하고, 발효바구니의 반죽을 덧가루를 뿌린 작업대 위에 뒤집어놓는다.

예열한 더치오븐을 꺼내서 뚜껑을 열고, 작업대 위의 반죽을 이음매 부분이 위로 가도록 조심스럽게 넣고 뚜껑을 덮는다. 그대로 오븐에 넣어 30분간 굽고, 뚜껑을 열고 빵이 전체적으로 중간 정도의 짙은 밤색이 될 때까지 20~25분 더 굽는다. 오븐의 온도가 높아서 색이 더 빨리 나올 수도 있으므로 15분 정도 시간이 지나면 확인해본다.

다 구워지면 더치오븐을 꺼내서 조심스럽게 기울여 빵을 꺼낸다. 그리고 식힘망 위에 올려놓거나 바람이 잘 통하는 곳에 두고 20분 정도 식힌 다음에 슬라이스한다.

고온발효 르뱅 브레드 WHITE FLOUR WARM-SPOT LEVAIN

오래 전 캘리포니아의 어느 베이커리를 방문한 적이 있었다. 이곳은 흰 밀가루만 사용하여 된 스티프 반죽을 만든 후, 그 베이커리에서 가장 따뜻한 공간에 두고 르뱅 발효종으로 사용하고 있었다. 그때 당시 무척 인상적이었던 그 방법을 보고 아이디어가 떠올라서 이 빵을 만들게 되었다. 그곳에서는 르뱅 발효종을 오븐의 뒤쪽 선반에 항상 보관해두고 사용하고 있었다. 된반죽의 르뱅 발효종은 적당히 발효되어 동그랗게 부풀어 올라 있었고, 과일향까지 살짝 느껴져서 무척 매력적이었다. 그 베이커리에서는 이 르뱅 발효종을 스타터로 사용해 맛있는 사워도우 바게트를 만들었고, 나 역시 언젠가 이런 스타일의 르뱅을 만들어 빵을 만들어보고 싶었다.

이 레시피에서는 이 책의 다른 르뱅 레시피와 완전히 다른 르뱅 발효종을 배양해서 사용한다. 기존의 르뱅 발효종으로 시작할 수도 있지만, 이 경우에는 흰 밀가루의 양을 늘리고 수분율이 70%가 될 수 있도록 물의 양을 줄여서 르뱅 발효종을 된 반죽으로 유지시킨다. 그리고 르뱅 발효종을 29~32℃(85~90℉)를 유지하는 공간에 두고 사용하는 것이 가장 바람직하다. 이것은 르뱅 발효종을 만들어 발효시키는 방법이 매우 다양하다는 것을 보여주는 좋은 사례가 될 수 있다는 점에서 매우 흥미롭고 인상적인 빵이다.

이 르뱅 발효종을 날마다 꾸준히 리프레시하면서 따뜻한 환경에서 자랄 수 있도록 유지하면, 더욱 더 독특한 개성이 나타난다. 여기에 있는 레시피만으로 끝내지 않고 더 오랫동안 리프레시하면서 유지하고 싶다면, 이 레시피의 '1번째 먹이주기'를 하루에 2번씩 한다. 그리고 이 책에서 일반적으로 사용하는 르뱅 발효종보다 수분율(70%)이 낮은 만큼 밀가루와 물의 양을 본반죽에 적절히 가감해서 사용한다면, 이 르뱅 발효종을 이 책의 다른 레시피에도 활용할 수 있다. 더 자세한 내용은 p.196의 「자신만의 브랜드라고 할 수 있는 빵 또는 피자를 만든다」를 참조한다.

이 빵은 르뱅 발효종을 따뜻하게 보관해야 하기 때문에 여름에 만들기 좋은 빵인 것 같다. 내 경우엔 주방의 오븐 안에 조명을 켜고, 오븐의 문을 닫아두면 38℃(100℉)가 되므로 문을 살짝 열어놓아 29℃(85℉)를 유지하였다. 그러나 오븐에 뭔가를 구워야 할 때, 그 안에 르뱅 발효종이 있다는 걸 절대 잊으면 안 된다! 밖이 따뜻하다면 다용도실이나 베란다 등 자연적으로 따뜻한 곳을 찾아 보관해도 된다. 어찌 보면 이런 곳이 오븐보다 훨씬 덜 위험할지도 모른다.

1개 680g의 빵 2개

1차발효 5~6시간

2차발효 11~12시간

스케줄 예시 1일째_ 오전 9:00 새로운 르뱅에 1번째 먹이주기 ➜ 오후 6:00 르뱅에 2번째 먹이주기 ➜ 2일째_ 오전 9:00 르뱅에 3번째 먹이주기 ➜ 오후 3:00 본반죽 믹싱 ➜ 오후 8:00 성형 ➜ 냉장고에서 오버나이트 ➜ 다음 날, 오전 7:00 또는 8:00 굽기

<< 고온발효 르뱅 브레드

1일째

1번째 르뱅 먹이주기

재료	양	
르뱅 발효종	50g	¼C 조금 안 되게
흰 밀가루	250g	1¾C+3Ts
물	175g, 29℃(85℉)	¾C

2번째 르뱅 먹이주기

재료	양	
1번째 먹이주기한 르뱅	50g	¼C 조금 안 되게
흰 밀가루	250g	1¾C+3Ts
물	175g, 27℃(80℉)	¾C

2일째

3번째 르뱅 먹이주기

재료	양	
2번째 먹이주기한 르뱅	100g	⅓C+1½Ts
흰 밀가루	500g	3¾C+2Ts
물	350g, 29℃(85℉)	1½C

본반죽

재료	양	
흰 밀가루	750g	5¾C+1½Ts
물	605g, 27℃(80℉)	2⅔C
고운 소금	20g	1Ts+¾ts
인스턴트 드라이 이스트	1g	¼ts
르뱅	425g	1½C+1Ts

제빵배합률

르뱅 속 함유량	총량	베이커스 퍼센티지
250g	1,000g	100%
175g	780g	78%
0	20g	2%
0	1g	0.1%
		25%*

＊ 르뱅의 베이커스 퍼센티지는 르뱅의 밀가루 양을 레시피에서 사용한 밀가루 총량에 대한 비율로 표시한 것이다.

01a 르뱅 먹이주기 마지막으로 르뱅 발효종의 먹이주기를 하고 24시간이 지나면 된 스티프 반죽의 새로운 르뱅을 만들기 시작한다. 6ℓ 통에 있는 르뱅 중 50g만 남기고 버린다. 남은 50g의 르뱅에 흰 밀가루 250g과 29℃(85℉)의 물 175g을 넣고 손으로 마른 가루가 안 보일 때까지 섞는다. 뚜껑을 덮고, 29~32℃(85~90℉)의 따뜻한 공간에 8시간 동안 둔다.

01b 르뱅 2번째 먹이주기 8시간이 지나면 르뱅이 원래 부피의 3~4배 정도로 크게 부풀어 있고, 르뱅을 덮어놓았던 뚜껑을 여는 순간 알코올향이 강하게 느껴질 것이다. 이것은 발효가 되었다는 증거이다. 반죽을 살짝 잡아당겼을 때 기포가 많은 그물모양이면 아주 최적의 상태라고 봐도 된다.

1번째 먹이주기를 했던 르뱅 중 50g만 남기고 버린다. 50g의 르뱅에 흰 밀가루 250g, 27℃(80℉)의 물 175g을 넣고 손으로 마른 가루가 안 보일 때까지 섞는다. 뚜껑을 덮고, 따뜻한 곳에서 그대로 오버나이트한다.

01c 르뱅 3번째 먹이주기　2번째 먹이주기를 끝내고 14~15시간 정도 지나면 먹이주기를 다시 한 번 해야 한다. 이 과정은 본반죽을 발효시키는 것과 매우 흡사하며, 원래 반죽 크기의 4배까지 부풀어 오른다. 르뱅반죽통의 뚜껑을 여는 순간 지금까지와는 또 다른 느낌의 강하고 자극적인 향을 느낄 수 있을 것이다.

　　2번째 먹이주기를 했던 르뱅 중 100g만 남기고 버린다. 이 100g의 르뱅에 흰 밀가루 500g, 29℃(85℉)의 물 350g을 넣고 손으로 마른 가루가 안 보일 때까지 섞는다. 뚜껑을 덮고, 본반죽을 하기 전에 6시간 정도 따뜻한 곳에 보관한다. 6ℓ 통에 들어 있는 르뱅이 2ℓ 눈금까지 올라오면 적당한 상태이다.

01d 오토리즈　3번째 먹이주기를 끝내고 5시간 30분 정도 지나면 12ℓ의 반죽통이나 그와 비슷한 통에 흰 밀가루 750g과 27℃(80℉)의 물 605g을 넣고 손으로 마른 가루가 안 보일 때까지 섞은 후, 뚜껑을 덮고 20~30분 그대로 둔다.

02 본반죽　소금 20g과 이스트 1g(¼ts)을 오토리즈한 반죽 표면에 골고루 뿌린다. 빈 통에 따뜻한 물을 손가락 깊이 정도 부어서 저울 위에 올려놓는다. 이것은 르뱅을 계량한 후에 손쉽게 꺼낼 수 있도록 하기 위해서다. 따뜻한 물이 담긴 통을 저울 위에 올려놓고 저울을 영점으로 맞춘 후, 손을 물에 적셔서 425g의 르뱅을 계량하여 따뜻한 물이 담긴 통에 옮겨 담는다.

　　그리고 계량한 425g의 르뱅을 12ℓ의 반죽통으로 옮기는데, 이때 르뱅을 계량했던 통에 있는 물은 최대한 옮겨지지 않게 한다. 손으로 반죽할 때는 손에 반죽이 달라붙지 않도록 반죽을 시작하기 전에 손을 물에 적신다. 집게손 자르기(p.74 참조)와 폴딩을 번갈아 하며 재료들을 골고루 잘 섞는다. 반죽이 끝났을 때 반죽의 최종온도는 25~26℃(77~78℉)이다.

03 폴딩과 1차발효　이 반죽은 3~4번의 폴딩(p.75~76 참조)이 적당하며, 본반죽 후 1시간 30분~2시간 사이에 폴딩하는 것이 가장 좋다.

　　본반죽 후 5~6시간 정도 지나서 반죽이 원래 크기보다 2.5배 정도 부풀어 오르면 분할한다.

<< 고온발효 르뱅 브레드

만약 남은 르뱅 발효종을 저장하고 싶지만 먹이주기는 멈추고 싶다면, p.142~143의 〈르뱅 발효종의 저장과 복원〉대로 르뱅 발효종을 300g 정도 남겨서 냉장고에 보관한다. 이 르뱅 발효종을 나중에 이 책에서 주로 사용하는 르뱅 발효종으로 복원할 수 있다.

04 분할 손에 밀가루를 묻히고, 반죽통에서 1차발효가 된 반죽을 조심스럽게 꺼내서 가볍게 덧가루를 뿌린 작업대 위에 놓는다. 반죽을 반으로 분할하기 좋게 적당히 모양을 잡아준다. 반죽을 반으로 분할할 가운데 부분을 따라 덧가루를 조금 뿌리고, 반죽칼이나 플라스틱 스크레이퍼로 2등분하여 자른다.

05 성형 2개의 발효바구니에 덧가루를 뿌려놓는다. 분할한 2개의 반죽을 p.77~79의 설명대로 적당히 탄력 있게 공모양으로 성형한다. 이음매 부분이 아래로 가도록 발효바구니에 각각 담는다.

06 2차발효 2개의 발효바구니를 위생 비닐백에 각각 넣고 밀봉하여 냉장고에서 오버나이트한다.

다음 날 아침, 냉장고에서 11~12시간 저온숙성 발효시킨 반죽을 꺼내 곧바로 구울 수 있다. 냉장고에서 꺼낸 반죽을 굽기 전에 굳이 실온 상태로 만들지 않아도 된다.

07 예열 적어도 빵을 굽기 45분 전에는 오븐의 중간 단에 선반을 넣고, 뚜껑을 덮은 더치오븐 2개를 그 위에 올려서 245℃(475℉)로 예열한다.

더치오븐을 1개만 가지고 있다면 첫 번째 반죽을 오븐에 굽는 동안 나머지 반죽 1개는 냉장고에 넣어 두었다가 차례로 굽는다. 두 번째 반죽을 구울 때는 첫 번째 구운 빵을 꺼낸 후 더치오븐을 5분 정도 다시 예열하고 굽는다.

08 굽기 이 단계에서는 아주 뜨거운 더치오븐에 손, 손가락, 팔뚝 등이 데지 않도록 조심해야 한다.

2차발효가 되는 동안 발효바구니에서 바닥과 맞닿아 있던 이음매 부분이 빵의 윗면이 된다는 것을 기억하고 발효바구니의 반죽을 덧가루를 뿌린 작업대 위에 뒤집어놓는다.

예열한 더치오븐을 꺼내서 뚜껑을 열고, 작업대 위의 반죽을 이음매 부분이 위로 가도록 조심스럽게 넣고 뚜껑을 덮는다. 그대로 오븐에 넣어 30분간 굽고, 뚜껑을 열어서 빵이 전체적으로 중간 정도의 짙은 밤색이 될 때까지 20~25분 더 굽는다. 오븐의 온도가 높아서 색이 더 빨리 나올 수도 있으므로 15분 정도 지나면 확인해본다.

다 구워지면 더치오븐을 꺼내서 조심스럽게 기울여 빵을 꺼낸다. 그리고 식힘망 위에 올려놓거나 바람이 잘 통하는 곳에 두고 20분 정도 식힌 다음에 슬라이스한다.

자신만의 브랜드라고 할 수 있는 빵 또는 피자를 만든다

이 책의 레시피들을 자신이 만들고자 하는 빵의 샘플 레시피로 활용할 수 있다. 또는 자신이 원하는 빵맛, 반죽의 텍스처(특히 피자도우의 경우), 스케줄, 편리성 등을 위해 반죽에 들어가는 곡물가루의 배합비율, 르뱅 만드는 방법, 발효 시간, 그리고 물의 양 등을 조절할 수 있다. 아니면 내가 하는 방법 그대로 따라하면서 과정과 결과를 즐기는 것도 나쁘지 않을 것이다.

자신이 원하는 대로 만들면 된다. 이 책의 레시피들을 활용하고 연습하면서 자신만의 빵이나 피자를 창의적으로 만들어보기 바란다.

즉, 처음엔 이 책에 있는 레시피대로 따라해볼 것을 권한다. 그러다보면 점점 내 레시피와 만드는 방법에 익숙해지고, 빵을 만드는 것에 자신감이 생길 것이다. 일단 레시피대로 만든 빵이 성공적으로 만족스럽게 나오면 그때부터 자신의 입맛, 식탁에 어울리는 요리, 그리고 그때그때 기분에 맞게 만들 수도 있게 될 것이다.

이 책의 「75% 새터데이 통밀 브레드」(p.91)를 50% 통밀 브레드로 만들어보고 싶다거나, 이 빵의 레시피에 호밀을 조금 넣어보고 싶다거나, 20%의 통밀만 넣고 싶을 수도 있다. 또한 「팽 드 캉파뉴」(p.146)를 비롯해 이 책에 있는 모든 르뱅 브레드에 시작 단계에서부터 묽은 리퀴드 르뱅을 사용하고 싶을 수도 있다.

그리고 이 책의 레시피대로 따라하다가 갑자기 일이 생겨서 스케줄을 바꿔야 하는 상황이 생길 수도 있다. 이런 일은 대부분 우리들에게도 생길 수 있는 문제들이다. 그래서 이런 예측할 수 없는 상황에 대처하는 팁과 요령을 알려준다. 처음 시작할 때 나는 반죽의 수분율과 가루들을 어떻게 배합할 건지 결정하고, 다음에는 그 결정에 따라 레시피의 스케줄을 어떻게 조정할 것인지 검토한다. 그리고 나서 담당 베이커와 르뱅과 관련된 부분에 대해 의견을 조율하고, 나 역시 레시피를 메모로 남겨둘 것이다. 빵을 만드는 과정이 시간이 오래 걸리는 작업이라 잊어버릴 수도 있으므로(내가 몇 시에 반죽을 믹싱했더라?) 이에 대비해 기록을 해두면 매우 유용하게 쓰인다. 특히, 나중에 다른 베이커에게 같은 빵을 만들도록 요청할 때도 아주 쓸모가 있다.

이렇게 만드는 레시피에는 부피 계량이 생략된다. 여기에서 설명하는 응용 부분을 좀 더 자유자재로 조절하기를 원한다면 사용하는 모든 재료의 정확도를 위해 무게로 계량할 필요가 있다.

수분율 조정

반죽의 수분율을 조정하기 가장 좋은 레시피는 「풀리시를 사용한 오버나이트 피자도우」(p.231)이다. 이 레시피는 수분율 75%로 이루어져 있지만 70%의 된반죽으로 바꿀 수도 있다. 많은 사람들이 부드럽고 질척한 수분율 75%의 피자도우보다 조금 더 된반죽에 가까운 수분율 70%의 피자도우가 성형하기 훨씬 쉽다는 것을 알 것이다. 그래서 여기에서 수분율 70%의 피자도우를 사용하면서 동시에 풀리시의 좋은 풍미를 살려보려고 한다.

수분율을 조정하는 것은 아주 간단하다. 반죽에 물을 조금 덜 넣으면 되니까! 이 책에 나오는 모든 빵과 피자의 곡물가루 무게가 1,000g이므로 수분율 70%로 바꾼다는 것은 단지 전체 물의 양을 750g에서 700g으로 바꾸면 되는 것이다(그러니까 밀가루 총량의 70%). 원래 레시피와 같은 풀리시를 사용하고 본반죽에 200g의 물을 사용함으로써 조정이 가능하다. 그거면 된다. 그리고 이 반죽은 된반죽이기 때문에 폴딩은 1번만 하면 된다.

수분율 70%의 풀리시 피자도우

본반죽		제빵배합률		
재료	양	풀리시 속 함유량	총량	베이커스 퍼센티지
흰 밀가루	500g	500g	1,000g	100%
물	200g, 38℃(105℉)	500g	700g	70%
고운 소금	20g	0	20g	2%
인스턴트 드라이 이스트	0	0.4g(⅛ts 조금 안 되게)	0.4g	0.04%
풀리시	1,000g			50%

수분율을 조정하는 또 다른 방법을 예로 든다. 예를 들어, 아침에 일어나 그날 저녁식사에 먹을 빵으로 새터데이 브레드를 만들기로 마음먹었다고 하자. 그런데 스케줄은 그대로 하고 반죽의 수분율은 72%에서 78%로 바꾸고 싶어 레시피에 있는 물의 양을 720g이 아니라 780g을 넣어서 본반죽을 하였다. 그럼 아마도 반죽은 더 질고 늘어질 것이다. 그러므로 이를 보완하기 위해 폴딩을 추가로 두어 번 더 해줄 필요가 있다. 이렇게 하면 추가로 넣은 물로 인해 느슨해진 글루텐 조직을 좀 더 보강할 수 있다.

곡물가루의 배합비율 조정

곡물가루의 배합비율을 조정하는 것은 내가 항상 하는 일이다. 곡물가루의 배합비율을 바꿔서 새로운 레시피를 만들어보고 싶다면, 형식에 맞게 레시피를 작성하는 방법을 알아야 하고, 자신의 취향에 맞는(또는 단지 갖고 있는 곡물가루를 사용한다 하더라도) 가루 배합을 할 수 있어야 한다고 생각한다. 곡물가루 이외의 다른 재료들의 비율은 곡물가루 총량을 기준으로 하여 정해지므로 무엇보다 중요한 것은 레시피에 있는 곡물가루의 총량은 같아야 한다는 것이다.

　p.95의 「오버나이트 화이트 브레드」의 가루 배합을 한 번 바꿔보자. 원래 레시피는 전체를 흰 밀가루로 사용하도록 되어 있지만 흰 밀가루 70%, 통밀가루 20%, 그리고 호밀가루 10%로 대체할 수 있다. 이렇게 하면 아마도 p.161와 164의 「필드 블렌드」 레시피와 비슷해질 것이다. 흰 밀가루를 700g으로 바꾸고, 나머지 300g의 흰 밀가루 대신에 통밀가루 200g과 라이트 호밀가루나 다크 호밀가루 100g으로 대체한 후 20g의 물을 추가할 수도 있다. 그러나 여기에 들어가는 호밀가루는 다른 곡물가루보다 수분 흡수율이 낮으므로 여기서는 물의 양을 원래 레시피 그대로 사용한다. 이스트와 소금의 양도 똑같다.

오버나이트 화이트 브레드를 흰 밀가루, 통밀가루, 호밀가루를 혼합해서 만들기

재료	양	베이커스 퍼센티지
흰 밀가루	700g	70%
통밀가루	200g	20%
라이트 또는 다크 호밀가루(실온)	100g	10%
물	780g, 32~35℃(90~95℉)	78%
인스턴트 드라이 이스트	0.8g(¼ts 조금 안 되게)	0.08%
고운 소금	22g	2.2%

스케줄 조정

　때로는 레시피의 스케줄을 조정할 필요가 생기기도 한다. 빵을 만들다가 반죽 상태를 고려하여 다음 단계로 넘어가기 전에 좀 더 시간을 가져야 하기도 하고, 예상치 않은 일이 생겨서 반죽의 진행 과정을 좀 늦춰야 하는 상황이 생기기도 한다. 그런데 1차발효와 2차발효의 시간은 발효 반죽의 양과 발효 장소의 온도에 따라 달라지므로 이 두 가지 변수를 이용하여 발효 시간을 다양하게 조절할 수 있다. 여기서 주의할 점은 1차발효나 2차발효를 너무 빨리 끝내지 말아야 한다는 것이다. 그렇게 하면 오히려 빵의 퀄리티를 떨어트리는 역효과가 나타날 수 있다. 예를 들어 새터데이 브레드를 만들고 싶은데, 그날의 일정상 1차발효를 레시피대로 5시간이 아닌 8시간을 해야 할 일이 생길 것이다. 이럴 경우 온도는 레시피대로 하지만, 이스트의 양을 ⅓ 정도 줄이는 방법을 권한다. 그리고 그날 만든 방법과 함께 결과를 메모해두면, 다음에 같은 빵을 만들 때 참고할 수 있다.

　또 다른 예로, 같은 새터데이 브레드를 만든다고 가정해보자. 낮에 만들기 시작하여 성형까지 했는데, 갑자기 저녁에 볼일이 생겨서 빵을 구울 수 없는 상황이 되었다. 이 경우에는 성형 후 곧바로 발효바구니에 담아 위생 비닐백에 넣고, 밀봉하여 냉장고에 넣는다. 그리고 다음 날 아침에 굽는다. 그러나 또 다른 대안으로, 성형해서 오븐에 굽기까지 1시간 정도밖에 시간이 없다면 그것도 괜찮다. 즉, 냉장고에서 2시간은 2차발효를 해야 할 반죽을 단지 50분~1시간밖에 발효를 못 하더라도 크게 문제되지 않는다는 것이다. 그리고 차가운 반죽이라도 그냥 구우면 된다. 굽기 전에 굳이 반죽을 실온으로 올릴 필요도 없다.

　여기 또 다른 시나리오가 있다. 본반죽을 오후 3시에 마치고 정상적으로 1차발효가 되어 8시에 분할,

성형을 할 계획이었는데, 갑자기 7~9시까지 미팅이 잡혔다. 이 경우도 앞의 예시와 마찬가지로, 어느 시점에서든 스케줄을 지연시켜야 할 상황이 되었을 때는 간단하게 그냥 냉장고에 넣어두면 된다. 반죽통에 뚜껑을 덮어 1차발효를 하거나, 성형해서 발효바구니에 담아 위생 비닐백에 넣고 밀봉하여 2차발효를 하거나, 냉장고 밖의 외부 온도에 따라 선택적으로 실온에 둘 수도 있다. 늘 시간에 대해 생각할 필요가 있다. 그리고 반죽이 냉장고에서 차가워지는 데 걸리는 시간은 그리 길지 않으므로, 반죽이 냉장고 안에 들어가면 곧바로 저온발효가 진행된다고 생각하면 된다.

이렇게 저온발효를 할 때 반죽이 충분히 발효되기 전에 다음 단계로 넘어가지 않도록 주의한다. 수분율을 조절하다 보면 레시피에 익숙해져서 반죽의 1차발효와 2차발효의 적정 시점을 알아보는 데 많은 도움이 된다. 그리고 경험을 많이 하다 보면, 반죽의 겉모습만으로도 적당한 발효시점을 판단할 수 있게 된다.

정리하면, 반죽을 1차발효하거나 2차발효할 때 반죽을 냉장하거나 반죽의 온도를 낮춰서 시간을 연장함으로써 스케줄을 조정할 수 있다. 반복해서 빵을 만들다 보면 어떻게 해야 할지 자연스럽게 습득이 되고, 점차 빵의 결과가 좋게 나오면서 기술도 향상된다. 1차발효와 2차발효 단계에서 다음 단계로 넘어갈 때 충분히 발효가 되지 않았다면 절대 다음 단계로 넘어가지 않아야 한다는 점에 유의한다. 그럴 경우 나중에 빵을 구웠을 때 빵의 풍미와 볼륨을 잃게 된다.

또 한편으로 발효가 매우 느리게 진행되는 경우가 있는데, 특히 겨울철에 이런 문제가 많이 생긴다. 반죽이 5시간 안에 3배로 부풀어야 하는데 그렇지 못한 경우나, 오버나이트를 통해 적어도 2.5배로 부풀어야 하는데 그렇지 못한 경우엔 발효가 빨리 될 수 있도록 따뜻한 곳을 찾아서 발효시킨다. 가장 손쉽게 찾을 수 있는 따뜻한 공간은 내 경험상 오븐이다. 오븐의 조명을 켜고 오븐의 문을 살짝 열어두면 가장 적당한 온도가 된다. 폴리시나 비가가 충분히 발효가 안 되었을 때도 이런 방법으로 오븐에 넣고 발효시킬 수 있다. 그리고 발효할 때 발효통의 뚜껑을 열어놓으면 표면이 마를 수 있으므로 늘 뚜껑을 덮은 상태로 발효시킨다. 유의할 점은 반죽의 온도를 올릴 때는 탐침온도계로 반죽의 온도를 확인하여 절대 27℃(80℉)를 넘지 않도록 한다. 반죽의 온도가 올라가면 빨리 발효가 되는 것을 눈으로 확인할 수 있다. 발효가 더딘 것은 모든 베이커들이 자주 겪는 문제이므로 당황하지 말고 우선 따뜻한 곳부터 찾는다.

곡물가루의 흡수성

앞서 말했듯이 통밀가루는 흰 밀가루보다 흡수성이 뛰어나다. 그러므로 레시피의 흰 밀가루 비율은 올리고 반죽의 텍스처를 같게 하고 싶다면 물의 양을 줄인다. 반대로 통밀가루의 비율은 올리고 반죽의 텍스처를 같게 하고 싶다면 물의 양을 늘려야 한다. 무엇보다도 반죽의 상태를 제대로 판단하기 위해서는 먼저 레시피대로 재료를 사용하면서 익숙해지는 것이 가장 좋다. 그러면 비교할 수 있는 나름의 기준이 생길 것이다. 물의 양을 늘리더라도 아주 소량을 첨가하는 것이 좋고, 눈대중으로만 하는 것보다 물의 무게를 계량해서 첨가하는 것이 좋다. 부피 계량으로 하면 단지 30~40g의 물이라도 보기에는 적어 보이지만 반죽 안에서는 큰 차이를 나타낸다.

르뱅의 종류 선택

이 부분은 주로 고급 단계의 제빵을 이해하는 베이커들에게 도움이 되지만 그렇다고 지나치게 파고들 필요는 없다. 여기에 2가지의 보기를 제시하므로 이것을 통해서 여러 가지 추측과 가상의 시나리오를 펼쳐보기 바란다.

고온발효 르뱅과 섞는 곡물가루의 배합을 조정하는 방법

먼저, 이 책의 「고온발효 르뱅 브레드」 레시피(p.191)에 소개되어 있는 흰 밀가루로만 만든 르뱅을 다른 브레드에 어떻게 사용하는지 하나의 예를 보자. 아래 레시피로 만든 르뱅은 특유의 독특한 풍미를 가진 매력적인 르뱅 발효종으로, 어쩌면 흰 밀가루를 사용하는 이 책의 다른 레시피들도 이 르뱅으로 만들고 싶어질지 모른다. 바로 앞에서 얘기한 것처럼 이 르뱅을 곡물가루와 혼합해서 빵을 만드는 방법은 너무 쉬워서, 단지 본반죽에 통밀가루나 호밀가루 또는 스펠트(spelt)나 카무트(kamut) 가루를 섞으면 된다. 간단하게 본반죽에 들어가는 750g의 흰 밀가루 대신에 새롭게 사용하고 싶은 곡물가루를 750g 한도 내에서 사용하면 된다. 아래는 40% 통밀가루를 사용한 예이다. 1,000g(레시피에서 르뱅을 포함한 곡물가루 전체의 합)의 40%는 400g이므로 이를 통밀가루로 대체하고, 나머지 350g은 흰 밀가루를 사용한다. 이런 식으로 호밀가루 100g, 통밀가루 200g, 흰 밀가루 450g을 합해 총 750g의 곡물가루를 본반죽에 넣을 수도 있다.

    아래 예시는 통밀가루의 높은 흡수성을 고려하여 물의 양을 좀 더 추가한 것이다. 물을 20g 추가하여 수분율을 78%에서 80%로 높였다.

고온발효 르뱅으로 만드는 40% 통밀 브레드

본반죽		제빵배합률		
재료	본반죽 재료 양	르뱅 속 함유량	총량	베이커스 퍼센티지
흰 밀가루	350g	250g	600g	60%
통밀가루	400g	0	400g	40%
물	625g, 27℃(80℉)	175g	800g	80%
고운 소금	20g	0	20g	2%
인스턴트 드라이 이스트	1g(¼ts)	0	1g	0.1%
르뱅	425g			25%*

＊ 르뱅의 베이커스 퍼센티지는 르뱅의 밀가루 양을 레시피에서 사용한 밀가루 총량에 대한 비율로 표시한 것이다.

p.191 「고온발효 르뱅 브레드」 레시피에서는 25%의 르뱅과 0.1%의 이스트만 들어간다는 것을 알 수 있다. 반면에 이 책의 〈하이브리드 르뱅반죽〉은 20%의 르뱅과 0.2%의 이스트가 들어가고, 순수한 〈100% 르뱅반죽〉은 12%의 르뱅만 들어가고 이스트는 들어가지 않는다는 것도 알 수 있다. 나는 이 레시피에 르뱅의 양을 좀 더 늘려서 흰 밀가루로 만든 르뱅의 독특한 매력을 더욱 살리고 싶었다. 그래서 르뱅의 양을 늘리는 대

신 인스턴트 드라이 이스트의 양을 줄였다. 여기서 좀 더 발전하면 이스트를 전혀 넣지 않고 단지 발효시간만 늘려서 빵을 만들 수도 있다.

리퀴드 르뱅

리퀴드 르뱅(Liquid levain)은 모든 베이커들이 알고 있는 용어이다. 일반적으로 물과 밀가루를 같은 양으로 섞어서 사용하고, 주로 흰 밀가루만 사용한다. 완성된 빵에서는 리퀴드 르뱅 특유의 풍미를 느낄 수 있다. 이것은 유산균 발효와 관련이 있어서 우유의 고소하고 부드러운 맛과 향이 나타난다. 유산균 발효가 많이 진행되면 나중에는 숙성된 과일의 향도 느껴지는데, 이것은 알코올(이스트 발효의 결과물)과 여러 가지 유기산(박테리아 발효의 결과물)들로 이루어진 휘발성 에스테르 성분 때문이다.

리퀴드 르뱅을 만들려면 chap.8에 설명되어 있는 이 책의 기본 발효종으로 시작한다. 그리고 본반죽을 만들기 하루 전날 가지고 있는 르뱅으로 다음의 설명에 따라 리퀴드 르뱅을 만든다. 언제든지 자신이 갖고 있는 기존의 르뱅을 리퀴드 르뱅으로 바꿀 수 있다. 리퀴드 르뱅을 같은 조건에서 지속적으로 먹이주기를 하여 오래 유지하면 할수록, 새로운 환경에서 번식하는 천연효모와 박테리아들이 만들어내는 유기산들로 인해 고유의 풍미가 점점 더 살아난다.

다음의 예시에서 보듯이, 1일째 먹이주기는 기존에 사용해왔던 80% 수분율과 달리 100% 수분율로 믹싱한다. 또한 기존의 르뱅 발효종도 조금만 들어간다.

스케줄 예시 1일째_ chap.8의 기본 르뱅 발효종으로 먹이주기 시작 ➜ 오전 9:00 새 르뱅에 1번째 먹이주기 ➜ 오후 6:00 2번째 먹이주기 ➜ 2일째_ 오전 9:00 3번째 먹이주기 ➜ 오후 3:00 본반죽 믹싱 ➜ 오후 8:00 성형 ➜ 냉장고에서 오버나이트 ➜ 다음 날, 오전에 굽기

리퀴드 르뱅

1일째

1번째 르뱅 먹이주기

재료	양
르뱅 발효종	50g
흰 밀가루	250g
물	250g, 35℃(95℉)

2번째 르뱅 먹이주기

재료	양
1번째 먹이주기한 르뱅	250g
흰 밀가루	250g
물	250g, 29℃(85℉)

2일째

3번째 르뱅 먹이주기

재료	양
2번째 먹이주기한 르뱅	100g
흰 밀가루	500g
물	500g, 29~32℃(85~90℉)

리퀴드 르뱅을 실험적으로 활용할 수 있는 좋은 레시피가 p.146의 「팽 드 캄파뉴」이다. 이 책에서 베이스로 사용하는 기존의 르뱅 발효종을 새로운 리퀴드 르뱅으로 대체하고 아래 레시피의 재료를 분량대로 사용하여 만든다. 기존의 르뱅보다 리퀴드 르뱅에 물이 더 많이 들어 있기 때문에 기존의 레시피보다 본반죽에 넣는 물의 양이 적다. 그러나 총 수분율은 78%로 같다. 리퀴드 르뱅에 40g의 물이 추가로 포함되어 본반죽에 들어가기 때문에 기존의 본반죽 레시피에 들어가는 물이 40g 줄어든다.

리퀴드 르뱅으로 만드는 팽 드 캄파뉴

본반죽		제빵배합률		
재료	양	르뱅 속 함유량	총량	베이커스 퍼센티지
흰 밀가루	700g	200g	900g	90%
통밀가루	100g	0	100g	10%
물	580g, 32~35℃(90~95℉)	200g	780g	78%
고운 소금	21g	0	21g	2.1%
인스턴트 드라이 이스트	2g(½ts)	0	2g	0.2%
르뱅	400g			20%

레시피 메모

나는 항상 레시피를 수정하고, 비록 임시적인 것이라도 기록을 한다. 그렇게 하면 정확하지 않은 내 기억력에 의존하여 작업하지 않아도 된다. 예를 들어, 8시간 전에 본반죽을 믹싱할 때 560g의 곡물가루를 넣었는지 540g의 가루를 넣었는지 기억이 애매할 수도 있기 때문이다. 그래서 나는 주방에 포켓 사이즈의 노트를 항상 비치해놓고, 그때그때 레시피 메모용으로 사용하고 있다. 언제든지 레시피를 수정할 수 있고, 빵을 만드는 과정에 겪는 시행착오들을 메모해두면 다음에 어떻게 해야 할지 참고할 수 있는 좋은 지침이 되기도 한다. 이것은 아주 효과적인 방법으로 여러 사람들과 공유하고 싶어서 내가 평소에 메모했던 것들 중 일부를 소개한다.

풀리시를 사용한 오버나이트 피자도우(p.231) 레시피 관련 메모

- 풀리시 : 밀가루 500g, 27℃(80℉)의 물 500g, 이스트 04.g, 21℃(70℉) 실온에서 12~14시간
- 오토리즈 안함
- 본반죽 : 밀가루 500g, 41℃(105℉)의 물 250g, 소금 20g, 풀리시, 2번 폴딩, 부피가 2.5배가 될 때까지 5~6시간 1차발효, 1개 350g씩 5개로 분할, 공모양으로 성형, 실온에서 30분~1시간 휴지, 냉장발효

빵 만드는 과정에 적은 메모

- 오후 7:00 풀리시 믹싱
- 오전 9:00 본반죽 믹싱, 물 35℃(95℉), 반죽 최종온도 23℃(73℉), 다음에 좀 더 따뜻한 물을 사용할 것.
- 폴딩 2번
- 오후 3:00 반죽이 2.5배로 부품, 오후 3:30 공모양으로 성형해서 냉장발효

필드 블랜드 #1(p.161)의 레시피 관련 메모

- 르뱅 : 아침에 일어나자마자 먹이주기. 르뱅 발효종 100g, 흰 밀가루 400g, 통밀가루 100g, 29~32℃(85~90℉)의 물 400g. 본반죽하기 전에 실온에서 6시간 발효
- 오토리즈 : 흰 밀가루 590g, 통밀가루 60g, 흰 호밀가루 150g, 32~35℃(90~95℉)의 물 590g. 20~30분 오토리즈
- 본반죽 : 르뱅 360g, 소금 21g, 이스트 2g. 폴딩 3~4번. 반죽이 2.5배로 부풀 때까지 5시간 1차발효, 분할, 성형, 비닐백에 넣어 냉장발효 12시간
- 굽기 : 245℃(475℉), 뚜껑 덮고 30분, 뚜껑 열고 20분.

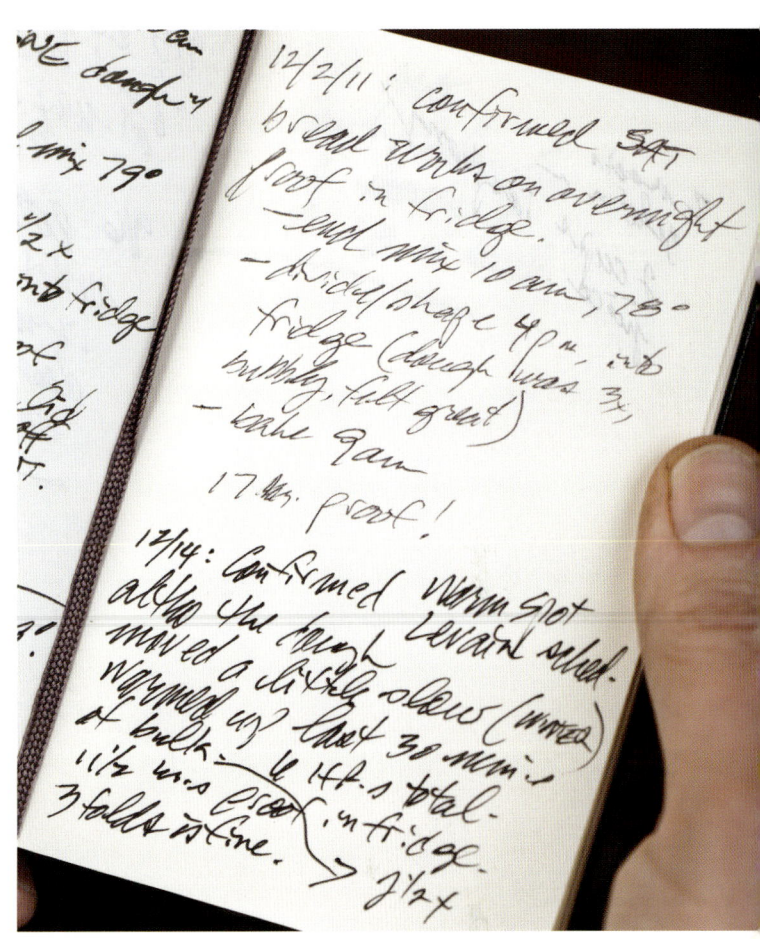

빵 만드는 과정에 적은 메모

- 오전 8:00 르뱅 믹싱
- 32℃(90℉)의 물로 오토리즈, 본반죽온도 27℃(80℉), 다음에 좀 더 낮은 온도의 물을 사용할 것, 본반죽 믹싱이 끝난 시간 오후 2:00
- 폴딩 4번
- 분할, 성형, 오후 7:00 냉장발효
- 오전 9:00 굽기, 결과는 성공!!

PART 4
PIZZA RECIPES
피자 레시피

CHAPTER 12
피자와 포카치아 만들기
PIZZA AND FOCACCIA METHOD

켄즈 아티장 베이커리를 시작하고 3년 반 정도 지났을 즈음, 나는 직원들과 새로운 프로젝트를 세웠다. 그 동안 우리 가게의 대형 가스오븐 바닥에 파이들을 직접 올려서 구워왔듯이 피자도 그렇게 잘 구워질지 시험해보기로 하였다. 결국 피자도 빵의 일종이므로 그 연장선으로 생각하여 지금까지 해오던 대로 하면 될 것 같았다.

우선 〈먼데이 나이트 피자(Monday Night Pizza)〉라는 브랜드를 만들어 주중에 하루만 손님들에게 판매하는 것으로 가볍게 시작하였다. 2005년 당시 포틀랜드에서는 기존의 레스토랑 모습에서 벗어나 전통적이지 않고 창의적인 스타일의 레스토랑들이 생기기 시작하였다. 대표적으로 〈라이프스 언더그라운드 레스토랑(Ripe's underground restaurant)〉이나 〈패밀리 서퍼(Family Supper)〉, 또는 한여름 야외농장에서 순백의 테이블에 파인 다이닝을 제공하는 〈플레이트 앤 피치포크(Plate & Pitchfork)〉 같은 곳들이 있다. 이런 새로운 벤처 레스토랑들은 틀에 얽매이지 않는 포틀랜드의 특성이 더해져서 사람들이 저녁식사를 하기 위해 외식을 하러 나가는 재미를 더해주었다. 우리 베이커리가 주중에 하루 저녁을 레스토랑으로 바꾼 것도 작은 식당을 시작하기 전에 사전 경험을 하기 위한 단계적 시도였고, 그때 당시에 베이커리에서 근무하던 일부 직원들의 능력을 활용할 수 있는 좋은 기회이기도 하였다.

마침내 매년 100대 레스토랑 순위를 매기는 《오리거니언즈(Oregonian's)》 잡지에 우리 베이커리가 '주중 하루 팝업피자(one-night-per-week pop-up pizza)'로 1위에 올랐고, 첫 번째 월요일 저녁부터 자리가 나오길 기다리며 1시간이나 서 있는 사람들의 줄이 페이스트리 쇼케이스에서부터 밀리기 시작하였다. 심지어 도로변까지 와인잔이나 맥주병을 손에 들고 기다리는 장사진이 펼쳐졌다. 피자의 위력으로! 켄즈 아티장 베이커리에서 탄생한 '먼데이 나이트 피자'의 인기에 가속도가 붙으면서 2006년에 나는 포틀랜드의 남동지역에 우리 베이커리의 셰프 앨런 매니스캘코(Alan Maniscalco)와 함께 장작을 사용하는 화덕피자 레스토랑을 열었다. 앨런은 우리 베이커리에서 4년간 근무하였는데, 한동안은 빵과 페이스트리를 만드는 팀을 맡아서 일하다가 '피체리아(pizzeria)'를 시작하기 전까지 나를 도와 〈먼데이 나이트 피자〉를 만드는 주방일을 같이 하였다.

우리가 만들었던 켄즈 아티장 피자는 앨런과 내가 각자 이탈리아를 두루 여행 다니며 즐겼던 나폴리식 피자에서 영감을 얻어 만든, 지름 약 30㎝(12인치) 정도의 작고 얇은 1인용 파이다. 우리 가게의 요리사들은 피자도우를 회전시키면서 공중으로 던져 올려 기술적으로 완벽하게 얇은 피자도우를 만들어낸다. 또한, 피자도우를 공중에서 회전시키는 모습은 사람들에게 재미있는 볼거리도 된다.

피자는 크러스트, 소스, 그리고 토핑 재료가 조화롭게 균형을 이루어야 하므로 토핑을 너무 많이 올리지 않으며, 피자 크러스트의 둘레와 바닥면이 살짝 탄 듯이 굽는 것을 목표로 한다. 그러나 피자를 399℃(750℉) 고온에서 짧은 시간 구우면서 살짝 탄 듯이 굽는다는 것이 생각처럼 쉽지는 않다. 가장 적당한 상태는, 우리가 사용하는 순수하게 우유로만 만든 모차렐라치즈가 전체적으로 완전히 녹아 우유처럼 흘러내리고, 동시에 피자 표면이 갈색으로 살짝 변하기 시작해야 한다. 그리고 토핑 되어 있는 신선한 바질잎의 끝부분이 약간 탄 듯이 바삭해지기 시작하는 순간이어야 한다.

장작을 사용하는 화덕오븐의 뒤쪽에는 붉은 불씨더미들이 쌓여 있고, 그 사이에 크게 타오르는 불꽃들이 보일 것이다. 우리는 참나무나 마드론(madrone, 진달래과 교목) 또는 다른 단단한 나무들을 잘게 쪼개 오

븐 아래쪽의 배기판에 넣어두고, 피자를 굽기 위해 매일 저녁 필요한 만큼 장작으로 사용한다. 아침에도 뜨거운 열기가 남아 있어서 점심에 새롭게 불씨를 피우기 전까지 잔열을 이용하여 크루통이나 그 밖의 적당한 것들을 굽곤 한다. 레스토랑에 있는 오븐은 매주 하루도 빠짐없이 하루에 적어도 10시간 불을 피운다.

우리가 사용하는 장작오븐은 벽돌로 만든 르 파뇰(le Panyol) 시리즈이며 티모시 시턴(Timothy Seaton)이 만들었다. 그는 장작보일러 기기를 제작하고 판매하는 3세대 전문기술자로, 벽난로단체인 하스 파티오 앤 바비큐협회(HPBA, Hearth Patio and Barbecue Association)의 회장직을 맡고 있고, 국제표준기관에서 장작난로 관련 분야의 총무직도 맡고 있다. 티모시는 자신의 능력을 잘 발휘할 줄 아는 뛰어난 기술자이다. 오븐 내부는 지름이 약 1m 80㎝ 정도 되며, 강한 복사열이 반죽 표면에 집중적으로 직접 쏘이도록 설계되었다. 오븐은 아침에도 아직 260℃(500℉) 이상으로, 빵을 굽기에도 높을 정도이다. 그러나 오븐 바깥쪽은 43℃(110℉)를 절대 넘지 않는다. 레스토랑의 중앙에 자리 잡고 있는 하얀 이글루처럼 생긴 거대한 불덩이는 마치 야수와 같은 느낌이다.

피자를 구울 때는 불에서 50~60㎝ 정도 떨어진 입구 쪽에 놓고 굽는다. 이때 오븐에서 구워지는 피자 뒤쪽의 주변온도는 399℃(750℉) 정도 되고, 실제로 불이 있는 곳은 538℃(1000℉) 이상이다. 그리고 앞쪽에서 구워지는 파이와 뒤쪽에서 구워지는 파이 표면에 전해지는 온도도 거의 56℃(100℉)의 차이가 난다. 그러므로 피자를 굽는 중간에 피자의 위치를 바꿔주고, 꺼낼 때는 2분 30초 안에 모두 꺼내야 한다. 피자의 바닥과 표면, 그리고 옆 둘레의 크러스트가 동시에 골고루 적당히 구워졌을 때가 가장 좋다. 장작오븐은 이런 타입의 베이킹을 성공적으로 완성하기에 이상적인 오븐이다.

그렇다면 이런 것들을 집에서 어떻게 만들 수 있을까? 그리고 이런 것들을 만들기 위해 과연 내가 알고 있는 것이 뭘까? 라는 의문이 생길 것이다. 먼저, 자신이 이 책을 어느 정도 소화해냈다면 반죽을 잘 만들 수 있다. 피자 크러스트의 풍미는 바로 자신이 만든 반죽 안에 있다. 둘째, 지나치게 비싸지 않은 좋은 재

피자도우 수분율

피자도우의 수분율을 여기서는 70~75%로 만드는데, 전통 방식의 대부분의 피자도우는 수분율이 65%에 가깝다. 이 책의 피자도우 레시피는 돌이나 피자스톤 위에서 굽는 것을 전제로 한다.

포카치아는 (이것은 오븐 바닥에 바로 놓고 굽지 않고, 주로 팬에 넣어서 굽는다)「80% 비가를 사용한 화이트 브레드」(p.112)처럼 피자보다 더 진반죽을 사용해도 된다. 왜냐하면 포카치아는 프라이팬이나 오일을 바른 도우 팬에 넓게 펼쳐서 굽기 때문이다. 반면에 피자는 돌판 위에 구울 경우 얇게 원반모양으로 성형해서 위에 토핑을 하고, 예열한 돌판 위로 미끄러트려 넣을 수 있을 만큼 형태를 유지할 수 있는 반죽이어야 한다. 피자도우가 질면 더 부드럽고 끈적거리며, 믹싱을 제외하고 매 단계마다 손으로 다루기 어려울 것이다. 반죽을 성형할 때 찢어져서 구멍이 날 수도 있고, 오븐에 넣을 때 그리고 바닥면이 충분히 구워지기도 전에 도우를 돌리거나 살짝 옮길 때 크러스트가 손상될 수도 있다.

그럼에도 불구하고 나는 높은 수분율의 도우를 좋아한다. 진반죽으로 만든 피자도우를 다루기가 까다롭긴 하지만, 내가 원하는 발효의 풍미를 얻을 수 있기 때문이다. 피자도우의 테두리까지도 발효가 완벽하게 이루어져서 훨씬 더 섬세하고 부드러운 텍스처를 제공한다. 이처럼 섬세하고 부드러운 텍스처는 피자를 고온으로 구울 때, 그리고 부드러운 00밀가루(p.210 참조)나 중력분을 사용할 때 만들어진다. 이 책의 수분율 70%로 만든 피자도우 3개는 중간 정도로 제분한 밀가루를 사용한다. 그리고 수분율 75%의 풀리시로 만드는 피자도우는 밀을 좀 더 곱게 제분하도록 주문해서 만든다. 다음의 3가지 기술은 높은 수분율의 부드러운 피자도우를 사용하여 피자를 성공적으로 만드는 데 도움이 된다. 첫째, 반죽에 힘을 주기 위해 믹싱 후 폴딩을 한다. 둘째, 반죽에 좀 더 힘을 주기 위해 냉장고에서 금방 꺼낸 차가운 반죽을 성형한다. 셋째, 이런 반죽들은 무척 끈적거리므로 손에 들러붙지 않도록 성형 전에 미리 둥글리기한 피자도우에 덧가루를 넉넉히 묻힌다. 대부분이 빵을 성형할 때 반죽에 덧가루가 섞이면 안 된다고 알고 있지만, 피자도우를 성형할 때는 꼭 그렇지도 않다. 이 경우에는 덧가루를 친구처럼 생각할 정도로 옆에 두고 넉넉히 사용한다. 만약 피자도우를 다른 방법으로 만들고 싶다면, 피자를 반죽할 때 물의 양을 2~3% 정도 줄여도 된다. 그러나 이 경우에 기억해둘 점은, 수분율이 낮으면 피자도우가 단단해져서 손으로 반죽할 때 힘이 더 들어가기 때문에 아마도 믹서를 사용하고 싶을 수도 있다. 이때는 이스트를 먼저 물에 녹여서 사용하도록 한다.

료를 사용할 수 있다. 산 마르자노(San Marzano) 토마토캔 1개의 값이 싸지는 않으나 대형 마트의 토마토로 만든 일반 소매 피자를 사는 값보다 저렴하며, 800g의 토마토 한 캔으로 피자 5판을 만들 만큼의 넉넉한 소스를 만들 수 있다. 그 밖에 식염수에 담아서 포장 판매하는 생모차렐라치즈, 좋은 품질의 살라미 한 줄, 신선한 바질, 어느 집에나 있을 좋은 품질의 올리브오일, 마늘, 그리고 칠리 플레이크만 있으면 된다. 혹시 드라이 오레가노를 구할 수 있으면 좋겠지만 없어도 괜찮으니 스트레스를 받지 않았으면 한다.

피자도우에 대한 전반적인 이해

chap.13에는 4개의 피자도우 레시피가 있으며, 각각은 지름 약 30㎝(12인치)의 피자를 5개 만들 수 있는 분량이다. 하루에 만들 수 있는 스트레이트 반죽부터 풀리시나 르뱅을 사용한 오버나이트 반죽까지 스케줄과 조건을 각기 달리해서 만든 다양한 레시피들을 소개하고 있으며, 모두 다 나름대로 훌륭한 맛을 가지고 있다. chap.14에는 토마토필레(fillets)로 만든 2가지 타입의 토마토소스(묽은 타입과 토마토 덩어리가 있는 거친 타입) 레시피가 있고, 피자와 포카치아에 토핑할 수 있는 여러 가지 응용 레시피들이 있다. 피자를 처음 만들어보는 사람에게는 「마르게리타 피자(Pizza Margherita)」(p.239)나 「뉴욕 피자」(p.241)를 추천한다. 이 피자들의 특성을 알면 토핑 재료를 다양하게 활용할 수 있는 응용력이 생기기 때문이다. 원하는 피자도우를 결정하고, 그 위에 바를 소스를 결정한 다음, 좋아하는 치즈와 토핑 재료들을 얹어서 피자를 구우면 된다. chap.12 레시피에도 피자에 관한 정보가 많이 있다.

이탈리아 00밀가루_ 미국에서는 이 밀가루를 영어식으로 발음하여 '더블오'라고 한다. 이 밀가루는 이탈리아의 나폴리 부근에서 생산하는 밀가루로 나폴리피자를 만들 때 사용한다. 곱게 제분해서 이것으로 반죽을 만들면 반죽이 매우 부드럽게 느껴진다. 또한 반죽이 쉽게 찢어질 정도로 약하지만 그래도 피자를 만들 정도의 힘은 있다. 그리고 피자를 구웠을 때 맛이 훨씬 좋고 크러스트도 부드럽다.

chap.14에 있는 피자와 포카치아 레시피들은 빵을 만드는 방법과 관련이 있기 때문에 대충만 봐도 어떻게 만드는지 알 수 있을 것이다. 먼저, p.239의 예열된 피자스톤 위에 굽는 첫 번째 피자부터 시작한다. 나폴리식이나 뉴욕식 피자를 제대로 만들고 싶다면 피자스톤을 이용하는 기술이 더욱 유용하다. 그리고 p.253부터의 레시피로는 무쇠 프라이팬에 굽는 두터운 팬피자를 만들어볼 수 있다. 이것은 집에 피자스톤이 없거나 홈메이드 스타일로 간단하게 만들고 싶을 때 아주 좋은 방법이다. 늦은 밤이나 혹은 하루 종일 일에 지쳐서 집에 돌아와 뭔가 맛있는 걸 만들어 먹고 싶지만 힘들게 만들어 먹기 귀찮고 냉장고에는 바로 성형해서 피자를 만들 수 있는 반죽만 두 덩이 정도 있을 때 아주 쓸만한 레시피다. 마지막으로 p.258부터는 오븐팬이나 프라이팬을 이용하여 포카치아 만들기를 배울 수 있다.

chap.5, 6, 9에 있는 레시피들 중에 일부 빵 반죽은 피자나 포카치아를 만들 수도 있다고 설명이 되어 있다. 무쇠 프라이팬이나 오븐팬은 이런 반죽으로 피자나 포카치아를 만들 때 아주 유용한 도구들이다. chap.13에 나오는 피자도우들로는 전형적인 포카치아를 만들 수 있고, 이 책의 빵 레시피에 나오는 반죽들로는 포카치아 레시피로 나와 있지 않아도 전형적인 포카치아부터 조금 응용한 포카치아를 만들 수 있다. 포카치아에 어떤 반죽을 사용했느냐에 따라 텍스처가 다양해질 수밖에 없다. 풀리시나 비가를 사용한 반죽이나 새터데이 브레드 반죽 같은 경우는 텍스처가 가벼운 쪽에 속하고, 르뱅을 사용한 빵 반죽의 경우는 약간 무거운 경향이 있다. 그러나 각기 다양한 개성들을 갖고 있으므로 너무 형식에 구애받지 말고 만든다. 집에 있는 재료들 중 각각의 반죽에 어울릴 것 같은 토핑 재료들을 골라서 사용한다.

피자도우 만들기

이 책에 나오는 피자도우는 빵 반죽 만드는 법과 같다. 그러므로 오토리즈, 믹싱, 폴딩까지는 chap.4의 설명대로 만들면 된다. 그리고 그 뒤의 나머지 과정은 chap.12에서 자세하게 설명하여 피자도우를 만드는 레시피가 완성된다.

도우의 분할

일반적으로 도우를 분할, 성형하는 작업을 하기 위해서는 폭 60㎝ 정도의 여유 공간이 필요하다. 작업대에 덧가루를 뿌리고 손에도 밀가루를 묻힌 다음, 반죽통에서 조심스럽게 반죽을 꺼낸다. 그러려면 반죽통과 반죽이 맞닿아 있는 가장자리에 밀가루를 뿌리고, 통에 반죽이 들러붙는 부분이 없도록 최대한 깨끗하게 통에서 꺼낸다. 이때 반죽을 무조건 잡아당기지 말고 조심스럽게 꺼내도록 주의한다. 작업대에 꺼내놓은 반죽을 가볍게 두드려서 분할하기 좋은 모양으로 만들고, 반죽 위에 덧가루를 충분히 뿌린다. 그러고 나서 반죽칼이나 플라스틱 스크레이퍼를 이용하여 같은 크기로 5등분한다. 5등분할 때는 눈대중으로 해도 되고 저울을 이용해도 되는데, 각각의 반죽을 350g 정도로 나눈다. 일단 5개로 분할한 반죽은 나중에 한 덩어리로 합치지 않는 것이 좋다. 그럴 경우 오랜 시간 반죽을 휴지시키지 않는 한 성형하기가 어려워진다. 그러나 저울을 사용해서 정확하게 계량하다보면 일부 조각을 반죽덩어리에 합쳐야 할 때가 있는데, 이때는 반죽 조각을 원래 반죽 안에 감싸듯이 넣고 둥글리기하여 성형한다. 이것은 다음 단계에서 설명한다.

둥글리기 성형

이 방법은 빵을 만들 때 'STEP5 : 반죽을 성형한다(p.77~79)'의 설명처럼 공모양으로 성형한다. 이 단계에서는 반죽 안의 가스가 빠져나가지 않도록 조심해야 하는데, 그 이유는 가스 안에 빵의 풍미가 들어 있기 때문이다. 다음에 복습의 의미로 다시 정리해본다.

1. 반죽의 옆부분을 ¼ 정도 위로 잡아당겨서 반죽 위에 겹쳐놓는 식으로 폴딩한다. 이때 반죽이 끊어지기 직전까지 최대한 잡아당겨서 폴딩하고, 반죽의 반대쪽 옆부분도 같은 방법으로 폴딩한다.

2. 위 방법으로 반죽이 동그랗게 될 때까지 반죽 주변을 돌아가면서 폴딩을 반복한다. 그런 다음 작업대 위를 덧가루가 없이 깔끔하고 마른 상태가 되도록 만들고, 반죽을 뒤집어서 폴딩을 하며 생긴 이음매 부분이 작업대와 맞닿게 한다. 작업대에 덧가루가 없어야 작업대와 반죽 사이에 마찰력이 생겨서 모양을 잡아주고, 다음 단계로 넘어갔을 때 공모양의 반죽에 탄력을 줄 수 있다.

3. 공모양의 반죽을 앞에 놓고 두 손을 컵모양으로 동그랗게 만들어 반죽을 감싼 후, 역시 덧가루가 없이 마른 상태의 작업대 표면에서 몸쪽으로 15~20㎝ 정도 잡아당긴다. 바닥면에 닿아 있는 새끼손가락으로 적절하게 힘조절을 하며 반죽과 손바닥 사이에 압력을 주면서 반죽이 컵모양의 손 바깥으로 밀려나가지 않게 한다. 이와 같은 방법으로 반죽을 잡아당기면 반죽의 표면이 매끄럽고 탱탱해지면서 탄력이 생긴다.

4. 반죽을 90° 돌려서 다시 위와 같은 방법으로 반죽에 탄력이 생기도록 2~3번 정도 반복한다. 탄력을 많이 주려고 너무 많이 하면 오히려 역효과가 날 수 있으므로 이 정도로 적당히 한다. 공모양으로 만든 반죽은 피자모양으로 얇게 성형하기 전에 휴지를 시켜야 한다. 만약 시간적 여유가 없어서 되도록 빨리 피자를 만들고 싶다면 둥글리기를 조금 느슨하게 해준다.

5. 분할한 나머지 반죽들도 같은 방법으로 성형한다.

소프트 화이트 더블오 밀가루를 사용하는 경우에는 반죽이 매우 부드럽고 쉽게 찢어질 것 같다고 느낄 것이다. 이것이 오히려 맛있는 피자를 맛볼 수 있는 신호라고 보면 된다.

둥글리기한 도우의 2차 발효

깊이가 얕은 오븐팬이나 2개의 큰 접시에 덧가루를 뿌리고, 둥글리기한 도우를 조금 간격을 두고 놓는다. 이렇게 간격을 두는 이유는 나중에 도우가 발효하여 서로 달라붙지 않게 하기 위해서다. 그리고 도우 윗면에 손으로 오일을 묻히거나 덧가루를 뿌린다. 비닐랩으로 싸서 실온에 30분~1시간 휴지시키고(포카치아는 아래 설명대로 좀 더 오래 휴지시켜도 된다), 냉장고에 넣어 도우를 차게 만든다. 피자모양으로 성형하기 전에 냉장고에 적어도 30분 이상 넣어두어 도우를 차게 만들면 피자 성형을 할 때 찢어지지 않고 성형하기 쉽다는 것을 경험을 통해 알게 되었다.

둥글리기한 도우로 피자를 만들고 남은 도우는 그대로 냉장고에서 하룻밤~이틀까지 숙성시켜도 된다. 이렇게 숙성시킨 도우는 냉장고에서 저온으로 숙성 발효되는 동안 도우의 풍미가 더 풍부해져서 다음 날 만든 피자도우가 더 맛있다고 느낄 수도 있다.

빵이나 피자를 만들려던 반죽으로 포카치아를 만들 때도 있다. 가끔 이럴 때는 반죽이 냉장고에서 좀 더 오래 숙성 발효되도록 두기도 한다. 빵 반죽으로 포카치아를 만들 때는 빵의 형태가 만들어지기 위해 시간이 좀 더 걸릴 수 있기 때문이다. 성형을 하고 난 후에는 약간 과발효가 되었더라도 반죽이 주저앉기 직전에만 오븐에 넣고 구우면 된다. (너무 심하게 과발효가 되면 글루텐 구조가 힘을 잃으며 가스를 품지 못해 주저앉는다.) 그렇다고 포카치아에 맞는 최적의 발효시점을 찾지 않아도 된다는 의미는 아니다. 사실 과발효시켜서 성형한 포카치아 반죽이 좀 더 넓게 잘 퍼지면서 부풀고, 나의 기대치를 충분히 만족시킬 만큼 가장자리까지 부풀어 있는 것을 손가락테스트로 확인할 수 있다.

모두 짐작했겠지만 나는 반죽이 약간 과발효되어 발효향이 강하게 느껴지는 풍미를 좋아한다. 그러므로 포카치아는 둥글리기한 도우 덩어리에 오일을 바르고 비닐을 덮어서 실온에 2시간가량 휴지시킨다. 그 다음에는 냉장고에 넣고 차게 만들어 나중에 사용해도 되고, 곧바로 포카치아를 만들어도 좋다.

피자도우의 분량

단지 1~2개의 피자만 만들 건데 굳이 5개 분량의 피자도우를 만들어야 할지 갈등이 생길 때는 이 레시피의 분량을 반으로 줄여서 만들어도 결과는 같다. 또한 이 분량의 5배로 만들어도 괜찮다. 레시피에 있는 재료들의 비율만 맞으면 반죽의 분량은 상관없다. 하지만 반죽의 분량이 많으면 손으로 반죽하는 것보다 믹서를 활용하는 것이 좋다.

피자를 성형하기 전에 나는 둥글리기한 도우를 1~2개 정도 더 여유 있게 준비하곤 한다. 혹시 피자 성형을 하다가 반죽이 찢어지거나 뭉쳐버릴 수도 있고, 오븐에 넣다 실수를 할 수도 있기 때문이다. 한 번은 피자도우에 토핑까지 하고 오븐에 넣으려는 순간, 우리 개가 피자도우를 물어버리는 바람에 갑자기 피자도우를 사이에 두고 개랑 줄다리기를 하는 우스꽝스러운 모습을 연출했던 적도 있다. (내가 왜 도우를 올린 피자삽을 개의 키높이 위치에 있는 커피 테이블에 올려놨을까?) 여분으로 준비한 도우가 남는다면, 나는 간단하게 포카치아를 만들 것 같다. 마리나라(marinara, 토마토, 마늘, 향신료 등으로 만드는 이탈리아 소스)를 바르거나 올리브오일, 소금, 후추만 뿌려서 곧바로 구워 먹어도 좋고, 랩으로 싸서 보관했다가 다음날 먹어도 좋다.

피자 소스

일단 둥글리기한 피자도우가 준비되었다면, 이제 소스를 준비할 때다. 맛있는 피자소스는 어떻게 만들까? 소스의 맛을 결정하는 가장 중요한 재료가 토마토이다. 파는 대부분의 통조림 토마토는 피자소스를 만들기에 신맛이 너무 강한 편이고, 이것이 많은 피자소스의 레시피에 설탕이 들어가는 이유이기도 하다. 이런 종류의 통조림 토마토는 맛있는 파스타용 소스로는 적당할지 몰라도 우리는 피자용 소스로 사용하지 않는다. 단, 빵에 들어가는 충전물로는 사용하는데, 그 이유는 빵의 풍미를 신선하게 유지하기 위해서다.

해결 방법은 간단하다. 이탈리아의 산 마르자노(San Marzano) 토마토로 가공한 토마토 통조림을 구입하는 것이다. 이 토마토 품종은 소스용으로 매우 뛰어나서 보통 피자소스와 고급 피자소스의 맛 차이를 만들어낸다. 이 토마토는 산 마르자노 지역에서 재배되어 가까운 나폴리에서 가공이 되고 유일하게 오리지널 나폴리피자 맛을 낼 수 있다. 이 지역의 토마토는 당도가 높고, 과육이 풍부해서 수분이 많지 않으며, 신맛도 매우 적다.

어느 정도 규모가 있는 슈퍼마켓에서는 산 마르자노 토마토 통조림을 볼 수 있지만, 혹시 주변에서 찾을 수 없다면 아쉽지만 최상의 플럼(plum) 토마토 통조림을 사용한다. 대안으로 온라인을 통해 구매할 수도 있는데, 800g(28온스) 1캔에 단지 몇 천 원이면 된다. 이것이 큰 피자를 사 먹는 것보다 훨씬 싸다. 12캔짜리 1묶음을 구매하면 한동안 사용할 수 있을 것이다.

그리고 통조림을 살 때 산 마르자노 홀토마토를 구입한다. 소스를 만들기 위해 통조림을 열고, 홀토마토를 체에 10분 정도 받쳐서 건져둔다. 이렇게 거른 홀토마토와 일부 토마토 과육건더기를 가지고 피자소스를 만든다. 남은 토마토 통조림 국물은 다른 용도로 사용하면 되는데, 예를 들어 식초나 여러 가지 향신료들을 섞어서 치킨을 양념에 재거나 스패니시 라이스(Spanish rice, 토마토와 양파 등을 넣어 만드는 스페인식 솥밥)를 만들 때 사용한다.

소스를 만들 때 간단하게 소금과 올리브오일만 넣고 블렌더에 갈아 퓌레(puree, 채소나 과일을 곱게 갈아 걸쭉하게 만든 것)로 만들 수도 있다. 나는 여기에 다진 마늘과 칠리 플레이크 약간, 그리고 내가 어린 시절을 보냈던 동부 해안지역에서 먹던 피자의 향수를 떠올리며 신선하게 잘 말린 드라이 오레가노를 넣는다. (나는 토마토소스가 들어가지 않는 일부 화이트피자에도 오레가노를 사용한다.) 드라이 오레가노를 피자에 사용하는 곳은 이탈리아의 캄파니아(Campania) 지역과 그 수도인 나폴리는 물론이고 이탈리아 남부와 시칠리아에서도 두루 사용한다. 드라이 오레가노는 칼라브리안(Calabrian) 제품을 추천하며, 온라인 구매가 가능하지만 굳이 이것이 아니라도 오레가노 고유의 향이 순수하게 느껴지는 다른 좋은 제품이 있다면 그것을 사용해도 된다. 또는 오레가노를 전혀 사용하지 않아도 괜찮다. 여기에 있는 레시피는 지극히 주관적 관점에서 내 입맛에 맞게 만든 것이므로 좋은 토마토와 약간의 소금만 사용하여 각자 입맛에 맞춰서 소스를 간단하게 만들어도 상관없다.

두툼한 피자 크러스트에 피자소스를 듬뿍 올리는 일반적인 시카고 피자에 사용하는 토마토소스는 퓌레 같은 텍스처가 아니라 안에 듬성듬성 크게 다진 토마토 덩어리들이 들어 있다. 나는 피자를 즐겨 먹는 편이라 크러스트의 두께랑 상관없이 내 기분에 따라 그때그때 이 2가지 소스를 섞어서 만들곤 한다.

피자스톤에 피자 굽기

이 책에 피자와 포카치아 레시피를 넣기 위해 나 역시 어떻게 하면 가정용 오븐에서 피자스톤을 이용하여 최상의 결과를 얻을 수 있을지를 알아보고 싶은 도전의식을 느꼈다. 나는 오븐 안의 위쪽 ⅓ 지점에 피자스톤을 올리고, 베이크(bake, 대류 방식의 열전달)와 브로일(broil, 복사 방식의 열전달) 모드를 조합하여 피자를 굽는 기술을 터득하였다. 이것은 피자를 맛있게 구울 수 있는 아주 좋은 방법으로, 모두가 좋은 결과를 얻기 바란다.

오 븐 의   예 열 과   관 리

피자스톤을 오븐의 상단에 올려놓아 피자스톤의 표면과 오븐 천장의 열판과의 간격이 20㎝ 정도 되게 한다. 예열 온도는 가능하면 최고온도까지 올리는데, 대부분의 가정용 오븐의 최고온도는 260℃ 또는 274℃(500℉ 또는 525℉)가량 된다. 만약 할 수 있다면 피자를 316℃(600℉)에서 굽기 시작하며, 피자를 여러 번 구울 때까지 최대한 이 높은 온도를 유지할 수 있다면 더욱 좋다. 또한 오븐 종류에 따라 피자를 굽는 방식이 각기 다르므로 자신이 가지고 있는 오븐으로 최고의 피자를 만드는 방법이 무엇인지 각자 찾도록 한다.

일단 오븐이 목표온도에 도달하면 오븐을 브로일 모드로 바꾸고, 타이머를 5분 정도로 맞춰서 피자스톤을 20~30분 달군다. 이렇게 하면 피자를 굽기 전까지 피자스톤이 충분히 달구어진다. 그런 다음 오븐을 다시 베이크 모드로 설정하여 피자를 넣고 274℃(525℉)에서 5분간 굽고, 오븐을 브로일 모드로 바꿔서 2분간 더 굽는다. 이렇게 하면 브로일 모드 상태에서 피자 윗면이 살짝 그을리게 구워진다. 이 기술은 피자의 테두리가 살짝 탄 듯하게 그을리고, 피자 크러스트의 바닥면은 갈색으로 구워져서 아주 훌륭한 신(thin) 크러스트 피자가 된다. 피자가 다 구워진 후에는 집게를 이용하면 피자스톤 위의 피자를 접시로 쉽게 옮길 수 있다. 집게가 없으면 피자를 포크로 찍어서 접시로 옮긴다.

내가 집에 있는 오븐을 이용하여 처음 이 방법으로 피자를 구웠을 때, 갑자기 오븐의 오류 코드가 깜빡이고 부저가 울리기 시작해서 너무 놀라 정신없이 전기차단기를 내팽개쳤을 정도로 무척 당황했던 경험이 있다. 그래도 다행히 오븐이 손상되거나 고장 나지는 않았다. 두 번째 피자를 만들 때는 베이크 모드로 굽기 전에 먼저 브로일 모드로 3분간 구우니까 오븐에 아무 문제도 생기지 않았다. 이 이야기를 하는 이유는 각각의 가정용 오븐이 갖고 있는 성능에 조금씩 차이가 있다는 것을 이야기하고 싶은 것이다. 다시 말해서, 각 오븐이 올릴 수 있는 최고온도까지 올리더라도 고장이 나지 않고 무리 없이 피자를 구울 수 있는 방법이 오 븐마다 다를 수 있다. 내 오븐의 경우는, 가장 높은 온도의 베이크 모드로 설정한 상태에서 오븐온도가 그보 다 높아지면 자동으로 꺼지는 내부적인 안전차단장치 때문에 그런 상황이 발생했던 것이다.

각자의 오븐을 이용해서 구울 수 있는 최고온도로 피자를 굽는 것, 그리고 오븐 천장의 열선 바로 아래 에서 20㎝ 정도 간격을 띄워 피자스톤을 놓고 피자를 굽는 것이 가장 중요한 포인트이다. 그리고 베이크 모 드로 하기 전에 브로일 모드로 몇 분간(단, 자신의 오븐으로 가능한 경우에만) 작동시키면 피자를 넣기 전에

피자도우 돌리기

피자도우를 공중에서 돌리며 성형하는 방법은 꼭 필수는 아니지만 볼거리 를 준다는 점이 포인트이다. 그러나 이 방법으로 성형하려면 엄청나게 많 은 연습이 필요하다. 피자를 만들 때마다 버려도 되는 여분의 둥글리기한 피자도우가 있다면 시도해본다. 오른손잡이의 경우, 주먹으로 도우를 어 느 정도 넓고 편평하게 늘린 후 오른손 주먹으로 도우를 돌리면서 위로 던 져 올린다. 만일 왼손잡이라면 왼손 주먹으로 시작한다. 마치 운전대를 잡 고 운전할 때 좌회전을 하기 위해 왼쪽으로 운전대를 돌리는 동작과 비슷 한 방법으로, 두 주먹으로 도우를 회전시키듯이 던져 올리면서 적당히 원 하는 크기가 될 때까지 한다. 도우가 찢어지지 않을 것 같으면 도우 돌리기 를 계속해도 좋다. 나는 신(thin) 피자의 도우를 만들기 위해 대체로 2~3번 도우 돌리기를 한다. 이 방법을 익히고 싶다면 내 레시피에 있는 5개의 둥 글리기한 피자도우 중 1~2개 정도로 시도해본다. 4~5개 정도 해보면 분 명히 익숙해지기 시작할 것이다. 너무 스트레스 받지 말고 즐기는 마음으 로 경험해보기 바란다. 시도할 때마다 늘 균일한 두께를 유지하면서 되도 록 얇게 만들려고 노력하다보면 친구들 앞에서 '오 솔레 미오(O Sole Mio)' 를 노래하며 도우 돌리기를 할 수 있는 날이 올 것이다. 피자도우를 최대한 얇게 만들고 싶다면 이 방법이 가장 좋다. 그러나 연습이 필수이므로 다행 히 여분의 둥글리기한 피자도우를 가지고 있다면 그것으로 피자도우 돌리 기를 연습한다. 실패하더라도 낙담하지 말고 또다시 연습하면 언젠가는 분 명히 할 수 있게 된다.

피자스톤을 최고온도로 예열하는 데 도움이 된다. 이렇게 고온으로 예열된 피자스톤을 오븐 천장의 열선에서 20㎝ 정도 떨어진 곳에 놓고 피자를 구우면 피자 크러스트의 바닥이 알맞게 갈색을 띠면서 바삭하게 구워지고, 우리 피자 레스토랑의 화덕에 구운 피자처럼 표면에 검은 반점 같은 것들이 만들어진다.

　피자를 굽는 과정의 마지막 단계에서 베이크 모드를 브로일 모드로 바꿔 좀 더 굽기를 권하는 이유는, 고온의 상업용 피자오븐과 최대한 비슷한 오븐 환경에서 피자 표면을 굽기 위해서다. 가정용 오븐을 브로일 모드로 전환한 경우에 온도가 올라가는 속도는 오븐마다 조금씩 다르지만 공통적으로 화력이 매우 높다. 때문에 피자가 구워지는 속도가 아주 빠르므로 피자를 굽는 마지막 단계에서는 주의 깊게 지켜봐야 한다. 그리고 피자 크러스트의 둘레가 까맣게 타더라도 너무 걱정할 필요 없다. 오히려 이런 시각적인 모습과 바삭한 크러스트가 비록 조금 탄 맛을 주지만, 이로 인해 전반적으로 아주 완벽하고 훌륭한 맛의 피자가 만들어진다.

　집에서 피자를 굽기 전에 미리 온도 설정과 함께 베이크 모드와 브로일 모드를 적절히 활용할 수 있도록 오븐의 포지션을 정해 놓으면 아주 좋다. 이것들을 정할 때 고려할 기준은 피자에 사용한 토핑 재료, 크러스트 바닥면, 그리고 피자 둘레의 크러스트를 동시에 만족시키는 오븐온도와 위치를 찾아야 한다. 그러기 위해서 몇 번의 시행착오를 거치겠지만 그만한 가치가 있는 일이다.

피 자　토 핑

오븐을 예열하는 동안 피자도우를 토핑할 공간이 필요하다. 피자도우를 돌리고 성형할 공간 가까이에 피자소스와 큰 숟가락 그리고 엑스트라버진 올리브오일, 잘게 자른 치즈, 살라미, 바질잎 같은 토핑 재료들을 준비해놓고, 폭 60㎝ 정도의 작업공간을 마련한 후 옆에 피자삽(pizza peel)을 둘 자리도 만든다.

　피자를 만드는 방법은 여러 가지다. 얇은 피자도우는 전형적인 나폴리 피자 스타일이다. 그러나 얇은 피자도우를 만들기 위해서는 연습이 필요하므로 처음 만들 때 도움이 되는 몇 가지 팁을 소개한다.

　앞에서 말했듯이 이런 피자도우들은 매우 부드럽기 때문에 냉장고에서 금방 꺼낸 차가운 도우로 성형하는 것이 가장 좋다. 그럼 반죽이 찢어지거나 망치는 일이 덜하고, 피자의 테두리 부분도 잘 발효되어 오븐 스프링이 잘 일어난다.

　피자삽은 피자도우를 성형하는 작업대 위에 가까이 둔다. 나무 재질의 피자삽이 가장 좋으며, 피자를 반죽했던 곡물가루와 같은 것으로 가볍게 덧가루를 뿌린다. 옥수숫가루나 거칠게 제분한 곡물가루는 사용하지 않는다.

　이 책에 있는 레시피로 피자도우를 만들 때는 덧가루를 친구처럼 생각하여 항상 작업대 위에 덧가루를 뿌려둔다. 또한, 작업대에 도우를 올려놓고 표면을 편평하게 다질 때도 덧가루를 뿌리고, 뒤집어서 반대쪽도 마찬가지로 덧가루를 뿌린다. 도우 둘레를 따라 약 2.5㎝(1인치) 정도만 남기고 가운데 부분을 두드려서 얇게 되도록 모양을 잡아준다. 이렇게 모양을 잡을 때는 한쪽 면만 하지 말고 뒤집기를 반복하면서 하면 더 빠르고 쉽게 된다.

　약 2.5㎝(1인치) 정도 남긴 도우의 테두리 안쪽 부분을 엄지손가락으로 지지하면서 두 손을 사용하여 반죽을 잡고 바닥에서 수직방향으로 늘어지도록 들어 올리면, 중력에 의해 반죽의 나머지 부분이 늘어난다. 테두리를 따라 돌아가며 이런 자세로 반죽을 늘리다보면 자연스럽게 반죽이 넓게 펼쳐진다. 만드는 과

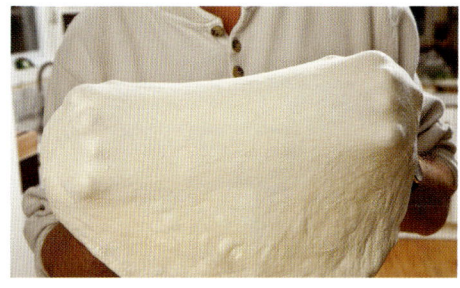

정에 반죽이 손에 들러붙으면 반죽의 앞뒷면에 덧가루를 뿌리면서 하는데, 가장 손쉬운 방법은 작업대 한편에 덧가루용 밀가루를 한두 줌 쌓아놓고 그 위에 반죽을 담그듯이 덧가루를 바르고, 반대쪽도 같은 방법으로 덧가루를 묻힌다.

그 다음엔 반죽의 면이 바닥에 수직방향으로 들려 있는 상태에서 두 주먹을 반죽의 테두리 안쪽에 놓고, 조심스럽게 반죽을 돌려가며 반죽의 면을 늘린다. 이때 반죽을 얇게 하는 것이 목적이지 찢어지거나 구멍이 나기를 원하는 것이 아니므로 반죽의 두께를 잘 살피며 해야 한다. 그럼에도 불구하고 작은 구멍이 생기더라도 너무 낙심하지 말도록 한다. 그냥 붙이면 된다.

도우가 어느 정도 펼쳐졌으면 덧가루를 살짝 뿌린 피자삽 위에 올려놓고, 사이즈에 맞게 주름이 생기지 않도록 원형으로 편평하게 잘 편다. 나중에 피자삽 위에서 토핑한 피자도우를 오븐 안에 미끄러트리듯이 넣을 때 혹시 도우가 피자삽 바닥에 붙어서 실패하지 않도록 토핑하기 전 도우 바닥에 덧가루가 충분히 묻어 있는지 살짝 흔들어서 확인한다.

피자도우를 성형한 후 작은 국자나 큰 숟가락의 볼록한 뒷부분을 이용하여 소스를 부드럽게 바르는데, 이때 너무 많이 바르지 말고 적당히 바른다. 그 위에 토핑 재료들을 흩뿌리는데, 이때도 토핑이 너무 많으면 무게 때문에 다루기 곤란할 수 있으므로 적당한 양을 토핑한다. 토핑이 끝난 후에도 혹시 오븐 안에 넣는 과정에 문제가 생길 수 있으므로 오븐에 넣기 직전에 한번 살짝 흔들어서 피자도우가 잘 미끄러지도록 피자삽과 분리되어 있는지 확인해본다. 바닥면에 아주 일부만 붙어 있다면 몇 번 흔들어서 해결할 수 있지만, 이렇게 해도 해결되지 않을 경우에는 피자도우를 살짝 들어서 피자삽과 붙어 있는 부분에 덧가루를 뿌린다. 물론, 이 과정이 성가시겠지만 미리 확인해서 대처하면 실패를 막을 수 있다. 여분의 둥글리기한 피자도우를 가지고 한두 번 연습해본다. 처음에는 시험 삼아서 아주 최소의 재료를 토핑한 후 피자삽에서 피자스톤으로 피자를 옮기고, 피자가 오븐에서 구워져 나온 모습을 확인하면서 어떻게 해야 할지 감을 잡을 수 있다.

피자 굽기 요점 정리

- 오븐에 피자스톤을 넣고 274℃(525℉)에서 30분간 예열한다.
- 작업대 위에 피자 성형과 토핑을 위한 도구와 재료들을 준비한다.
- 피자를 성형하고 토핑한다.
- 오븐을 5분간 브로일 모드로 둔다.

- 오븐을 다시 274℃(525℉)의 베이크 모드로 바꾼다.
- 토핑을 마친 피자도우를 오븐에 넣고 5분간 굽는다.
- 오븐을 다시 브로일 모드로 바꿔 피자를 2~3분 더 구우면서 알맞은 상태가 될 때까지 지켜본다.
- 집게로 피자를 꺼내 접시 위로 옮긴다.
- 맛있게 먹는다!

굽 기

피자스톤이 충분히 예열되면 토핑한 피자도우를 조심스럽게 미끄러트리듯이 그 위에 올려놓는다. 일단 피자도우를 피자삽 위에서 토핑하는 것까지 완성되면, 피자삽을 예열한 피자스톤 가까이로 가져가서 살짝 손

목을 이용해 피자가 피자스톤 위로 가볍게 미끄러지듯이 옮겨가게 하면 된다. 이 동작을 여러 번 반복하면 감이 생겨서 아주 자연스럽고 편안하게 연결된 한 동작으로 할 수 있게 된다. 시간이 지나면 익혀지므로 걱정할 필요 없다.

가장 이상적으로 구워진 피자는 모차렐라치즈가 충분히 녹아서 갈색으로 변한 작은 점들이 전체적으로 흩어져 있는 모습이고, 발효로 부풀어 오른 테두리 부분은 다양한 갈색 톤으로 그러데이션이 되어 있으며, 크러스트 바닥이 짙은 갈색과 갈색을 띠고 몇 개의 작고 검은 점들이 있는 것이다. (바닥은 한쪽 가장자리를 잡고 살짝 들춰서 본다.) 이렇게 구우려면 먼저 브로일 모드로 2~3분 굽는 것까지 포함하여 274℃(525℉)에서 총 7~8분 굽는데, 반드시 오븐 가까이에서 지켜봐야 한다. 베이크 모드의 316℃(600℉)에서는 굳이 브로일 모드를 사용하지 않아도 단지 4~5분이면 최상의 상태가 된다. 이렇듯 각 오븐마다 성능이 다르므로 가정용 오븐으로 피자를 굽기를 원한다면 자신이 가지고 있는 오븐에 브로일 모드가 있는지 확인해봐야 한다. 우리 피체리아에서는 장작을 사용하는 화덕오븐에서 371~399℃(700~750℉)로 2분 30초~3분 굽는다. 피자를 구울 때는 시각과 후각을 함께 사용하여 각자가 판단한다.

피자를 굽는 온도는 피자에 매우 중요한 영향을 미친다. 274℃(500℉)에서 오랜 시간 굽게 되면 크러스트는 더 바삭하고 피자의 촉촉함은 줄어든다. 오븐의 온도가 높을수록, 그리고 굽는 시간이 짧을수록 피자는 더 부드럽고 촉촉해진다. 371℃(700℉)에서 피자를 구우면, 실제로 (거의) 482℃(900℉)에서 90초 굽는 정통 나폴리피자와 가장 비슷하게 나오고 피자의 촉촉함도 유지된다. 맛에 있어서도 다른 어떤 방법으로 만든 것들보다 최상의 맛이 나온다.

포크나 집게를 이용해 피자스톤에서 피자를 꺼내 접시에 올리고, 다시 피자를 분할할 수 있는 나무도마로 옮긴다. 나는 이 단계에서 피자 표면에 좋은 품질의 엑스트라버진 올리브오일을 조금 뿌리는 것을 좋아한

다. (생산한 지 얼마 안 된 신선한 오일이라면 좀 더 많이 뿌린다.) 코끝으로 올라오는 올리브 향을 즐기면서 피자를 분할하고, 곧바로 올리브오일, 칠리 플레이크, 소금 등의 곁들임 재료들과 함께 테이블에 올린다. 이탈리아의 전통을 고수하고 싶어 하는 일부 사람들은 피자를 분할하지 않고 그냥 테이블에 올리는 것을 좋아한다. 그것도 나쁘지는 않다. 그러나 갓 구운 피자를 도자기 접시 위에서 자르는 것은 더 불편하고, 나는 피자 조각들을 손으로 직접 들고 먹는 것이 더 좋다.

무쇠팬에 피자 굽기

피자스톤이 없으면 무쇠팬을 이용해서 피자를 구울 수 있다. 피자샵(pizza peel)에 덧가루를 뿌리고 피자도우를 올려서 소스를 바르고 토핑한 후, 오븐 속의 예열된 피자스톤 위에 조심스럽게 올려놓는 과정보다 이 방법이 훨씬 쉽다. 이 책의 모든 피자도우는 크러스트의 맛을 최대한 살리도록 만들어졌다. 340g 또는 350g의 둥글리기한 피자도우로는 두툼한 피자 크러스트를, 200g의 피자도우로는 얇은 신(thin) 피자 크러스트를 만들 수 있다. 소스와 토핑의 양이 많은 두툼한 피자 크러스트를 원하거나, 시카고 딥디시 스타일의 피자를 만들고 싶다면 토마토 입자가 살아 있는 거친 소스를 사용한다. (기본 스타일의 포카치아를 만들 경우에도 무쇠팬을 사용할 수 있다. 예를 들어 올리브오일과 약간의 양념 등을 토핑하여 포카치아가 두껍든 얇든 상관없이 간단하게 만들 수 있다. 갓 구운 포카치아는 저녁식사 빵으로도 아주 좋다.)

피자를 성공적으로 굽기 위한 가장 중요한 포인트는 피자도우가 절대로 탄력 있지 않고 부드럽게 늘어져야 한다는 점이다. 저녁에 피자를 굽기 위해 아침에 「그날 반죽하고 굽는 스트레이트 피자도우」(p.224)로 피자반죽을 했다면 1차발효 후 분할, 성형을 할 때 반죽을 너무 탱탱하게 둥글리기하지 않도록 한다. 그리고 적어도 1시간 이상 도우를 휴지시킨다. 실온의 도우보다 냉장 상태의 차가운 도우가 더 성형하기 쉽다.

피자를 굽기 20분 전 오븐의 아랫단에 선반을 넣고 오븐을 274℃(525℉)로 예열한다. 갖고 있는 오븐의 최고온도가 260℃(500℉)라도 괜찮다. 이 경우엔 굽는 시간을 좀 늘려주면 된다. 피자도우를 성형할 준비가 되었으면 냉장고에서 둥글리기한 피자도우를 꺼내 둘레를 잡아주고, 지름 약 23㎝(9인치) 크기로 늘려서 물기가 없는 지름이 같은 실온의 무쇠팬에 넣는다.

무쇠팬은 예열이 되어 있지 않기 때문에 예열된 피자스톤 위에서 피자를 직접 굽는 시간보다 좀 더 오래 걸린다. 15~20분 정도 굽는 것이 일반적이다. 그리고 텍스처도 다르다. 이렇게 구운 피자 크러스트는

좀 더 형태감이 있고, 일반적으로 가운데 부분이 부풀어 오르지 않는다.

피자와 포카치아의 차이

피자와 포카치아의 차이에 대한 얘기는 뉴욕에 있는 피자 레스토랑 개수만큼이나 많다고 해도 과언이 아니다. 사람에 따라 도우의 두께 차이, 팬의 사용 유무, 토핑용 치즈의 사용 유무 등 각기 다른 면에 중점을 두고 차이를 말하곤 한다. 이탈리아의 〈포카체리아 티피카 리구레(Focacceria Tipica Ligure)〉 레스토랑에서 나는 약 6㎜(¼인치) 두께의 크러스트에 토마토소스와 치즈가 토핑되어 있는 포카치아를 먹은 적이 있는데, 맛도 모양도 피자 같았다. 그리고 어떤 사람들은 포카치아가 두툼하게 만들어진 것이라고 여기면서, 피자 크러스트 역시 확실히 두꺼워야 한다고 생각한다. 적어도 미국에서는 치즈 없이도 피자를 만들 수 있다고 생각하고, 팬에 굽는 피자도 흔하게 볼 수 있다.

이 책에서는 포카치아를 무쇠팬이나 오븐팬에 굽는 반면, 피자는 되도록 피자스톤에 구웠다. 예외가 있다면, 이 책에 있는 피자 레시피 중 무쇠팬을 이용해서 구운 경우에 치즈를 토핑했다면 '피자'로 본다. 피자를 쉽게 만들려면 피자스톤에 굽는 것보다 팬에 굽는 것이 훨씬 간단하다. 피자도우를 공중회전시켜서 피자삽에 올리고 오븐에 있는 피자스톤 위로 미끄러지듯이 넣는 일련의 과정을 거치기보다, 피자도우를 팬이나 프라이팬에 넓게 펼쳐놓고 그 위를 토핑 재료들로 고루 덮어서 오븐에 굽는 방법이 훨씬 덜 부담스럽게 느껴진다.

포카치아의 두께는 각자의 선택에 맡기고 싶다. 만약 200g의 포카치아 반죽을 약 23㎝(9인치) 무쇠팬에 담아 구우려 한다면 크러스트가 얇게 나올 수밖에 없다. 350g의 반죽을 같은 무쇠팬에 구우면 크러스트가 두툼하게 나올 것이다. 포카치아는 각자의 상상력만으로 어떤 재료를 응용해서 토핑 하느냐에 따라 매우 다양하게 만들 수 있다. 이것은 샐러드에 곁들여도 좋고 식사용으로도 좋다. 또는 작게 잘라서 간식으로 먹어도 좋다. 나는 이렇게 쉽고 간편하게 만드는 것을 아주 좋아한다. 반죽만 준비되면 나중에 설거지할 것은 오븐팬과 칼과 도마밖에 없으며, 오븐에서 꺼내 뜨거울 때 곧바로 먹어도 좋고, 치즈를 토핑하지 않았으면 미리 구웠다가 나중에 먹어도 좋다. 치즈를 토핑한 포카치아는 다시 구워도 상관없지만, 두 번째 구웠을 때는 갓 구운 치즈에서 느낄 수 있는 텍스처가 남아 있지 않다.

나는 피자와 포카치아의 차이가 도우의 텍스처인 것 같다. 피자도우의 경우에 나는 도우 자체의 물리적 특성을 좀 더 부여하기를 원한다. 왜냐하면 피자도우를 원형으로 성형하기 위해 반죽 돌리기를 할 때 찢어지지 않고 충분히 견딜 수 있도록 구조적인 힘의 보강이 필요하기 때문이다. 그러나 포카치아의 경우는 둥글리기한 피자도우를 그냥 적당히 넓게 펼치거나 팬 위에 펴놓는다. 그래서 포카치아를 만들 수 있는 반죽은 얼마든지 다양하다. 특히 통밀가루나 호밀가루를 사용한 반죽으로 포카치아를 만들면 후무스(Hummus, 병아리콩을 으깨서 만든 레반트 지역과 이집트의 대중음식) 디핑소스, 살구와 피스타치오의 맛을 더한 포크 테린(Pork Terrine, 여러 가지 채소나 양념을 돼지고기와 섞어 틀에 굳힌 후 얇게 썰어 먹는 프랑스식 전채요리)을 곁들였을 때 아주 맛이 좋다. 이것은 언젠가 그렉 히긴스(Greg Higgins, 〈히긴스 레스토랑 & 바〉의 셰프)가 내게 만들어준 음식이다.

빵 반죽으로 포카치아 만들기

사실, 이 책에 있는 빵 레시피들을 가지고 포카치아를 만들 수 있는 응용 방법은 무궁무진하다. 이 책의 빵 레시피들은 기본적으로 1,000g의 곡물가루를 사용하고, 2개의 반죽덩어리로 나누도록 되어 있다. 필요에 따라 반죽 1덩어리는 레시피대로 빵을 만들고, 나머지 1덩어리는 포카치아용으로 1~3등분하여 성형 단계에서 둥글리기한 후 포카치아를 만든다. 포카치아를 굽는 방법에 따라 반죽의 분량은 다음과 같이 달라진다.

- 지름 약 23㎝(9인치)의 무쇠팬에 얇은 포카치아를 굽는다면 약 200g의 반죽을 사용한다.
- 지름 약 23㎝의 원형 무쇠팬에 두툼한 포카치아를 굽는다면 약 350g의 반죽을 사용한다. 이것은 피자의 기본 반죽 크기다.
- 오븐팬에 포카치아를 굽는다면 빵 레시피의 ½ 분량인 875g의 반죽까지 사용하거나, 각자 가지고 있는 오븐팬 크기에 맞추며, 포카치아의 두께는 반죽의 양과 팬 크기에 따라 달라진다는 것만 알아둔다.

방법은 기본적으로 「제노비스 포카치아」(p.258)와 「주키니 포카치아」(p.263)의 레시피와 같은데, 먼저 여기에 간단하게 정리해본다.

1. 일단 반죽을 둥글리기하고 나면 실온에서든 냉장고에서든 적어도 1시간 이상 도우를 휴지시킨다. 이 도우는 냉장고에서 이틀까지도 숙성 가능하다.
2. 둥글리기한 반죽에 덧가루를 묻히고, 반죽 사이에 공간을 두어 서로 붙지 않게 한다.
3. 오븐을 최대한 높은 온도로 예열한다.
4. 반죽을 원하는 크기와 모양으로 늘린다. 원형 무쇠팬에 맞춰 둥근 모양이 될 수도 있고, 타원형이거나 또는 오븐팬에 맞춰 사각형이 될 수도 있다.
5. 반죽 상태에 따라 각자 원하는 재료나 갖고 있는 재료들을 취향대로 토핑한다.
6. 포카치아의 윗면과 바닥이 고루 갈색을 띠고 속까지 익도록 굽는다.
7. 취향에 따라 고운 소금 같은 양념들과 함께 엑스트라버진 올리브오일을 뿌린다.
8. 이젠 더 이상 기다릴 필요가 없다. 곧바로 잘라서 먹으면 된다. 그러나 대부분의 포카치아는 실온에서 먹을 때 가장 맛이 좋으므로 파티를 준비할 경우 1시간 전에 미리 굽는 것이 좋다.

CHAPTER 13
피자도우
PIZZA DOUGHS

그날 반죽하고 굽는 스트레이트 피자도우 SAME-DAY STRAIGHT PIZZA DOUGH

이 레시피는 오전에 반죽해서 저녁에 피자를 굽고 싶을 때 아주 적당하다. 전날 저녁시간에 반죽을 믹싱해서 둥글리기한 성형 반죽을 냉장고에서 오버나이트하면 더 좋다. 나는 이 레시피로 만든 둥글리기 성형 반죽으로 이틀간 연달아 피자를 굽거나 하루에 다 굽곤 한다. 또는 첫날은 피자를 만들고, 둘쨋날은 포카치아를 만들어서 식사에 곁들이거나 간식 또는 점심으로 먹기도 한다.

주목할 것은 일반적인 피자도우가 그렇듯이 이 레시피에서도 올리브오일을 사용하지 않는다. 그래서 크러스트가 더욱 바삭하고 피자 테두리에 공기층들이 많이 생기는 것이 나는 아주 마음에 든다. 그래서 피자를 다 구운 후 위에 올리브오일을 흩뿌리는 것이 아주 좋은 아이디어라고 생각한다. 그리고 피자의 크러스트에서 밀가루 고유의 풍미를 느낄 수 있기 때문에 좋은 밀가루를 사용하면 아주 최상의 맛을 내게 된다. 그 중에서도 카푸토(Caputo)의 소프트 화이트 OO밀가루(p.210)를 구할 수 있으면 사용해본다. 만일 구할 수 없다면 좋은 품질의 중력분을 사용해도 괜찮다. 이런 밀가루로 만든 피자의 크러스트에서는 복잡 미묘하고 향긋한 밀의 향이 많이 느껴지며, 좋은 토마토로 만든 소스나 토핑 재료들과 어우러져 최고의 맛을 만들어낸다.

1개 340g의 도우볼 5개. 1개의 반죽으로 피자스톤에 지름 약 30㎝(12인치)의 신 크러스트 피자, 또는 무쇠팬을 이용한 팬피자를 만들 수 있다. 이 반죽으로 포카치아를 만들 경우에는 p.221의 굽는 방법에 따른 반죽 분량을 참조한다.

1차발효 약 6시간

2차발효 최소 1시간 30분

스케줄 예시 오전 10:00 본반죽 ➜ 오후 4:00 도우볼 성형 ➜ 오후 6:00 이후 또는 이틀 이내에 언제든지 피자 성형

재료	양		베이커스 퍼센티지
밀가루	1000g	7¾C	100%
물	700g, 32~35℃(90~95℉)	3C	70%
고운 소금	20g	1Ts+¾ts	2%
인스턴트 드라이 이스트	2g	½ts	0.2%

01a 이스트 물에 녹이기 32~35℃(90~95℉)의 물 700g을 계량하여 반죽통에 넣고, 인스턴트 드라이 이스트 2g(½ts)을 작은 용기에 따로 계량해놓는다. 계량해놓은 700g의 물에서 3큰술을 덜어 계량해둔 이스트에 넣고 녹인다.

01b 오토리즈 12ℓ의 반죽통에 남은 32~35℃(90~95℉)의 물과 밀가루 1,000g을 넣고 가루가 안 보일 때까지 손으로 섞는다. 뚜껑을 덮고 20~30분간 휴지시킨다.

02 믹싱 소금 20g을 오토리즈한 반죽 위에 골고루 뿌린다. 물에 녹여놓은 인스턴트 드라이 이스트를 손가락으로 잘 저어서 섞은 후 반죽 위에 붓고, 오토리즈한 반죽을 조금 떼어내 이스트를 녹인 용기에 남아 있는 용액도 깨끗하게 닦아서 사용한다.

　손으로 반죽하는데, 반죽하기 전 손에 물을 묻혀서 반죽이 손에 들러붙지 않게 한다. 반죽하는 중간에 3~4번 정도 더 물을 묻혀서 반죽해도 좋다.

　손을 반죽 아래 넣고, 바닥에서부터 반죽의 ¼ 정도를 길게 잡아 늘려서 반죽 위에 겹쳐놓는다. 같은 방법으로 테두리를 돌아가며 ¼씩 잡아 늘려서 반죽 위로 접는 과정을 3번 더 하는데, 소금과 이스트가 골고루 섞일 때까지 한다.

　재료들이 완전히 섞일 때까지 집게손 자르기(p.74 참조)와 폴딩을 번갈아 하며 자르고 접고, 자르고 접는다. 반죽의 최종온도는 25~26℃(77~78℉)이다.

03 폴딩 이 반죽은 1번(p.75~76 참조)만 폴딩한다. 폴딩은 본 반죽을 하고 30분~1시간 사이에 하는 것이 가장 좋으며, 폴딩 후에는 반죽 표면과 통의 바닥에 올리브오일을 발라 들러붙지 않게 한다.

　6시간 정도 지난 후, 반죽이 원래 크기의 2배로 부풀면 분할한다.

04 분할 작업대 위에 약 60㎝ 폭의 여유 공간을 만들어 덧가루를 뿌려놓는다. 손에 덧가루를 묻히고 반죽통에서 1차발효가 된 반죽을 조심스럽게 꺼내 분할하기 쉽도록 모양을 편평하게 잡아준다. 반죽 전체에 덧가루를 뿌린 후, 반죽칼이나 플라스틱 스크레이퍼로 5등분하여 자른다. 5등분한 각 반죽의 무게는 340g이 적당하며, 눈대중으로 나누거나 저울을 이용하거나 크게 상관없다. 이 반죽을 모두 무쇠팬을 이용하여 신 크러스트 피자나 포카치아를 만들려면 반죽을 200g으로 분할한다.

05 도우볼 성형 분할한 각 반죽을 가스가 빠지지 않도록 조심하면서 중간 정도의 탄력이 있게 p.77~79를 참조하여 둥글리기한다.

06 냉장발효 덧가루를 살짝 뿌린 팬 위에 둥글리기한 도우볼을 넣는데, 나중에 발효되더라도 서로 붙지 않도록 적당히 간격을 띄운다. 반죽 위에 살짝 올리브오일을 바르거나 덧가루를 묻혀서 비닐백에 넣어, 실온에서 30분~1시간 휴지시킨다. 그리고 피자 성형을 좀 더 쉽게 하기 위해 냉장고에서 최소 30분 휴지시킨다.

　chap.14의 설명대로 피자 성형과 토핑을 해서 오븐에 굽는다. 둥글리기한 도우볼은 마르지 않게 밀봉해서 냉장고에 넣으면 이틀간 숙성 발효를 통한 저장이 가능하며, 만들고 남은 도우볼들도 이렇게 냉장보관할 수 있다. 냉장고에서 하루 더 숙성 발효된 도우볼을 사용하여 피자를 만들었을 때 크러스트의 풍미가 더 풍부해지므로 아마도 그 방법을 더 선호할 수도 있다.

오버나이트 스트레이트 피자도우 OVERNIGHT STRAIGHT PIZZA DOUGH

이 피자도우에는 2가지 장점이 있다. 첫째는 오랜 시간의 발효를 통해 크러스트의 풍미가 풍부해진다는 점이고, 둘째는 직장에 다니는 사람들의 스케줄 관리에 도움이 된다는 점이다. 예를 들어 저녁 7시에 반죽을 믹싱하고, 다음 날 아침에 15분 정도 시간을 내서 분할과 둥글리기 성형을 한 후 밀봉하여 냉장고에 넣어둔다. 그리고 그날 저녁이나 이틀 안에 언제든 피자나 포카치아를 구울 수 있으며, chap.14의 모든 레시피에 활용할 수 있다. 직장에서 집으로 돌아와서 할 일은 오븐에 피자스톤을 넣고, 예열이 되는 동안 소스와 토핑 재료를 준비하면 된다. 이 책의 모든 피자도우는 좋은 품질의 중력분을 사용하며, 이왕이면 바람직한 카푸토(Caputo)의 OO밀가루(p.210 참조)를 사용하면 더 좋다.

1개 340g의 도우볼 5개. 1개의 반죽으로 피자스톤에 지름 약 30㎝(12인치)의 신 크러스트 피자, 또는 무쇠팬을 이용한 팬피자를 만들 수 있다. 이 반죽으로 포카치아를 만들 경우에는 p.221의 굽는 방법에 따른 반죽 분량을 참조한다.

1차발효 약 12시간

2차발효 최소 6시간

스케줄 예시 오후 7:00 본반죽 ➜ 다음 날, 오전 7:00 도우볼 성형 ➜ 그날 저녁 또는 이틀 이내에 언제든지 피자 성형

재료	양		베이커스 퍼센티지
흰 밀가루	1000g	7¾C	100%
물	700g, 32~35℃(90~95℉)	3C	70%
고운 소금	20g	1Ts+¾ts	2%
인스턴트 드라이 이스트	0.8g	¼ts 조금 안 되게	0.08%

01a 이스트 물에 녹이기 32~35℃(90~95℉)의 물 700g을 계량하여 반죽통에 넣고, 인스턴트 드라이 이스트 0.8g(¼ts 조금 안되게)을 작은 용기에 따로 계량해놓는다. 계량해놓은 700g의 물에서 3큰술을 덜어 계량해둔 이스트에 넣고 녹인다.

01b 오토리즈 12ℓ의 반죽통에 남은 32~35℃(90~95℉)의 물과 1,000g의 밀가루를 넣고 가루가 안 보일 때까지 손으로 섞는다. 뚜껑을 덮고 20~30분간 휴지시킨다.

02 믹싱 소금 20g을 오토리즈한 반죽 위에 골고루 뿌린다. 물에 녹인 인스턴트 드라이 이스트를 손가락으로 잘 저어서 섞은 후 반죽 위에 붓고, 오토리즈한 반죽을 조금 떼어내 이스트를 녹인 용기에 남아 있는 용액도 깨끗하게 닦아서 사용한다.

손으로 반죽하는데, 반죽하기 전 손에 물을 묻혀서 반죽이 들러붙지 않게 한다. 반죽하는 중간에 3~4번 정도 물을 더 묻혀서 반죽해도 좋다.

손을 반죽 아래 넣고, 바닥에서부터 반죽의 ¼ 정도를 길게 잡아 늘려서 반죽 위에 겹쳐놓는다. 같은 방법으로 테두리를 돌아가며 ¼씩 잡아 늘려서 반죽 위로 접는 과정을 3번 더 하는데, 소금과 이스트가 골고루 섞일 때까지 한다. 재료들이 완전히 섞일 때까지 집게손 자르기(p.74 참조)와 폴딩을 번갈아 하며 자르고 접고, 자르고 접는다. 반죽의 최종온도는 25~26℃(77~78℉)이다.

03 폴딩 이 반죽은 폴딩을 1~2번(p.75~76 참조) 하는 것이 적당하다. 폴딩은 본반죽 후 30분~1시간 사이에 하는 것이 가장 좋으며, 폴딩 후에는 반죽 표면과 통의 바닥에 올리브오일을 발라 들러붙지 않게 한다.

6시간 정도 지난 후, 반죽이 원래 크기의 2~3배로 부풀면 분할한다.

04 분할 작업대 위에 약 60㎝ 폭의 여유 공간을 만들어 덧가루를 뿌려놓는다. 손에 덧가루를 묻히고, 반죽통에서 1차발효가 된 반죽을 조심스럽게 꺼내 분할하기 쉽도록 모양을 편평하게 잡아준다. 반죽 전체에 덧가루를 뿌린 후, 반죽칼이나 플라스틱 스크레이퍼로 5등분하여 자른다. 5등분한 각 반죽의 무게는 340g이 적당하며, 눈대중으로 나누거나 저울을 이용하거나 크게 상관없다. 이 반죽을 모두 무쇠팬을 이용하여 신크러스트 피자나 포카치아를 만들려면 반죽을 200g으로 분할한다.

05 도우볼 성형 분할한 각 반죽을 가스가 빠지지 않도록 조심하면서 중간 정도의 탄력이 있게 p.77~79를 참조하여 둥글리기한다.

06 냉장발효 덧가루를 살짝 뿌린 팬 위에 둥글리기한 도우볼을 넣는데, 나중에 발효되더라도 서로 붙지 않도록 적당히 간격을 띄운다. 반죽 위에 살짝 올리브오일을 바르거나 덧가루를 묻혀서 비닐백에 넣어 냉장고에 적어도 6시간 숙성 발효시킨다.

chap.14의 설명대로 피자 성형과 토핑을 해서 오븐에 굽는다. 둥글리기한 도우볼은 마르지 않게 밀봉해서 냉장고에 넣으면 이틀간 숙성 발효를 통한 저장이 가능하며, 만들고 남은 도우볼들도 이렇게 냉장보관할 수 있다. 냉장고에서 하루 더 숙성 발효시킨 도우볼을 사용하여 피자를 만들었을 때 크러스트의 풍미가 더 풍부해지므로 아마도 그 방법을 더 선호할 수도 있다.

르뱅을 사용한 오버나이트 피자도우 OVERNIGHT PIZZA DOUGH WITH LEVAIN

만약 르뱅 발효종을 키우고 있고 그것으로 빵 반죽을 하게 된다면, 반죽의 일부를 남겨서 피자도우로 사용해도 좋다. 상업용 이스트를 넣지 않은 100% 르뱅반죽 레시피는 스케줄 관리도 편하고, 피자 크러스트의 테두리도 잘 부풀어 오르며, 르뱅 덕분에 복합적인 맛과 산미도 느낄 수 있다. 절대 과소평가할 수 없는 훌륭한 피자도우가 된다. 이 책의 모든 피자도우는 좋은 품질의 중력분을 사용하며, 이왕이면 바람직한 카푸토(Caputo)의 OO 밀가루(p.210)를 사용하면 더 좋다.

1개 340g의 도우볼 5개. 1개의 반죽으로 피자스톤에 지름 약 30㎝(12인치)의 신 크러스트 피자, 또는 무쇠 프라이팬에 두툼한 팬 피자를 만들 수 있다. 이 반죽으로 포카치아를 만들 경우에는 p.221의 반죽 분량에 따른 방법을 참조한다.

1차발효 12~14시간

2차발효 최소 6시간

스케줄 예시 아침에 르뱅 먹이주기 ➜ 오후 7:00 본반죽 ➜ 다음 날, 오전 7:00 도우볼 성형 ➜ 오후 1:00 이후 또는 이틀 이내에 언제든지 피자 성형

르뱅

재료	양	
르뱅 발효종	50g	¼C 조금 안 되게
밀가루	200g	1½C + 1Ts
통밀가루	50g	⅓C + 1Ts
물	200g, 29~32℃ (85~90℉)	⅞C

본반죽 / 제빵용 배합률

재료	양		르뱅 속 함유량	총량	베이커스 퍼센티지
흰 밀가루	900g	6¾C	80g	980g	98%
통밀가루	0	0	20g	20g	2%
물	620g, 32~35℃ (90~95℉)	2¾C	80g	700g	70%
고운 소금	20g	1Ts + ¾ts	0	20g	2%
르뱅	180g**	½C + 2Ts			10%*

＊ 르뱅의 베이커스 퍼센티지는 르뱅의 밀가루 양을 레시피에서 사용한 밀가루 총량에 대한 비율로 표시한 것이다.

＊＊ 겨울에는 르뱅의 양을 좀 더 늘려서 220g까지 사용해도 좋다.

01a 르뱅 먹이주기 마지막으로 르뱅 발효종의 먹이주기를 하고 24시간이 지나면 6ℓ의 통에 있는 르뱅 중 50g만 남기고 버린다. 남은 50g의 르뱅에 흰 밀가루 200g, 통밀가루 50g, 29~32℃(85~90℉)의 물 200g을 넣고, 손으로 마른 가루가 안 보일 때까지 섞는다. 뚜껑을 덮고 본반죽을 하기 전까지 8~10시간 실온에 둔다.

01b 오토리즈 8~10시간이 지나면 12ℓ의 반죽통에 흰 밀가루 900g과 32~35℃(90~95℉)의 물 620g을 넣고 손으로 마른 가루가 안 보일 때까지 섞는다. 뚜껑을 덮고 20~30분간 휴지시킨다.

02 믹싱 소금 20g을 오토리즈한 반죽 표면에 골고루 뿌린다. 빈 통에 따뜻한 물을 손가락 깊이 정도 부어서 저울 위에 올려놓는다. 이것은 르뱅을 계량한 후에 손쉽게 꺼낼 수 있도록 하기 위해서다. 따뜻한 물을 담은 통을 저울에 올려놓고 저울을 영점으로 맞춘 후, 손을 물에 적셔서 180g(주방의 온도가 낮으면 p.140의 '계절에 따른 조절'대로 르뱅의 양을 좀 더 늘린다)의 르뱅을 계량하여 따뜻한 물이 담긴 통에 옮겨 담는다

그리고 계량한 180g의 르뱅을 12ℓ의 반죽통으로 옮기는데, 이때 르뱅을 계량했던 통에 있는 물은 최대한 옮겨지지

않게 한다. 손으로 반죽할 때는 손에 반죽이 달라붙지 않도록 반죽을 시작하기 전에 손에 물을 적신다. 집게손 자르기(p.74 참조)와 폴딩을 번갈아 하며 재료들을 골고루 잘 섞는다. 반죽이 끝났을 때 반죽의 최종온도는 25~26℃(77~78℉)이다.

03 폴딩 이 반죽은 1~2번의 폴딩(p.75~76 참조)이 적당하며, 첫 번째 폴딩은 반죽 후 30분~1시간 사이에 하는 것이 좋다. 마지막 폴딩 후에는 반죽 표면과 반죽통의 바닥에 올리브오일을 발라서 반죽이 들러붙지 않게 한다.

본반죽 후 12~14시간이 지나서 반죽이 원래 크기보다 2~2.5배 정도 부풀어 오르면 분할한다.

04 분할 작업대 위에 약 60㎝ 폭의 여유 공간을 만들어 덧가루를 뿌린다. 손에 덧가루를 묻히고 반죽통에서 1차발효가 된 반죽을 조심스럽게 꺼내 분할하기 쉽도록 모양을 편평하게 잡아준다. 반죽 전체에 덧가루를 뿌린 후, 반죽칼이나 플라스틱 스크레이퍼로 5등분하여 자른다. 5등분한 각 반죽의 무게는 340g이 적당하며, 눈대중으로 나누거나 저울을 이용하거나 크게 상관없다. 이 반죽을 모두 무쇠팬을 이용하여 신 크러스트 피자나 포카치아를 만들려면 반죽을 200g으로 분할한다.

르뱅 브레드 반죽과 이 피자도우를 같은 날 만드는 경우, 전체 반죽의 양을 고려하여 르뱅의 양을 2배로 늘린다. 르뱅 100g, 흰 밀가루 400g, 통밀가루 100g, 물 400g.

<< 르뱅을 사용한 오버나이트 피자도우

05 도우볼 성형 분할한 각 반죽을 가스가 빠지지 않도록 조심하면서 중간 정도의 탄력이 있게 p.77~79를 참조하여 둥글리기한다.

06 냉장발효 덧가루를 살짝 뿌린 팬 위에 둥글리기한 도우볼을 넣는데, 나중에 발효되더라도 서로 붙지 않도록 적당히 간격을 띄운다. 반죽 위에 살짝 올리브오일을 바르거나 덧가루를 묻혀서 비닐백에 넣고, 냉장고에서 적어도 6시간 숙성 발효시킨다. 만약 피자를 빨리 굽고 싶으면 둥글리기한 도우볼을 실온에서 1시간 휴지시켰다가, 피자 성형을 좀 더 쉽게 하기 위해 냉장고에서 최소 30분간 휴지시킨다.

chap.14의 설명대로 피자 성형과 토핑을 해서 오븐에 굽는다. 둥글리기한 도우볼은 마르지 않게 밀봉해서 냉장고에 보관하고, 만들다 남은 도우볼도 냉장고에서 2~3일간 저온숙성 발효를 통한 저장이 가능하다. 냉장고에서 하루 더 숙성 발효시킨 도우볼을 사용하여 피자를 만들었을 때 크러스트의 풍미가 더 풍부해지므로 아마도 그 방법을 더 선호할 수도 있다.

풀리시를 사용한 오버나이트 피자도우 OVERNIGHT PIZZA DOUGH WITH POOLISH

이 도우로 피자를 만들면 2가지 효과를 얻을 수 있다. 풀리시 발효로 빵의 풍미가 두드러지며, 크러스트는 공기층이 많고 가벼운 텍스처이고 테두리는 바삭하면서 폭신하다. 이 피자도우는 본반죽에 이스트를 넣지 않고 순전히 풀리시로 발효시키기 때문에 전체 밀가루 양의 50%가 풀리시를 만드는 데 사용된다.

또한 이 도우는 이 책에 있는 다른 피자도우 레시피들보다 수분율이 높아서 물이 밀가루 총량의 75%이다. 그래서 폴딩을 2번 해야 할 만큼 반죽이 부드러우므로 반죽에 점성과 힘을 주기 위해 본반죽 후 1시간 안에 폴딩을 한다. 게다가 반죽이 많이 부드러워서 피자 성형을 할 때도 좀 더 주의해야 한다. 나는 공중회전으로 피자 성형을 하는 것에 익숙하지만 그래도 잘 찢어트리고 실패할 때도 있다. 그래서 이 피자도우로 성형할 때는 반죽을 공중회전시키지 말고 p.217~218의 설명처럼 주먹을 이용하여 반죽을 늘리는 방법으로 성형하기를 권한다.

반죽에 힘이 많지 않기 때문에 소스와 토핑 재료를 너무 많이 올리지 않아야 한다는 점 또한 중요하다. 토핑한 피자도우를 오븐에 넣다가 실패하는 것은 그다지 유쾌하지 않기 때문이다. 이에 대한 대안으로 수분율을 70%에 가깝게 만드는 것도 하나의 방법이다. 이렇게 하려면 본반죽에 넣는 물의 양을 줄여서 40~50g 정도 넣는다.

이 레시피는 어찌 보면 이 책의 다른 피자 레시피로 피자를 여러 번 만들어보고, 자신감이 생긴 후에나 만들만한 고급 단계의 레시피라고 생각할 수도 있다. 그러나 이 도우로 피자를 성공적으로 만들게 되면 맛이나 텍스처에 있어서 그만큼 보람이 느껴지는 레시피다. 그리고 이것은 본반죽에 상업용 이스트를 전혀 넣지 않고, 단지 풀리시 발효만으로 도우가 어떻게 만들어지는지를 경험할 수 있는 좋은 예가 된다. 겨우 0.4g밖에 안 되는 인스턴트 드라이 이스트(⅛ts 조금 안 되게)만으로 피자를 5판이나 구울 수 있는 분량의 도우를 발효시킬 수 있다는 사실에 놀랄 뿐이다.

1개 340g의 도우볼 5개. 1개의 반죽으로 피자스톤에 지름 약 30㎝(12인치)의 신 크러스트 피자, 또는 무쇠팬을 이용한 팬피자를 만들 수 있다. 이 반죽으로 포카치아를 만들 경우에는 p.221의 굽는 방법에 따른 반죽 분량을 참조한다.

풀리시 발효 12~14시간

1차발효 약 6시간

2차발효 최소 1시간 30분

스케줄 예시 오후 8:00 풀리시 믹스 ➔ 다음 날, 오전 10:00 본반죽 믹싱 ➔ 오후 4:00 도우볼 성형 ➔ 그날 저녁 피자 만들기

<< 풀리시를 사용한 오버나이트 피자도우

풀리시

재료	양	
밀가루	500g	3¾C + 2Ts
물	500g, 27℃(80℉)	2¼C
인스턴트 드라이 이스트	0.4g	⅛ts 조금 안 되게

본반죽

재료	양	
밀가루	500g	3¾C + 2Ts
물	250g, 41℃(105℉)	1⅛C
고운 소금	20g	1Ts + ¾ts
인스턴트 드라이 이스트	0	0
풀리시	1,000g	풀리시 전체

제빵배합률

풀리시 속 함유량	총량	베이커스 퍼센티지
500g	1,000g	100%
500g	750g	75%
0	20g	2%
0.4g	0.4g	0.04%
		50%*

＊ 풀리시의 베이커스 퍼센티지는 풀리시의 밀가루 양을 레시피에서 사용한 밀가루 총량에 대한 비율로 표시한 것이다.

01 풀리시 믹스 피자를 굽기 전날 저녁, 밀가루 500g과 이스트 0.4g(⅛ts 조금 안 되게)을 6ℓ 통에 넣고 손으로 대충 섞는다. 여기에 27℃(80℉)의 물 500g을 넣고 마른 가루가 안 보일 때까지 손으로 잘 섞은 후, 뚜껑을 덮고 실온에서 오버나이트한다. 실온에서 오버나이트하는 시간은 실온 18~21℃(65~70℉)를 전제로 한다.

12~14시간 후 풀리시가 충분히 발효되면 원래 분량의 3배 정도가 되며(눈금이 표시된 6ℓ 통에서는 반죽이 2ℓ 눈금 가까이 된다), 반죽 표면에서 몇 초에 한 번씩 기포가 터진다. 이런 최상의 발효 상태가 2시간 정도 지속되지만, 실내온도가 24℃(76℉) 정도로 높다면 이런 상태가 단지 1시간 정도만 지속된다. 이 상태에서 본반죽을 하는 것이 가장 좋다.

02 본반죽 믹싱 밀가루 500g을 계량하여 12ℓ의 반죽통에 담고, 소금 20g을 넣어서 손으로 대충 섞는다.

41℃(105℉)의 물 250g을 풀리시가 들어 있는 통의 가장자리를 따라 부어서 풀리시가 통에서 잘 분리되도록 한 후, 이 물과 풀리시를 500g의 밀가루가 들어 있는 반죽통에 붓는다.

손에 반죽이 달라붙지 않도록 반죽을 시작하기 전에 손을 물에 적시고 손으로 반죽한다. 반죽을 하는 도중에 3~4번 정도 손에 물을 묻히고 반죽해도 좋다. 집게손 자르기(p.74 참조)와 폴딩을 번갈아 하며 재료들을 골고루 잘 섞는다. 반죽이 끝났을 때 반죽의 최종온도는 24℃(75℉)이다.

03 폴딩과 1차발효 이 반죽은 2번의 폴딩(p.75~76 참조)이 적당하며, 본반죽 후 1시간 이내에 폴딩을 마치는 것이 가장 좋다. 2번째 폴딩 후에는 반죽 표면과 반죽통의 바닥에 올리브오일을 발라서 반죽이 들러붙지 않게 한다.

본반죽 후 6시간 정도 지나 반죽이 원래 크기보다 약 2.5배 정도 부풀어 오르면 분할한다.

04 분할 작업대 위에 약 60㎝ 폭의 여유 공간을 만들어 덧가루를 뿌린다. 손에 덧가루를 묻히고 반죽통에서 1차발효가 된 반죽을 조심스럽게 꺼내 분할하기 쉽도록 모양을 편평하게 잡아준다. 반죽 전체에 덧가루를 뿌린 후, 반죽칼이나 플라스틱 스크레이퍼로 5등분하여 자른다. 5등분한 각 반죽의 무게는 340g이 적당하며, 눈대중으로 나누거나 저울을 이용하거나 크게 상관없다. 이 반죽을 모두 무쇠 프라이팬을 이용하여 신 크러스트 피자나 포카치아를 만들려고 한다면 반죽을 200g으로 분할한다.

05 도우볼 성형 분할한 각 반죽을 가스가 빠지지 않도록 조심하면서 중간 정도의 탄력이 있게 p.77~79를 참조하여 둥글리기한다.

06 냉장발효 덧가루를 살짝 뿌린 팬 위에 둥글리기한 도우볼을 넣는데, 나중에 발효되더라도 서로 붙지 않도록 적당히 간격을 띄운다. 반죽 위에 살짝 올리브오일을 바르거나 덧가루를 묻혀서 비닐백에 넣고 실온에서 30분~1시간 휴지시킨 후, 피자 성형을 하기 쉽게 냉장고에 최소 30분 정도 넣어두어 반죽 온도를 낮춘다.

chap.14의 설명대로 피자를 성형하고 토핑해서 오븐에 굽는다. 둥글리기한 도우볼은 마르지 않게 밀봉해서 냉장고에 보관하며, 만들고 남은 도우볼도 2일간 저온 숙성을 통한 저장이 가능하다. 냉장고에서 하루 더 숙성 발효시킨 도우볼을 사용하여 피자를 만들었을 때 크러스트의 풍미가 더 풍부해지므로 아마도 그 방법을 더 선호할 수도 있다.

CHAPTER 14
피자와 포카치아
PIZZA AND FOCACCIA

부드러운 토마토소스 SMOOTH RED SAUCE

드라이 오레가노와 취향에 따라 마늘, 칠리 플레이크를 넣어서 만든 부드러운 토마토소스이다. 가능하면 최상의 드라이 오레가노를 구하도록 하는데, 그 중에서도 칼라브리안(Calabrian) 제품이 가장 좋다. 나폴리 피자소스에 칠리 플레이크를 넣는 것이 전통적인 방법은 아니지만, 난 칠리 플레이크의 자극적인 맛이 좋다.

그리고 산 마르자노(San Marzano) 토마토통조림을 구할 수 없다면 품질 좋은 플럼(plum) 토마토 통조림을 사용해도 좋다.

지름 약 30㎝(12인치) 피자 5판

산 마르자노 홀토마토 1캔(800g)
엑스트라버진 올리브오일 1½큰술
마늘 1쪽_ 선택
고운 소금 ½작은술
드라이 오레가노 ¼작은술
칠리 플레이크 ¼작은술_ 선택

01 큰 볼에 체를 걸쳐놓고, 통조림의 홀토마토를 10~15분간 체에 받쳐서 통조림 국물을 걸러낸다. 거른 통조림 국물은 다른 용도로 사용하기 위해 보관한다.

02 블렌더에 올리브오일, 마늘, 소금, 오레가노, 칠리 플레이크와 함께 체에 거른 홀토마토를 넣고 곱게 간다.

거친 토마토소스 CHUNKY RED SAUCE

가끔은 토마토소스의 입자가 좀 더 굵고 거칠었으면 좋겠고, 토마토 자체의 맛을 더 진하게 느끼고 싶을 때도 있다. 그럴 때 이 소스가 두 가지를 모두 만족시켜준다. 다시 말하지만 가장 이상적인 토마토는 산 마르자노 토마토이나, 구할 수 없다면 좋은 품질의 플럼 토마토 통조림으로 대체해도 된다.

지름 약 30㎝(12인치) 피자 2~3판

산 마르자노 홀토마토 1캔(약 800g)
엑스트라버진 올리브오일 1½큰술
소금 적당량

01 큰 볼에 체를 걸쳐놓고, 통조림의 홀토마토를 10~15분간 체에 받쳐서 통조림 국물을 걸러낸다.

02 체를 기울게 놓고, 토마토 과육을 나무숟가락으로 약 30초간 앞뒤로 으깨서 즙은 체로 빠져나가게 한다. 어느 정도 으깬 과육을 볼에 담고(이때 생긴 통조림 국물은 다른 용도로 사용한다) 올리브오일과 소금을 넣어 잘 섞는다.

토마토필레 TOMATO FILLETS

때로는 이것 자체만 사용해도 된다. 토마토를 미리 구울 수도 있지만, 조리하지 않고 토마토의 신선함 그 자체를 즐길 수도 있다. 더 깊고 진한 맛을 느끼고 싶다면 다음의 설명대로 간단하게 양념해서 오랫동안 천천히 굽는다.

지름 약 30㎝(12인치) 피자 3판, 또는 무쇠팬 피자 3~4판

산 마르자노 홀토마토 통조림 1캔(800g)
엑스트라버진 올리브오일_ 선택
꽃소금_ 선택
타임 줄기_ 선택

01 토마토를 오븐에 구우려면 오븐을 165℃(325℉)로 예열한다.

02 큰 볼에 체를 걸쳐놓고, 통조림에 들어 있는 홀토마토를 체에 받쳐서 국물을 걸러낸다. 이때 거른 국물은 다른 용도로 사용한다.

03 홀토마토 덩어리를 1개씩 집어서 손으로 3~4조각 크기로 나눈 후, 물기가 좀 더 빠지도록 접시에 담아놓는다. 체에 남아 있는 작고 연한 토마토 과육 조각은 다른 용도로 사용한다.

04 홀토마토 덩어리를 굽기 위해 얕은 베이킹팬에 넓게 펴놓고, 그 위에 소금과 올리브오일을 뿌린 후 타임 줄기를 12개 정도 고르게 올린다. 20~30분 굽는다.

마르게리타 피자 PIZZA MARGHERITA

이것은 일반 나폴리 피자의 기본적이고 전통적인 스타일이다. 얇은 피자 크러스트의 테두리는 폭신하게 발효된 상태여야 하고, 산 마르자노(San Marzano) 토마토로 만든 소스, 신선한 모차렐라치즈 그리고 바질을 사용해야 한다. 빨간색, 흰색 그리고 녹색의 토핑 재료들은 이탈리아 국기를 상징하는 색깔들이다.

나는 피오르 디 라테(fior di latte) 모차렐라를 좋아한다. 피오르 디 라테는 말 그대로 '우유의 꽃'이라는 뜻으로, 물소(buffalo)의 젖이 아닌 젖소(cow)의 젖으로 만든 것이다. 그란데(Grande) 제품은 품질이 아주 좋으며, 그들이 만드는 오볼리네(Ovoline) 제품은 한 덩이에 113g(4온스)씩 포장되어 있는데, 이 피자 1판을 만들기에 알맞은 분량이다. 어떤 브랜드이든 신선해 보이는 염장 모차렐라를 사용한다.

아주 심플한 마르게리타 피자에 대해 구체적이고 완벽한 정의를 내리려면 저녁에 와인을 마시면서 오랜 시간 열띤 토론을 해야 할 정도로 의견들이 분분하고 쉽게 결론을 낼만한 확실한 근거도 없다. 치즈가 살짝 녹기만 하면 될지, 또는 윗부분이 살짝 타서 갈색으로 변해야 할지? 바질잎을 통째로 올릴지, 아니면 잘라서 올릴지? 피자 테두리를 두툼하게 발효시켜야 할지, 아니면 그냥 편평하게 할지? 바닥은 까맛까맛하게 탄 부분이 점처럼 나타나야 할지? 피자 테두리는 살짝 갈색으로만 태울지, 아니면 까맛하게 탄 부분이 있어도 될지? 다 굽고 나서 올리브오일을 뿌릴지 말지? 이 모든 것이 자신의 생각대로이다. 나는 단지 기본적인 스타일만 보여주는 것이고, 그 다음부터는 각자 좋아하는 방식으로 만들면 된다.

지름 약 30㎝(12인치) 피자 1판

350g 도우볼 1개(chap.13 레시피 중 선택)

덧가루용 흰 밀가루

부드러운 토마토소스(p.236) 85g

생모차렐라치즈 113g(4온스)_ 1.2㎝ 두께로 슬라이스

바질잎 6~8장

엑스트라버진 올리브오일_ 뿌림용, 선택

고운 소금_ 예를 들어 피오레 디 살레(fiore di sale, 일종의 꽃소금), 선택

칠리 플레이크_ 선택

01 피자스톤 예열 피자스톤의 윗면과 오븐 천장의 열판과의 간격이 약 20㎝(8인치)가 되도록 오븐 상단에 선반을 넣고 그 위에 피자스톤을 올린다. 오븐을 316℃(600℉)로 예열한다. 이 온도까지 예열이 가능하면 다행이지만, 그렇지 않을 경우엔 최대한 올릴 수 있는 온도까지 올려서 예열한다. 오븐이 어느 정도 예열이 되었으면 피자스톤을 충분히 달구기 위해 30분 추가해서 대략 총 45분간 오븐을 예열한다.

02 피자 재료와 도구 준비 피자 성형을 위해서 60㎝ 폭의 작업공간을 비워놓고, 그 자리에 덧가루를 뿌린다. 그 옆에 피자삽을 놓고, 그 위에도 역시 덧가루를 뿌린다.

미리 준비한 소스, 치즈, 바질잎을 가까이에 놓고, 소스를 바를 국자나 큰 스푼도 바로 쓸 수 있게 준비한다.

03 피자 성형 냉장고에서 도우볼을 꺼내 작업대에 놓고, 덧가루를 묻혀가며 손바닥으로 눌러서 대충 둥글고 편평하게 만든다. 반죽의 테두리 부분은 그냥 두고 가운데 부분을 중심으로 편평하게 누르고, 뒤집어서 같은 방법으로 반복한다.

두 손으로 반죽의 테두리를 잡고 들어 올려서 반죽을 바닥과 수직 상태로 만들어 피자도우가 중력에 의해 아래쪽으로

<< 마르게리타 피자

늘어나게 한다. 두 손으로 피자도우의 테두리를 따라 여러 번 돌려가며 도우가 아래쪽으로 늘어나게 한다.

다음으로, 피자도우가 여전히 바닥과 수직이고 아래쪽으로 자연스럽게 늘어져 있는 상태에서 두 주먹을 피자도우의 테두리 안쪽에 넣고 조심스럽게 도우를 돌려가며 늘린다. 두툼한 도우를 얇게 늘리면서 찢어지거나 구멍이 생기지 않도록 주의 깊게 살펴야 한다. 그러나 도중에 약간 찢어지거나 구멍이 생기더라도 너무 실망하지 않아도 된다. 그냥 붙이면 된다.

얇게 늘린 피자도우를 피자삽 위에 주름이 잡히지 않도록 손으로 둥글게 펼쳐놓는다.

04 피자스톤을 고온으로 달구기 30분간의 추가 예열로 오븐의 설정온도가 되면, 오븐을 브로일 모드로 바꿔서 5분간 더 가열하여 피자스톤을 충분히 달군다.

05 피자 토핑 피자삽 위에 펼쳐놓은 성형한 피자도우의 둘레를 따라 약 2.5cm(1인치)만 남기고 가운데 부분에 국자의 볼록한 등 쪽을 이용해서 부드럽게 소스를 바른다. 그리고 모차렐라치즈와 바질잎을 골고루 올린다.

06 굽기 오븐을 다시 베이크 모드로 돌려놓는다. 피자삽 위의 피자도우를 조심스럽게 오븐 안의 피자스톤 위로 미끄러트리듯이 옮긴다.

5분간 굽고 다시 브로일 모드로 2분간 더 굽는 동안 오븐 앞에서 반드시 지켜본다. 치즈가 완전히 녹고, 크러스트는 전체적으로 황금색을 띠며 밤색 반점들과 까맣게 탄 몇 개의 작은 반점이 섞여 있게 굽는다. 만약 치즈에서 기름이 흐른다면 너무 오래 구운 것이다. 집게나 포크로 피자스톤에 있는 피자를 꺼내 접시 위로 옮긴다.

07 잘라서 서빙 오븐에서 꺼낸 피자를 나무도마로 옮긴다. 취향에 따라 엑스트라버진 올리브오일을 위에 흩뿌리고, 곧바로 잘라서 테이블용 소금, 칠리 플레이크와 함께 서빙한다. 잘 구워진 마르게리타 피자는 보기에도 너무 간단해 보이고 먹기 좋을 것 같지만, 녹아 있는 치즈가 뜨거워서 입을 델 수 있으므로 조심해야 한다. 그러나 치즈가 식어서 단단해지기 전에 먹는 것이 가장 좋다.

응용 자른 피자 조각에 신선한 루콜라를 한 줌 올린다.

뉴욕 피자 THE NEW YORKER

이 피자는 내가 가장 이상적으로 생각하는 정통 뉴욕 피자로, 드라이 오레가노가 들어간 토마토소스를 바르고 위에 여러 종류의 가늘게 채썬 슈레드 치즈를 덮은 후, 취향에 따라 페퍼로니를 올린다. 모든 뉴욕 피자에 잘게 간 치즈를 올리지는 않지만, 내가 이 피자를 더 좋아하는 이유는 마르게리타 피자보다 더욱 진한 치즈의 맛과 향을 즐길 수 있기 때문이다.

만일 〈롬바르디(Lombardi)〉나 〈토톤노(Totonno)〉 같은 피자 레스토랑에 있는 석탄오븐에 이런 피자를 굽는다면, 가정용 피자스톤에 굽는 지름 30~36㎝(12~14인치)의 피자보다 더 큰 사이즈로 구워질 것이다. 완성된 피자는 4조각 이하로 잘라서 먹는다.

지름 약 30㎝(12인치) 피자 1판

350g 도우볼 1개(chap.13 레시피 중 선택)

덧가루용 흰 밀가루

부드러운 토마토소스(p.236) 85g(3온스)

생모차렐라치즈 85g(3온스)_ 강판에 간 것

프로볼로네(provolone) 치즈가루 60g(2온스)

바질잎 4~6장_ 선택

슬라이스한 페퍼로니 소시지 12~15장_ 선택

칠리 플레이크_ 선택

01 피자스톤 예열 피자스톤의 윗면과 오븐 천장의 열판과의 간격이 20㎝(8인치) 정도가 되도록 오븐 상단에 선반을 넣고 피자스톤을 올린다. 오븐을 316℃(600°F)로 예열한다. 이 온도까지 예열이 가능하면 다행이지만, 그렇지 않을 경우엔 최대한 올릴 수 있는 온도까지 올려서 예열한다. 오븐이 어느 정도 예열이 되었으면 피자스톤을 충분히 달구기 위해 30분 추가해서 대략 총 45분간 오븐을 예열한다.

02 피자 재료와 도구 준비 피자 성형을 위해서 60㎝ 폭의 작업공간을 비워놓고, 그 자리에 덧가루를 뿌린다. 그 옆에 피자삽을 놓고, 그 위에도 역시 덧가루를 뿌린다.

미리 준비한 소스, 치즈, 바질잎, 페퍼로니를 가까이에 놓고, 소스를 바를 국자나 큰 스푼도 준비한다.

03 피자 성형 냉장고에서 도우볼을 꺼내 작업대에 놓고, 덧가루를 묻혀가며 손바닥으로 눌러서 대충 둥글고 편평하게 만든다. 반죽의 테두리 부분은 그냥 두고 가운데 부분을 중심으로 편평하게 누르고, 뒤집어서 같은 방법으로 반복한다.

두 손으로 반죽의 테두리를 잡고 들어 올려서 반죽을 바닥과 수직 상태로 만들어 피자도우가 중력에 의해 아래쪽으로 늘어나게 한다. 두 손으로 피자도우의 테두리를 따라 여러 번 돌려가며 도우가 아래쪽으로 늘어나게 한다.

다음으로, 피자도우가 아래쪽으로 자연스럽게 늘어진 상태에서 두 주먹을 피자도우의 테두리 안쪽에 넣고 조심스럽게 도우를 돌려가며 늘린다. 두툼한 도우를 얇게 늘리면서 찢어지거나 구멍이 생기지 않도록 도우를 주의 깊게 살핀다. 그러나 도중에 약간 찢어지거나 구멍이 생기더라도 너무 실망하지 않아도 된다. 그냥 붙이면 된다.

얇게 늘린 피자도우를 피자삽 위에 주름이 잡히지 않도록 손으로 둥글게 펼쳐놓는다.

<< 뉴욕 피자

04 피자스톤을 고온으로 달구기 30분간의 추가 예열로 오븐의 설정온도가 되면, 브로일 모드로 바꿔서 5분간 더 가열하여 피자스톤을 충분히 달군다.

05 피자 토핑 피자삽 위에 펼쳐놓은 성형한 피자도우의 둘레를 따라 2.5㎝(1인치) 정도만 남기고, 가운데 부분에 국자의 볼록한 등 쪽을 이용해서 부드럽게 소스를 바른다. 그리고 치즈를 골고루 뿌린 다음 그 위에 바질잎과 페퍼로니를 고루 토핑한다.

06 굽기 오븐을 다시 베이크 모드로 돌려놓고, 피자삽 위에 있는 피자도우를 조심스럽게 오븐 안에 있는 피자스톤 위로 미끄러트리듯이 옮긴다.

　5분간 굽고 다시 브로일 모드로 2분간 더 구우면서 반드시 오븐 앞에서 지켜본다. 치즈는 완전히 녹은 상태로 기포가 올라오고 타서 까맣게 된 작은 반점들이 나타나며, 크러스트는 전체적으로 황금색을 띠며 까맣게 탄 작은 반점과 갈색 반점들이 보일 때까지 굽는다. 집게나 포크로 피자스톤에 있는 피자를 꺼내 접시 위로 옮겨놓는다.

07 잘라서 서빙 오븐에서 꺼낸 피자를 나무도마로 옮긴다. 취향에 따라 엑스트라버진 올리브오일을 위에 흩뿌리고, 곧바로 잘라서 테이블용 소금, 칠리 플레이크와 함께 서빙한다.

살라미 피자 SALAMI PIZZA

이것은 가공육을 좋아하는 사람들을 위한 피자이다. 기본적으로 마르게리타(Margherita) 피자에 좋아하는 살라미를 추가해서 만든다고 생각하면 된다. 〈켄즈 아티장 베이커리〉에는 이런 피자 메뉴가 2가지 있다. 하나는 매콤한 맛이 나는 소프레사타(soppressata)를 토핑한 것이고, 다른 하나는 피노키오나(finocchiona)를 토핑한 것이다. 이것은 올림픽 행사를 위한 식재료 납품용으로 현지의 살루메리아(Salumeria, 햄, 치즈, 소시지 등을 파는 식료품점)에서 만들었던 건식(dry-cured) 소시지이다. 소시지마다 모두 껍질을 벗겨서 사용하는데, 소프레사타 소시지는 1.6㎜ 두께의 얇은 원형으로 자르고, 피노키오나 소시지는 3㎜ 두께로 잘라서 사용한다. 나는 이 소시지들이 피자의 맨 위에 토핑으로 올라가서 바삭하게 구워진 걸 좋아한다. 피자에 살라미를 더 많이 올리고 싶으면 좀 더 얇게 올리는 것이 좋다. 나는 피자에 가공육을 너무 많이 토핑으로 올려서 다른 재료들의 맛이 가려지는 것을 원치 않기 때문에 살라미는 단지 맛의 악센트 정도로만 사용한다.

살루미(Salumi)? 살라미(Salami)? 살루미는 일반적으로 돼지고기(그러나 가끔은 쇠고기로 만들기도 한다)를 사용한 가공육 전부를 말한다. 즉, 돼지고기로 만드는 햄에서부터 다른 살코기 부분을 염장해서 만든 소시지와 모르타델라(mortadella) 같은 분쇄육을 가공 포장한 것까지 모두 포함하여 살루미라고 한다. 살라미는 살루미의 한 종류로, 생고기 또는 숙성시킨 돼지고기를 주로 사용하는 건식(dry-cured) 소시지다. 어떤 살라미를 사용할 것인지는 각자 취향에 따라 선택하면 된다. 미국의 페퍼로니(pepperoni, 쇠고기로만 만들거나 쇠고기와 돼지고기를 섞어서 새롭게 만든다)에서 스페인의 초리조(chorizo)에 이르기까지, 프랑스의 소시송 섹(saucisson sec, 프랑스식 건조 소시지)에서 이탈리아의 제노베제(Genovese) 소시지까지 무엇이든 가능하다.

나는 피자 토핑용으로 어떤 종류의 살라미를 사용하든 굽는 것을 좋아한다. 때때로 프로슈토(prosciutto, 돼지 뒷다리로 만든 이탈리아 햄)나 코파(coppa, 돼지 목살을 사용한 이탈리아 햄) 같은 가공육을 토핑한 비슷한 피자를 만들기도 한다. 이런 경우에는 가공육을 종잇장처럼 얇게 슬라이스해서 피자가 오븐에서 구워져 나오자마자 곧바로 피자 위에 올린다.

지름 약 30㎝(12인치) 피자 1판

350g 도우볼 1개(chap.13 레시피 중 선택)

덧가루용 흰 밀가루

부드러운 토마토소스(p.236) 85g(3온스)

생모차렐라치즈 115g(4온스)_ 1.2㎝ 두께로 슬라이스

슬라이스한 살라미 12~18개_ 크기에 따라 다를 수 있다

바질잎 4~6장

고운 소금_ 예를 들어 피오레 디 살레(fiore di sale, 일종의 꽃소금), 선택

칠리 플레이크_ 선택

01 피자스톤 예열 피자스톤의 윗면과 오븐 천장의 열판과의 간격이 20㎝(8인치) 정도가 되도록 오븐 상단에 선반을 넣고 피자스톤을 올린다. 오븐을 316℃(600℉)로 예열한다. 이 온도까지 예열이 가능하면 다행이지만, 그렇지 않을 경우엔 최대한 올릴 수 있는 온도까지 올려서 예열한다. 오븐이 어느 정도 예열이 되었으면 피자스톤을 충분히 달구기 위해 30분 추가해서 대략 총 45분간 오븐을 예열한다.

<< 살라미 피자

02 피자 재료와 도구 준비 피자 성형을 위해서 60㎝ 폭의 작업공간을 비워놓고, 그 자리에 덧가루를 뿌린다. 그 옆에 피자삽을 놓고, 그 위에도 역시 덧가루를 뿌린다.

미리 준비한 소스, 알맞게 자른 치즈, 살라미, 바질잎을 가까이에 놓고, 소스를 바를 국자나 큰 숟가락도 준비한다.

03 피자 성형 냉장고에서 도우볼을 꺼내 작업대 놓고, 덧가루를 묻혀가며 손바닥으로 눌러서 대충 둥글고 편평하게 만든다. 반죽의 테두리 부분은 그냥 두고 가운데 부분을 중심으로 편평하게 누르고, 뒤집어서 같은 방법으로 반복한다.

두 손으로 반죽의 테두리를 잡고 들어 올려서 반죽을 바닥과 수직 상태로 만들어 피자도우가 중력에 의해 아래쪽으로 늘어지게 한다. 두 손으로 피자도우의 테두리를 따라 여러 번 돌려가며 도우가 아래쪽으로 늘어나게 한다.

다음으로, 피자도우가 여전히 바닥과 수직을 이루며 아래쪽으로 자연스럽게 늘어진 상태에서 두 주먹을 피자도우의 테두리 안쪽에 넣고 조심스럽게 도우를 돌려가며 늘린다. 두툼한 도우를 얇게 늘리면서 찢어지거나 구멍이 생기지 않도록 도우를 주의 깊게 살핀다. 그러나 도중에 약간 찢어지거나 구멍이 생기더라도 너무 실망하지 않아도 된다. 그냥 붙이면 된다.

얇게 늘린 피자도우를 피자삽 위에 주름이 잡히지 않도록 손으로 둥글게 펼쳐놓는다.

04 피자스톤을 고온으로 달구기 30분간의 추가 예열로 오븐의 설정온도가 되면, 브로일 모드로 바꿔서 5분간 더 가열하여 피자스톤을 충분히 달군다.

05 피자 토핑 피자삽 위에 펼쳐놓은 성형한 피자도우의 둘레를 따라 2.5㎝(1인치) 정도만 남기고, 가운데 부분에 국자의 볼록한 등 쪽을 이용해서 부드럽게 소스를 바른다. 그리고 모차렐라치즈를 골고루 뿌린 다음 그 위에 살라미와 바질잎을 고루 올린다

06 굽기 오븐을 다시 베이크 모드로 놓고, 피자삽 위에 있는 피자도우를 조심스럽게 오븐 안에 있는 피자스톤 위로 미끄러트리듯이 옮긴다.

5분간 굽고 다시 브로일 모드로 2분간 더 구우면서 반드시 오븐 앞에서 지켜본다. 치즈가 완전히 녹은 상태에서 살라미 둘레가 바삭하게 구워지고, 크러스트는 전체적으로 황금색을 띠며 까맣게 탄 작은 반점과 갈색 반점들이 섞여 보일 때까지 굽는다. 집게나 포크로 피자스톤에 있는 피자를 꺼내 접시 위로 옮겨놓는다.

07 잘라서 서빙 오븐에서 꺼낸 피자를 나무도마로 옮긴 후 곧바로 잘라서 테이블용 소금, 칠리 플레이크와 함께 서빙한다.

골든비트 오리가슴살 프로슈토 피자
GOLDEN BEET AND DUCK BREAST PROSCIUTTO PIZZA

포틀랜드의 가공육전문점 찹(Chop)에 있는 내 친구들은 프로슈토를 가공하는 방법으로 마그레 오리가슴살(Magret duck breast, 최고급 오리가슴살)을 숙성시킨다. 오리가슴살을 프로슈토로 대체하는 것이 마음에 들지 않는다면 그 냥 종잇장처럼 얇게 슬라이스한 이탈리아 파르마(Parma)지역에서 만든 프로슈토, 스페인의 세라노(Serrano)에서 만든 햄, 또는 버지니아나 테네시 지역에서 만드는 좋은 염장 햄을 대신 사용해도 괜찮다. 이 피자는 골든비트의 달 콤한 맛이 오븐에서 녹아내린 생모차렐라치즈와 어우러지고, 여기에 짭짤하고 감칠맛 나게 잘 숙성된 가공육과 약 간의 프로볼로네(provolone) 치즈가 더해져 한층 더 조화를 이룬다. 추가로 검은 후추와 잘게 다진 로즈메리를 올려 도 좋다.

지름 약 30㎝(12인치) 피자 1판

350g 도우볼 1개(chap.13 레시피 중 선택)

덧가루용 흰 밀가루

골든비트 1개_ 야구공 크기

생모차렐라치즈 85~115g(3~4온스)_ 1.2㎝ 두께로 슬라이스

강판에 간 프로볼로네치즈 28g(1온스)

곱게 다진 신선한 로즈메리 1작은술

검은 후추 조금

얇게 슬라이스한 염장 오리가슴살 또는 프로슈토 스타일 햄
  28~56g(1~2온스)

01 피자스톤 예열 피자스톤의 윗면과 오븐 천장의 열판과의 간격이 20㎝(8인치) 정도가 되도록 오븐 상단에 선반을 넣고 피자스톤을 올린다. 오븐을 316℃(600℉)로 예열한다. 이 온 도까지 예열이 가능하면 다행이지만, 그렇지 않을 경우엔 최대 한 올릴 수 있는 온도까지 올려서 예열한다. 오븐이 어느 정도 예열이 되었으면 피자스톤을 충분히 달구기 위해 30분 추가해 서 대략 총 45분간 오븐을 예열한다.

02 비트 준비 중간 크기의 소스팬에 비트가 잠기도록 물을 4㎝ 정도 붓고, 센불에서 끓인다. 30분 정도 끓이거나 비트를 칼로 찔러봤을 때 너무 무르지 않고 조금 단단하게 익었으면

불을 끈다.

물을 따라버리고 5~10분 손으로 만질 수 있을 때까지 식 힌다. 줄기와 뿌리를 잘라내고 키친타월을 이용해서 껍질을 벗 긴다. 원형으로 같은 두께가 되도록 3조각으로 자르고, 자른 조 각을 다시 4등분해서 비슷한 크기로 12조각을 만든다.

03 피자 재료와 도구 준비 피자 성형을 위해서 60㎝ 폭의 작업공간을 비워놓고, 그 자리에 덧가루를 뿌린다. 그 옆에 피 자삽을 놓고, 그 위에도 역시 덧가루를 뿌린다.

준비한 비트, 치즈, 로즈메리를 가까이에 놓고, 후추 그라 인더도 함께 준비해둔다.

04 피자 성형 냉장고에서 도우볼을 꺼내 작업대에 놓고, 덧 가루를 묻혀가며 손바닥으로 눌러서 대충 둥글고 편평하게 만 든다. 반죽의 테두리 부분은 그냥 두고 가운데 부분을 중심으 로 편평하게 누르고, 뒤집어서 같은 방법으로 반복한다.

두 손으로 반죽의 테두리를 잡고 들어 올려서 반죽을 바 닥과 수직 상태로 만들어 피자도우가 중력에 의해 아래쪽으로 늘어지게 한다. 두 손으로 피자도우의 테두리를 따라 여러 번 돌려가며 도우가 아래쪽으로 늘어나게 한다.

다음에는 피자도우가 여전히 바닥과 수직을 이루며 아래

<< 골든비트 오리가슴살 프로슈토 피자

쪽으로 자연스럽게 늘어진 상태에서 두 주먹을 피자도우의 테두리 안쪽에 넣고 조심스럽게 도우를 돌려가며 늘린다. 두툼한 도우를 얇게 늘리면서 찢어지거나 구멍이 생기지 않도록 도우를 주의 깊게 살핀다. 그러나 도중에 약간 찢어지거나 구멍이 생기더라도 너무 실망하지 않아도 된다. 그냥 붙이면 된다.

얇게 늘린 피자도우를 피자삽 위에 주름이 잡히지 않도록 손으로 둥글게 펼쳐놓는다.

05 피자스톤을 고온으로 달구기 30분간의 추가 예열로 오븐의 설정온도가 되면, 브로일 모드로 바꿔서 5분간 더 가열하여 피자스톤을 충분히 달군다.

06 피자 토핑 피자도우 위에 치즈를 골고루 뿌린 후, 준비한 비트를 고루 펼쳐놓고 로즈메리도 뿌린다. 후추 그라인더로 검은 후추를 갈아서 살짝 뿌린다.

07 굽기 오븐을 다시 베이크 모드로 놓고, 피자삽 위에 있는 피자도우를 조심스럽게 오븐 안에 있는 피자스톤 위로 미끄러트리듯이 옮긴다.

5분간 굽고 다시 브로일 모드로 2분간 더 구우면서 반드시 오븐 앞에서 지켜본다. 치즈가 완전히 녹고, 크러스트는 전체적으로 황금색을 띠며 그 안에 까맣게 탄 작은 반점과 갈색 반점들이 섞여 보일 때까지 굽는다. 집게나 포크로 피자스톤에 있는 피자를 꺼내 접시 위로 옮겨놓는다.

08 잘라서 서빙 오븐에서 꺼낸 피자를 나무도마로 옮긴 후, 프로슈토를 적당히 펼쳐서 올리고 잘라 먹는다.

고구마 배 피자 SWEET POTATO AND PEAR PIZZA

이 피자는 과일이 들어가지만 로제와인이나 샴페인과 잘 어울리는 입맛을 돋우는 피자이다. 또한 오후의 간식으로도 괜찮고, 오븐에 구운 가금류와 곁들이면 저녁 만찬으로도 아주 좋다.

지름 약 30㎝(12인치) 피자 1판

350g 도우볼 1개(chap.13 레시피 중 선택)

덧가루용 흰 밀가루

중간 크기 고구마 1개_ 4㎜ 두께로 슬라이스

엑스트라버진 올리브오일 2큰술

고운 소금_ 예를 들어 피오레 디 살레(fiore di sale, 일종의 꽃소금)

중간 크기 배 1개_ 코미스(Comice) 또는 보스크(Bosc) 품종,
   씨 빼고 6㎜ 두께로 슬라이스

얇게 저민 페코리노 로마노(Pecorino Romano) 치즈 28g(1온스)_
   이탈리아의 양젖으로 만든 단단한 치즈

잘게 다진 고수 2큰술

강판에 간 생강 28g(1온스)

오일 저장된 레드 칠리 페퍼 다진 것 28g(1온스)_ 선택

검은 후추

01 피자스톤 예열 피자스톤의 윗면과 오븐 내부 천장의 열판과의 간격이 20㎝(8인치) 정도가 되도록 오븐 상단에 선반을 넣고 피자스톤을 올린다. 오븐을 205℃(400℉)로 예열한다.

02 고구마 준비 중간 크기의 볼에 슬라이스한 고구마, 올리브오일 1큰술, 소금 1꼬집을 넣고 잘 섞은 후, 무쇠팬에 담아 12~15분 오븐에 굽거나 무르지 않게 적당히 익힌다.

03 피자스톤을 계속해서 예열하기 가능하면 오븐을 316℃ (600℉)까지 예열한다. 그러나 오븐이 이 온도까지 올라가지 않는다면 최대한 올릴 수 있는 온도까지 예열한다. 오븐이 어느 정도 예열이 되었으면 피자스톤을 충분히 달구기 위해 30분 추가해서 대략 총 45분간 오븐을 예열한다.

04 피자 재료와 도구 준비 피자 성형을 위해서 60㎝ 폭의 작업공간을 비워놓고, 그 자리에 덧가루를 뿌린다. 그 옆에 피자삽을 놓고, 그 위에도 역시 덧가루를 뿌린다.

토핑을 위해 준비한 고구마, 배, 치즈, 고수, 생강, 칠리페퍼와 남은 올리브오일 1큰술을 가까이에 놓고, 후추그라인더도 준비해둔다.

05 피자 성형 냉장고에서 도우볼을 꺼내 작업대에 놓고, 덧가루를 묻혀가며 손바닥으로 눌러서 대충 둥글고 편평하게 만든다. 반죽의 테두리 부분은 그냥 두고 가운데 부분을 중심으로 편평하게 누르고, 뒤집어서 같은 방법으로 반복한다.

두 손으로 반죽의 테두리를 잡고 들어 올려서 반죽을 바닥과 수직으로 만들어 피자도우가 중력에 의해 아래쪽으로 늘어지게 한다. 두 손으로 피자도우의 테두리를 따라 여러 번 돌려가며 도우가 아래쪽으로 늘어나게 한다.

다음으로, 피자도우가 여전히 바닥과 수직을 이루며 아래쪽으로 자연스럽게 늘어지는 상태에서 두 주먹을 피자도우의 테두리 안쪽에 넣고 조심스럽게 도우를 돌려가며 늘린다. 두툼한 도우를 얇게 늘리면서 찢어지거나 구멍이 생기지 않도록 도우를 주의 깊게 살핀다. 그러나 도중에 약간 찢어지거나 구멍이 생기더라도 너무 실망하지 않아도 된다. 그냥 붙이면 된다.

얇게 늘린 피자도우를 피자삽 위에 주름이 잡히지 않도록 손으로 둥글게 펼쳐놓는다.

06 피자스톤을 고온으로 달구기 30분간의 추가 예열로 오븐의 설정온도가 되면, 브로일 모드로 바꿔서 5분간 더 가열하여 피자스톤을 충분히 달군다.

<< 고구마 배 피자

07 피자 토핑 피자도우 위에 치즈를 골고루 뿌린 후 준비한 고구마와 배를 고루 펼쳐놓고 치즈, 고수, 생강도 뿌린다. 후추 그라인더를 이용해서 후추도 살짝 뿌린다.

08 굽기 오븐을 다시 베이크 모드로 돌려놓고, 피자삽 위에 있는 피자도우를 조심스럽게 오븐 안에 있는 피자스톤 위로 미끄러트리듯이 옮긴다.

　5분간 굽고 다시 브로일 모드로 2분간 더 구우면서 반드시 오븐 앞에서 지켜본다. 치즈가 완전히 녹고, 크러스트가 전체적으로 황금색을 띠며 까맣게 탄 작은 반점과 갈색 반점들이 섞여 보일 때까지 굽는다. 집게나 포크로 피자스톤에 있는 피자를 꺼내 접시 위로 옮겨놓는다.

09 잘라서 서빙 오븐에서 꺼낸 피자를 나무도마로 옮긴 후 곧바로 잘라서 서빙한다.

무쇠팬 미트파이 IRON-SKILLET MEAT PIE

무쇠팬을 이용해서 가정용 오븐으로 피자를 만드는 아주 좋은 방법을 소개한다. 피자스톤도 필요 없고, 부담스럽게 반죽 돌리기를 할 필요도 없으며, 피자삽에 피자도우를 올려놓고 토핑해서 예열된 피자스톤에 조심스럽게 옮기는 과정도 전혀 필요 없다. 고기에 관한 한 나는 전통을 따르는 사람으로, 좋은 살라미나 소시지를 이 레시피대로 15~20분간 오븐에 굽는 것으로 만족한다.

　　이 팬피자는 원하는 재료를 좀 더 넉넉하게 토핑해서 만들 수도 있다. 소스, 치즈, 그 밖의 토핑 재료 등을 사용하여 시카고식 피자를 만들 때 유의할 점은 토핑의 양이 많을수록 굽는 시간을 늘려야 한다는 것이다.

지름 약 23㎝(9인치) 무쇠팬 피자 1판

350g의 두툼한 크러스트용 또는 200g의 신 크러스트용 도우볼
　1개(chap.13 레시피 중 선택)
부드러운 토마토소스 또는 거친 토마토소스(p.236)
　85~115g(3~4온스)
얇게 슬라이스한 생모차렐라치즈, 또는 모차렐라치즈와 프로볼로
　네(provolone) 치즈 섞은 것 85~115g(3~4온스)
슬라이스한 페퍼로니 또는 살라미 또는 생소시지 8~10장

01 피자스톤 예열 오븐을 274℃(525℉)로 예열한다. 이 온도까지 올릴 수 없으면 가능한 최고온도까지 예열한다.

02 피자 성형 작업대에 여유 있게 폭 45~60㎝의 공간을 비워놓고 그 자리에 덧가루를 뿌린다.

　　냉장고에서 도우볼을 꺼내 덧가루를 뿌린 작업대에 놓는다. 도우볼을 손바닥으로 두드리고 앞뒤로 밀가루를 묻혀가며 편평하게 만들어 가운데 부분을 더 얇게 만든다. 반죽의 테두리를 잡고 팬의 바닥크기에 가깝게 늘려서 지름 23㎝(9인치) 무쇠팬에 담는다.

03 피자 토핑 도우 위에 토마토소스를 바르는데, 취향에 따라 소스의 양을 더 넣거나 덜 넣는다.

　　그 위에 치즈를 골고루 뿌리고, 페퍼로니를 적당한 간격으로 고루 얹는다.

04 굽기 피자가 고루 익을 때까지 15~20분간 굽는다. 10분 정도 지나면 마지막 몇 분간은 구워지는 상태를 지켜본다. 만약 크러스트 주변이 살짝 타고 짙은 밤색으로 구우려면, 오븐을 브로일 모드로 바꿔서 마지막으로 몇 분을 더 굽는다. 특히 이때는 오븐 옆에서 구워지는 상태를 반드시 지켜봐야 한다.

05 잘라서 서빙 오븐에서 무쇠팬을 꺼내 내열받침 위에 놓는다. 집게와 포크를 이용해서 조심스럽게 나무도마 위로 옮기고, 잘라서 곧바로 서빙한다.

토마토필레 마늘 칠리를 토핑한 팬피자

SKILLET PIZZA WITH TOMATO FILLETS, GARLIC, AND CHILE

이것은 내가 평소에 식전 간식이나 샐러드 또는 메인 코스 요리의 곁들임용으로 좋아하는 메뉴 중 하나이다. 좀 더 색다르게 만들고 싶으면 블랙올리브를 토핑하여 굽고, 오븐에서 꺼낸 후에 안초비 필레를 몇 개 얹는다. 그러면 이 것을 '더 시실리안(The Sicilian)'이라고 부를 수 있다. 이 팬피자는 치즈가 들어가지 않고 마늘을 태우지 않기 때문에 굽는 시간이 「무쇠팬 미트파이」(p.253)보다 짧은 12~15분 정도이다. 그렇지만 나는 이 파이를 노릇노릇하게 굽는 걸 좋아한다.

지름 약 23cm(9인치) 무쇠팬 피자 1판

350g의 두툼한 크러스트용 또는 200g의 신 크러스트용 도우볼
   1개(chap.13 레시피 중 선택)
토마토필레(p.237) 8~10개
다진 마늘 1쪽 분량
드라이 오레가노 ½작은술
칠리 플레이크 ¼작은술
엑스트라버진 올리브오일 1큰술
고운 소금_ 피오레 디 살레(fiore di sale, 일종의 꽃소금), 선택

01 피자스톤 예열 274℃(525℉)로 오븐을 예열하거나, 이 온도까지 올릴 수 없으면 최대한 올릴 수 있는 온도까지 예열한다.

02 피자 성형 작업대에 여유 있게 폭 45~60cm의 공간을 비워놓고 그 자리에 덧가루를 뿌린다.

   냉장고에서 도우볼을 꺼내 덧가루를 뿌린 작업대에 놓는다. 도우볼을 손바닥으로 두드리고 앞뒤로 밀가루를 묻혀가며 편평하게 만들어 가운데 부분을 더 얇게 만든다. 반죽의 테두리를 잡고 팬의 바닥크기에 가깝게 늘려서 지름 23cm 무쇠팬에 담는다.

03 피자 토핑 토마토필레를 도우 위에 골고루 얹고 마늘, 오레가노, 칠리 플레이크를 고루 뿌린다. 그 위에 올리브오일을 조금 흩뿌리고, 테두리까지 전체에 골고루 소금을 뿌린다.

04 굽기 피자 크러스트가 짙은 갈색이 되고 전체적으로 고루 익을 때까지 12~15분간 굽는다. 10분 정도 지나면 마지막 5분간은 상태를 지켜보면서 굽는다.

05 잘라서 서빙 오븐에서 팬을 꺼내 내열받침에 올려놓는다. 집게와 포크를 이용해서 조심스럽게 도마 위로 옮기고, 잘라서 곧바로 서빙한다.

팬피자를 응용한 아이디어 레시피

무쇠팬 피자는 팬 자체가 받침 역할을 해주기 때문에 토핑하기가 훨씬 더 쉽고 자유자재로 할 수 있다. 다음에 몇 가지 응용 레시피를 소개하는데, 성공 가능성은 모두 당신의 상상력에 달려 있다. 하와이언 피자? 물론 가능하다. 274℃(525℉)의 오븐에 굽는데, 이 온도까지 올리는 것이 불가능하다면 가능한 최고온도로 높여서 굽는다.

포도 모차렐라 살라미 팬피자 IRON-SKILLET PIZZA WITH RED GRAPES, MOZZARELLA, AND SALAMI

생모차렐라치즈 85g(3온스)_ 6㎜ 두께로 슬라이스
슬라이스한 살라미 10~12장
드라이 오레가노 ½작은술
살짝 으깬 검은 후추
씨 없는 적포도 20~24알_ 2등분

이 피자는 포카치아에 적포도와 잣을 토핑해보라는 아가일(Argyle) 와이너리의 크리스 컬리나(Chris Cullina)의 제안에서 힌트를 얻은 것이다. 오븐에 구운 포도의 달콤함이 바삭하게 구워진 살라미나 치즈와 잘 어우러져 조화를 이루는 맛이다. 치즈, 살라미, 오레가노, 후추, 포도를 토핑하여 15~20분간 굽는다.

방울토마토 베이컨 팬피자 IRON-SKILLET PIZZA WITH CHERRY TOMATOES AND BACON

방울토마토 12~15개
바질잎 4~6장
베이컨 4줄_ 2~3등분해서 살짝 굽는다
살짝 으깬 검은 후추

이 피자의 비법은 먼저 베이컨을 살짝 굽는 것이다. 베이컨을 반 조리하여 피자에 토핑하면, 베이컨에 지방이 조금 남아 있어 오븐에 구울 때 타지 않고 바삭하게 구워진다. 베이컨을 팬에서 미리 반 정도만 구워 종이 키친타월에 놓고 기름기를 빼서 피자에 토핑한다.

준비한 토핑 재료를 피자도우 위에 모두 골고루 얹고 오븐에 넣는다. 베이컨이 조금 바삭할 정도로 익고, 방울토마토가 열에 부풀어 올라 껍질이 터지면서 토마토즙이 크러스트에 스며들 때까지 약 15~20분간 굽는다.

방울토마토 마늘 호박 팬피자
IRON-SKILLET PIZZA WITH CHERRY TOMATOES, GARLIC, AND SUMMER SQUASH

노랑굽은목호박 또는 주키니 1개_ 1.2㎝ 크기로 깍둑썰기

엑스트라버진 올리브오일 1큰술

고운 소금 조금 / 방울토마토 12~15개

바질잎 4~6장

다진 마늘 1쪽 분량

살짝 으깬 검은 후추

칠리 플레이크_ 선택

강판에 간 파르미지아노 레지아노치즈 28g(1온스)

오븐에서 금방 나온 피자 위에 곱게 간 파르미지아노 레지아노 (Parmigiano-Reggiano)치즈를 뿌려 먹는 이 팬피자를 나는 너무 좋아한다. 여름이 느껴지는 맛으로 깍둑썰기한 호박을 올리브오일과 소금에 버무려서 피자 위에 방울토마토, 바질, 마늘과 함께 골고루 토핑한다. 검은 후추와 소금을 전체에 흩뿌리고, 경우에 따라서는 칠리 플레이크도 뿌린다. 피자가 완전히 익을 때까지 약 15~20분간 굽는다.

딥디시 콰트로 포르마지 피자 DEEP-DISH QUATTRO FORMAGGI PIZZA

강판에 간 모차렐라 치즈 57g(2온스)

강판에 간 프로볼로네 치즈 28g(1온스)

강판에 간 그뤼에르 치즈 28g(1온스)

강판에 간 파르미지아노 레지아노치즈 21g(¾온스)

포틀랜드의 이탈리아 레스토랑 〈베스타 트라토리아(Bestas Trattoria)〉의 셰프 마르코 프라타롤리(Marco Frattaroli)는 이탈리아의 전통 치즈 4가지를 조합한 파이를 제안하였다. 각각의 치즈를 재료 순서대로 토핑하여 치즈가 녹으면서 보글보글 기포가 올라오고 크러스트가 짙은 갈색이 날 때까지 약 15~20분간 굽는다.

제노비스 포카치아 FOCACCIA GENOVESE

포카치아의 고향은 이탈리아의 리구리아(Liguria) 해안지역이다. 리구리아 지역의 수도는 제노아(Genoa)이고, 제노비스 포카치아는 이 지역을 대표하는 음식이다. 전통적인 스타일의 이 포카치아는 아주 부드러운 반죽을 사각형이나 원형 팬에 얇고 넓게 펼쳐 담고, 반죽에 올리브오일이 스며들도록 손가락으로 구멍을 낸다. 화덕에서 황금빛으로 구운 후 간혹 올리브오일을 좀 더 뿌리기도 하고 소금을 뿌리기도 한다.

　　기본적인 제노비스 포카치아는 이 책의 「풀리시를 사용한 오버나이트 피자도우」(p.231)를 참고하고, 밀가루는 OO밀가루나 중력분을 사용한다. 이 도우는 부드러워서 쉽게 베이킹팬의 모양대로 만들어지므로 올리브오일을 넉넉히 부어 도우를 손으로 넓게 펼치고, 소금을 조금 뿌려서 황금빛으로 굽는다. 이 레시피에서는 800g의 도우를 사용하고, 30×43cm(12×17인치)의 베이킹팬에 굽는다. 그러나 이 도우를 250~350g의 반죽으로 2개 만들어 지름 약 23cm(9인치)의 무쇠팬에 구워도 된다.

약 30×13cm(12×5인치) 크기의 포카치아 1개

도우 800g_ chap.13의 레시피 중 선택. 그러나 가능하면
　「풀리시를 사용한 오버나이트 피자도우」(p.231) 사용
덧가루용 흰 밀가루
엑스트라버진 올리브오일 ½컵
고운 소금_ 예를 들어 고운 소금은 피오레 디 살레(fiore di sale, 일
　종의 꽃소금) 또는 작은 알갱이 소금

01 반죽을 실온에 놓기 빵을 굽기 2시간 전에 냉장고에서 둥글리기한 반죽을 꺼내 실온에 둔다. 이 단계는 필수가 아니라 권장사항이다. 이렇게 하면 반죽을 늘리기 쉽고, 손가락 테스트로 반죽의 발효 정도를 알아보는 데 도움이 되기 때문이다. 요컨대, 포카치아 반죽을 살짝 과발효시킨다. 도우를 팬에서 넓게 펼치기 전에 도우가 안에 가스를 가지고 있다고 해서 문제될 것은 없다.

02 예열 오븐을 260℃(500℉)로 예열하고, 포카치아를 구울 30×43cm 크기의 테두리가 있는 팬을 준비하여 안쪽에 오일을 얇게 발라둔다.

03 포카치아 성형 덧가루를 뿌린 작업대에 반죽을 놓고, 뒤집어서 전체에 밀가루를 묻힌다. 손으로 반죽을 편평하게 만들면서 베이킹팬의 ½ 크기가 될 때까지 늘린다. 두 손으로 반죽의 테두리를 잡고 들어 올려서 반죽을 바닥과 수직 상태로 만들어서 피자도우가 중력에 의해 아래쪽으로 늘어나게 한다. 이런 방법으로 반죽의 테두리를 두세 번 돌려가며 전체적으로 반죽을 늘려 베이킹팬에 담는다. 반죽 위에 올리브오일을 넉넉히 뿌리고, 두 손으로 오일과 함께 반죽을 편평하게 펴서 팬 크기에 맞춘다. 손가락으로 반죽 표면을 움푹 파인 자국이 남게 누르면서 오일의 점성을 이용해 반죽을 넓게 편다. 반죽이 더 이상 잘 늘어나지 않으면 10분 정도 휴지시켰다가 다시 하면 쉽다.

04 굽기 빵의 바닥 부분이 단단해지고, 반죽이 완전히 익어서 표면이 짙은 갈색이 될 때까지 약 12~15분간 굽는다. 경험이 많으면 대충 눈으로 봐서 알 수 있지만, 익었는지 안 익었는지 확신이 안 서면 재빨리 오븐에서 꺼내 가위로 빵의 한 귀퉁이를 잘라 날반죽이 안 보이는지 확인한다.

05 잘라서 서빙 전체에 소금을 살짝 뿌리고, 적당한 크기로 잘라서(포카치아가 여전히 뜨겁지만 괜찮다) 서빙한다.

포카치아의 토핑 아이디어

이 책의 앞부분에서도 여러 번 말했듯이, 포카치아를 응용할 수 있는 방법은 무궁무진하다. 어떤 타입의 반죽을 사용해도 상관없고, 토핑도 각자의 상상력을 마음껏 펼칠 수 있다. 시작하기 전에 참고할만한 몇 가지 재료를 소개하니 계절에 따라 직접 다양하게 토핑하여 직접 만들어본다.

- 신선한 토마토, 올리브 그리고 로즈메리
- 피자소스와 다진 마늘
- 치즈 또는 여러 가지 치즈의 조합
- 슬라이스한 핵과일 종류와 버터, 설탕
- 다진 허브류

피살라디에르 포카치아 FOCACCIA PISSALIDIERE

피살라디에르(pissalidiere)는 프랑스 남부에서 즐겨 먹는 전통요리로, 빵 반죽 위에 토핑을 올려 굽는다는 점에서 피자와 비슷하다. 주로 페이스트리 도우 위에 충분히 볶은 양파, 블랙 올리브, 안초비를 올려서 만든다. 나는 여기에 색깔과 맛에 포인트를 주기 위해 추가로 빨간 고추를 토핑하는 것을 좋아한다. 그리고 〈켄즈 아티장 피자〉에서는 아라비아타 피자 메뉴에 오일에 절인 칼라브리안(Calabrian) 고추를 잘게 썰어서 토핑한다. 피자가 오븐에 구워지면서 열에 오일과 안초비가 어우러진 맛은 마치 지중해 연안에서 여름휴가를 즐기고 있는 듯한 기분을 느끼게 한다. 차가운 로제와인과 간단한 채소샐러드를 곁들이면 아주 좋다. 충분히 볶아서 갈색빛이 돌도록 캐러멜화한 양파는 하루나 이틀 전에 미리 만들어둬도 된다.

약 30×13㎝(12×5인치) 크기의 포카치아 1개

도우 800g_ chap.13의 레시피 중 선택
덧가루용 흰 밀가루
중간 크기의 양파 1개_ 얇게 슬라이스
버터 ½큰술
염장한 블랙 올리브 12~14개
안초비 필레 6개_ 저장해둔 오일에서 건져낸다
레드 칠리 페퍼 오이절임 28g_ 꺼내서 다진다
올리브오일 2작은술
고운 소금_ 예를 들어 피오레 디 살레(fiore di sale, 일종의 꽃소금)

01 반죽을 실온에 놓기 빵을 굽기 2시간 전에 냉장고에서 반죽을 꺼내 실온에 둔다. 이 단계는 필수가 아니라 권장 사항이다. 이렇게 하면 반죽을 늘리기 쉽고, 손가락 테스트로 반죽의 발효 정도를 알아보는 데 도움이 되기 때문이다. 요컨대, 포카치아 반죽을 살짝 과발효시킨다. 도우를 팬에서 넓게 펼치기 전에 가스를 품고 있다고 해서 문제될 것은 없다.

02 양파를 캐러멜화하기 프라이팬에 슬라이스한 양파, 소금, 버터를 넣고, 중간불보다 조금 센 불에서 재료가 팬에 타거나 달라붙지 않도록 약 5분간 볶는다. 약한불로 줄이고, 양파

가 팬에 달라붙어서 까맣게 타지 않도록 중간중간 저어주며 약 20분 더 볶는다. 양파가 부드러워지고 진한 갈색이 되면 불을 끄고 식힌다.

03 예열 오븐을 260℃(500℉)로 예열하고, 포카치아를 구울 30×43㎝ 크기의 테두리가 있는 팬을 준비하여 안쪽에 얇게 오일을 발라둔다.

04 포카치아 성형 덧가루를 뿌린 작업대에 반죽을 놓고, 뒤집어서 전체에 밀가루를 묻힌다. 주먹과 손가락을 이용해 반죽을 편평하게 누르면서 조심스럽게 점점 바깥쪽으로 늘려주어 원하는 두께와 크기를 만든다. (나는 중간 정도의 두께를 좋아한다.) 반죽이 어느 정도 늘어나면 베이킹 팬으로 옮기기 전 반죽의 한 면에 오일을 조금 바르고, 오일을 바른 면이 베이킹팬과 맞닿게 팬에 넣는다. 손가락으로 반죽 전체에 움푹하게 파이도록 손가락 자국을 만든다.

05 토핑 포카치아 위에 볶은 양파를 너무 많지 않게 골고루 얹고, 블랙 올리브와 안초비를 올린다.

06 굽기 빵의 바닥 부분이 단단해지고, 반죽이 완전히 익어서 표면이 진한 갈색이 될 때까지 약 12~15분간 굽는다. 경험이 많으면 대충 눈으로 봐서 알 수 있지만, 익었는지 안 익었는지 확신이 안 서면 재빨리 오븐에서 꺼내 가위로 빵의 한 귀퉁이를 잘라 날반죽이 안 보이는지 확인한다.

07 잘라서 서빙 포카치아를 길쭉하게 잘라서(포카치아가 여전히 뜨겁지만 이 정도는 괜찮다) 서빙한다.

주키니 포카치아 ZUCCHINI FOCACCIA

이 레시피는 한여름부터 초가을에 걸쳐서 정원에 주키니가 많이 열려 있을 때 내가 즐겨 만들어 먹는 것 중에 하나 이다. 얇고 동그랗게 슬라이스해서 도우 위에 가지런히 놓으면, 멀리서 얼핏 보았을 때 마치 생선 비늘처럼 보이기 도 한다. 주키니는 절대 젤다 아줌마(Aunt Zelda, 『엘마와 젤다 아줌마』라는 미국의 그림동화책에 나오는 인물)의 정원 에서 가져온 야구방망이만큼 커다란 주키니를 사용하지 말고, 지름 5㎝ 정도 되는 주키니를 사용한다. 베이킹팬에 자연스럽게 타원형으로 도우를 펼쳐서 주키니를 토핑하면 모양이 너무 멋스럽다.

약 30×13㎝(12×5인치) 크기의 포카치아 1개

도우 800g_ chap.13의 레시피 중 선택
지름 5㎝의 애호박 2개_ 얇게 슬라이스
엑스트라버진 올리브오일 2큰술
고운 소금_ 피오레 디 살레(fiore di sale, 일종의 꽃소금)같은 것.
검은 후추
칠리 플레이크_ 선택

01 반죽을 실온에 놓기 빵을 굽기 2시간 전에 냉장고에서 반죽을 꺼내 실온에 둔다. 이 단계는 필수가 아니라 권장 사항 이다. 이렇게 하면 반죽을 늘리기 쉽고, 손가락 테스트로 반죽 의 발효 정도를 알아보는 데 도움이 되기 때문이다. 요컨대, 포 카치아 반죽을 살짝 과발효시킨다. 도우를 팬에서 넓게 펼치 기 전에 도우가 안에 가스를 가지고 있다고 해서 문제될 것은 없다.

02 오븐 예열과 주키니 준비 오븐을 260℃(500°F)로 예열 한다. 베이킹 팬에는 오일을 바르지 않는데, 굳이 원한다면 포 카치아가 닿는 팬 부분에만 오일을 바른다. 그렇지 않으면 오 일이 타서 연기가 나기 때문이다. 슬라이스한 주키니를 올리브 오일 1큰술을 넣어 잘 버무리고, 소금을 골고루 뿌린다.

03 포카치아 성형 덧가루를 뿌린 작업대에 반죽을 놓고, 뒤 집어서 전체에 밀가루를 묻힌다. 손으로 반죽을 편평하게 누르 면서 조심스럽게 점점 바깥쪽으로 늘려주어 원하는 두께와 크 기를 만든다. 이것을 사각 베이킹팬에 옮겨놓고, 조금 더 크게 늘리고 싶으면 손에 밀가루를 묻혀서 반죽을 바깥쪽으로 늘린 다. 경우에 따라서는 테두리의 높이가 어느 정도 있는 베이킹 팬에 오일을 살짝 바른 후, 반죽을 넣고 팬 크기에 맞게 바깥쪽 으로 늘려나가는 방법도 있다.

04 토핑 남은 올리브오일 1큰술을 반죽 표면에 뿌리고 손으로 전체에 펴바른다. 슬라이스한 주키니로 나란히 정렬하듯이 반 죽 표면을 덮고, 검은 후춧가루를 갈아서 뿌린다.

05 굽기 빵의 바닥 부분이 단단해지고, 반죽이 완전히 익어서 표면이 진한 갈색이 될 때까지 약 12~15분간 굽는다. 경험이 많으면 대충 눈으로 봐서 알 수 있지만, 익었는지 안 익었는지 확신이 안 서면 재빨리 오븐에서 꺼내 가위로 빵의 한 귀퉁이 를 잘라 날반죽이 안 보이는지 확인한다.

06 잘라서 서빙 포카치아를 길쭉하게 잘라서(포카치아가 여전 히 뜨겁지만 이 정도는 괜찮다) 칠리 플레이크와 함께 서빙한다.

보너스 레시피 : 오리건 헤이즐넛 버터쿠키

LAGNIAPPE : OREGON HAZELNUT BUTTER COOKIES

언젠가 시험 삼아 견과류를 갈아 타르트 도우를 만들어본 적이 있는데, 그때 나는 그 반죽으로 쿠키를 만들면 너무 맛이 있다는 것을 알게 되어 기뻤다. 그리고 이것은 내 기억 속에 선명하게 남아 있다. 몇 년 후 우리 베이커리에서 「먼데이 나이트 피자(Monday Night Pizza)」를 실험적으로 만들어 팔기 시작했을 때, 일종의 '덤' 같은 개념으로 각 테이블의 손님들이 계산을 하고 나갈 때 갓 구운 쿠키를 무료로 제공하고 싶었다. 이것은 그때 우리가 사용했던 레시피다. '덤'은 베이커들에게 일종의 전통 같은 것으로, 베이커스 더즌(Baker's dozen, 빵집에서 12개를 사면 1개를 더 주던 관습에서 유래된 표현)을 떠올리면 이해하기 쉬울 것이다. 그래서 이 레시피는 책을 마무리하며 덤을 준다는 의미처럼 생각해도 좋다.

우리는 아직도 오리건 주의 윌래밋 밸리(Willamette Valley)에 있는 프레디 가이(Freddy Guys) 헤이즐넛 농장에서 직접 헤이즐넛가루를 주문하여 이 쿠키를 만들고 있다. 이 헤이즐넛가루는 상점이나 온라인을 통해 쉽게 살 수 있다. 헤이즐넛가루 대신 아몬드가루를 사용해도 되며, 집에 있는 통아몬드나 껍질 벗긴 아몬드를 갈아서 사용해도 된다.

쿠키 약 75개

강력분 500g
헤이즐넛가루 250g
그래뉴당 125g
냉장 버터 300g_ 1.2cm 크기로 깍둑썰기
달걀 2개
찬물 20g
헤비크림 ½컵
흰색 또는 갈색 설탕 조금_ 장식용

핸드믹서나 스탠드 믹서에 패들(paddle, 교반기)을 끼우고, 밀가루와 헤이즐넛가루를 저속으로 섞다가 설탕과 버터를 넣고 골고루 섞는다. 여기에 달걀과 물을 넣고 돌려서 패들 주변에 반죽이 한 덩어리가 되도록 한다.

한 덩어리가 된 반죽을 덧가루를 뿌린 작업대로 옮겨서 4등분한다. 4등분한 각각의 덩어리를 길게 지름 5cm의 원통모양으로 만든 후, 기름종이나 비닐랩에 싸서 적어도 3시간 동안 냉장고에 넣어 굳힌다. (만약 이틀 안에 쿠키를 굽지 않는다면 반죽을 지퍼백에 넣어 냉동실에 보관한다. 이렇게 하면 3개월까지도 보관이 가능하다. 잘라서 굽기 전날 밤에 냉장실로 옮겨서 녹인다.)

쿠키를 구우려면 오븐을 190℃(375℉)로 예열하고, 베이킹팬에 기름종이를 깐다.

차가운 반죽을 약 6mm(¼인치) 두께로 슬라이스해서 팬 위에 약 1.2cm(½인치) 간격으로 나란히 놓는다. 반죽 위에 붓으로 헤비크림을 바르고 설탕을 뿌린다.

오븐에 넣어 노릇노릇하게 색이 날 때까지 10~15분간 굽는다.

계량 단위 환산표

부피 VOLUME

1ts(teaspoon, 작은술) = 4.9㎖
1Ts(tablespoon, 큰술) = 3ts = 14.8㎖
1C = 16Ts = 237㎖
1ℓ = 4.25C

미국식	미터법	영국식
1Ts	15㎖	½fl oz
2Ts	30㎖	1fl oz
¼C	60㎖	2fl oz
⅓C	90㎖	2.7fl oz
½C	120㎖	4fl oz
⅔C	150㎖	5.3fl oz
¾C	180㎖	6fl oz
1C	240㎖	8fl oz
1¼C	300㎖	10fl oz
2C(1pint)	480㎖	16fl oz
2½C	600㎖	20fl oz
4C(1quart)	950㎖	32fl oz

무게 WEIGHT

1oz(ounce, 온스) = 28.3g
1lb(pound, 파운드) = 16oz = 453.6g
1kg = 2.2lb

미국식·영국식	미터법
½oz	15g
1oz	30g
2oz	60g
¼lb	115g
⅓lb	150g
½lb	225g
¾lb	350g
1lb	450g

길이 LENGTH

1inch(인치) = 2.5㎝
1foot(풋) = 12inch = 30㎝
1㎝ = 0.4inch

온도 TEMPERATURE

$\frac{9}{5}$C + 32 = F
(F − 32) × $\frac{5}{9}$ = C

섭씨온도(℃)	화씨온도(℉)	가스오븐 온도눈금
120℃	250℉	½
135℃	275℉	1
150℃	300℉	2
165℃	325℉	3
175℃	350℉	4
190℃	375℉	5
200℃	400℉	6
220℃	425℉	7
230℃	450℉	8
245℃	475℉	9
260℃	500℉	

감사의 글
ACKNOWLEDGEMENTS

이 책에 있는 기본 레시피부터 어려운 고급 단계의 레시피까지, 그리고 굳이 책에 담지 않아도 될 소소한 레시피들까지 테스트해준 몰리 위젠버그(Molly Wizenberg), 제나 머레이(Jenna Murray), 존 맥크리어리(John McCreary), 수지 나르두치(Suzy Narducci), 그리고 그렉 히긴스(Greg Higgins)에게 특별한 감사의 마음을 보낸다. 더불어 이 책의 집필 과정에 여러 가지 조언과 편집기술, 기술적인 부분에 대한 질문에 답을 주었던 소중한 친구들 샤나 맥커운(Shawna McKeown), 캣 머크(Kat Merck), 이브 코넬(Eve Connell), 테리 워즈워스(Teri Wadsworth), 그리고 존 폴(John Paul)에게도 고마운 마음을 전하고 싶다.

천재적인 사진작가 앨런 와이너(Alan Weiner)의 빵 사진은 마치 예술작품 같았고, 석양이 지는 밀밭의 풍경은 천상의 세계를 보는 듯했다. 특히 창의적인 편집을 보여주었던 텐 스피드 프레스(Ten Speed Press)사의 에밀리 팀버레이크(Emily Timberlake)는 웹에 있던 나와 관련된 글들을 책 속에 잘 정리해서 녹여주었으며, 디자이너 케이티 브라운(Katy Brown)은 매번 내가 작업한 것을 간단명료하면서도 가장 아름다운 언어와 사진들로 이 책에 담아주었다. 그들과 이렇게 뛰어난 작업을 했다는 것에 대해 평생 감사할 것이다.

내가 베이킹 기술을 배울 수 있도록 많은 도움을 준 천재적 베이커들과 베이킹 강사인 장마르크 베르토미에(Jean-Marc Berthomier), 디디어 로사다(Didier Rosada), 필립 르 코레(Philippe Le Corre), 그리고 이안 더피(Ian Duffy)에게도 감사를 보낸다. 가장 중요한 사람들은 베이킹에 있어서 나에게 이런 고급 단계의 기술과 생각을 갖게 해준 나의 멘토들, 샌프란시스코 베이킹 인스티튜트(SFBI)와 티엠비(TMB) 연구소의 미셸 수아스(Michel Suas), 샌프란시스코 타르틴 베이커리의 셰프 채드 로버트슨(Chad Robertson)과 엘리자베스 프루이트(Elisabeth Prueitt)이다. 언제나 존경하는 미셸은 늘 재미있는 유머 감각과 아낌없는 조언으로 도움을 주었다. 인생을 살아가면서 행운이란 가장 적절한 시기에 가장 적절한 스승을 만나는 것이라고 생각한다. 나에게는 1999년에 채드와 리즈(Liz)를 만났을 때인 것 같다. 그들은 베이킹에 대한 관심을 기꺼이 나와 공유하였으며, 그들의 친절함에 언제나 고마운 마음을 가지고 있다. 나는 채드로부터 르뱅과 프랑스식 제빵뿐만 아니라 공감할 만한 요리에 대한 견해까지도 많이 배울 수 있었다. 모든 것을 공유하고 가르치는 그를 통해서 나 역시 마음을 여는 법을 배울 수 있었기에 그에게 헤아릴 수 없는 감사의 마음을 보낸다.

"먼지가 될 바에는 차라리 재가 되겠다."는 잭 런던(Jack London)의 글처럼 나의 재능과 열정을 그냥 썩히기보다는 차라리 활활 태워버리는 것이 낫다고 생각한다. 인간이 제대로 된 삶을 살기 위해서는 단지 '존재'하는 것이 아니라 '살아가는' 것이라고 생각하며, 내 앞에 놓인 하루하루를 낭비하고 싶지 않다. 나에게는 윌라메트 밸리의 와인 제조자였던 지미 브룩스(Jimi Brooks)라는 친구가 있었는데, 2004년에 갑자기 세상을 떠났다. 지미는 충분히 가치 있는 삶을 살았다. 그는 자신에게 주어진 삶을 당연하게 여긴다거나, 친구들조차도 그들의 꿈을 위해 열심히 살지 않고 몽상에 빠져 사는 것을 그냥 지나치지 않았다. 지미의 추모식에는 친구들과 가족들이 함께 모여서 그의 지난 삶을 돌이켜보고 추억을 이야기하였으며, 누군가가 잭 런던의 이 글을 인용하면서 이야기를 마쳤다. 이 글은 하나의 불씨로 훨훨 타버린 지미의 영혼을 묘사하는 듯했고, 내 머리와 가슴속에도 울림으로 전해졌다. "나는 나의 삶을 살 것이다."

INDEX

FLOUR WATER SALT YEAST
밀가루 물 소금 이스트

펴낸이 유재영 | **펴낸곳** 그린쿡 | **지은이** KEN FORKISH | **옮긴이** 김찬숙 | **기 획** 이화진 | **편 집** 김기숙 | **디자인** 정민애

1 판 1 쇄 2017 년 5 월 10 일
1 판 5 쇄 2021 년 7 월 30 일
출판등록 1987 년 11 월 27 일 제 10-149
주소 04083 서울 마포구 토정로 53 (합정동)
전화 324-6130, 6131
ISBN 978-89-7190-588-3 13590

팩스 324-6135
E 메일 dhsbook@hanmail.net
홈페이지 www.donghaksa.co.kr
www.green-home.co.kr
페이스북 www.facebook.com / greenhomecook

- 이 책은 실로 꿰맨 사철제본으로 튼튼합니다 .
- 잘못된 책은 구매처에서 교환하시고 , 출판사 교환이 필요한 경우에는 사유를 적어 도서와 함께 위의 주소로 보내주세요 .

옮긴이 김찬숙_ 대학 졸업 후 요리에 관심을 가져 외국 유명 셰프의 책을 보면서 요리와 베이킹을 공부하였으며, 이후 SFBI(San Francisco Baking Institute)에서 본격적으로 베이킹 수업을 들었다. 국내에서 베이커리를 열어 오너셰프로 일하였으며, 신세계 아카데미 본점에서 베이킹 강사로도 활동하였다. 지금은 그동안 베이킹을 공부하면서 국내에 소개하고 싶었던 책들을 번역하는 일에 집중하고 있다. 번역서로「밀가루 물 소금 이스트」,「피자 바이블」이 있다.